心灵鸡汤

连 山 编著

北京联合出版公司
Beijing United Publishing Co.,Ltd.

图书在版编目（CIP）数据

心灵鸡汤 / 连山编著 . — 北京：北京联合出版公司，2015.10（2022.3 重印）

ISBN 978-7-5502-6219-5

Ⅰ . ①心… Ⅱ . ①连… Ⅲ . ①人生哲学—通俗读物 Ⅳ . ①B821-49

中国版本图书馆 CIP 数据核字（2015）第 221846 号

心灵鸡汤

编　　著：连　山

出 品 人：赵仕红

责任编辑：喻　静

封面设计：韩　立

美术编辑：张　诚　潘　松

北京联合出版公司出版

（北京市西城区德外大街 83 号楼 9 层　100088）

北京市松源印刷有限公司印刷　新华书店经销

字数 300 千字　　720 毫米 ×1020 毫米　　1/16　　20 印张

2015 年 10 月第 1 版　　2022 年 3 月第 7 次印刷

ISBN 978-7-5502-6219-5

定价：78.00 元

　　生活中的每一次沧海桑田，每一次悲欢离合，都需要我们用心慢慢地去体会、去感悟。如果我们的心是暖的，那么在我们眼前出现的一切都充满了灿烂的阳光、晶莹的露珠、五彩缤纷的落英和随风飘散的白云，一切都变得那么惬意和甜美，无论生活有多么的清苦和艰辛，都会感受到天堂般的快乐。心若冷了，再炽热的烈火也无法给这个世界带来一丝的温暖，我们的眼中也充斥着无边的黑暗，冰封的雪谷，残花败絮般的凄凉。

　　生活的繁琐细节、工作的重重压力，已经使我们内心的那眼清泉日渐干涸，使我们心灵的花朵日趋枯萎。

　　原来，我们的心灵是需要滋养的。

　　雨果说："比海洋宽阔的是天空，比天空更宽阔的是人的心灵。"人心浩瀚，可以容纳许多东西，但如果我们的心灵总是被自私、贪婪、卑鄙、懒惰所笼罩，那么不论我们是富甲天下还是位极至尊，都不可能求得心灵的片刻慰藉。但如果我们的心灵能不断得到坚韧、顽强、刻苦、纯朴之泉的灌溉，即使我们一贫如洗或是位卑如蚁，也同样可以得到快乐的真谛与幸福的密码。

　　那么，应该用何种方式来滋养我们的心灵呢？

　　我们选择了用故事和美文。

　　罗斯·斯图特说："一则故事能改善与他人之间的关系，移人性情，使人恍然大悟，认识到'我们同在一片蓝天下'；一则故事可使我们沉思生存之意义；一则故事或使我们接受真理，或给我们以新的视野和方式去体察大千世界、芸芸众生。"精彩的故事往往能激发人的灵感，触动人的思维。故事也因此一直被人们认为是一把开启智慧宝库的金钥匙。

美文，它的内涵就像它的名字一样，可以给人以美的感受、美的体验和美的收获。这里面有对真情的体悟，有与孤独的对话，有对人生的感叹，有与命运的抗争。它如春日的一丝嫩芽，夏日的一缕凉风，秋日的片片红叶，冬日的一抹朝阳，总能够以最简单的方式给人以最大的启发和感动。

本书以故事与美文为底料，调以哲理的启思，文火慢炖，为你精心烹制了200余道心灵鸡汤，用优美的语言表达着人间真情，用至深的情感述说着五彩人生，希望能够在我们人生的每个角落把真情的火炬点燃，让心灵散发的每一缕清香在尘世间悠悠流传，让真情在碰撞中凝固成永恒的美丽。

目 录 CONTENTS

第一辑

心态决定命运

心态影响生活

我们的生活状况其实就是我们心境的外部反映，从某种意义上说，有什么样的心境，就有什么样的生活。

有位老太太生了两个女儿，大女儿嫁给伞店老板，小女儿当上了洗衣作坊的女主管。于是老太太整天忧心忡忡，逢上雨天，她担心洗衣作坊的衣服晾不干；逢上晴天，她生怕伞店的雨伞卖不出去，天天为女儿担忧，日子过得很忧郁。后来一位聪明人告诉她："老太太，您真是好福气！下雨天，您大女儿家生意兴隆；大晴天，您小女儿家顾客盈门。哪一天你都有好消息啊！"老太太一想，果然如此，从此高兴起来，每天都很舒心。天还是老样子，只是脑筋变了一变，生活的色彩竟然焕然一新。

明人陆绍珩说，一个人生活在世上，要敢于"放开眼"，而不向人间"浪皱眉"。

"放开眼"和"浪皱眉"就是对人生两面的选择。你选择正面，你就能乐观自信地舒展眉头，面对一切；你选择背面，你就只能是眉头紧锁，郁郁寡欢，最终成为人生的失败者。

悲观失望的人在挫折面前，会陷入不能自拔的困境；乐观向上的人即使在绝境之中也能看到一线生机，并为此而努力。有位诗人说："即使到了我生命的最后一天，我也要像太阳一样，总是面对着事物光明的一面。"到处都有明媚宜人的阳光，勇敢的人一路纵情歌唱。即使在乌云的笼罩之下，他也会充满对美好未来的期待，跳动的心灵一刻都不曾沮丧悲观；不管他从事什么行业，他都会觉得工作很重要、很体面；即使他穿的衣服褴褛不堪，也无碍于他的尊严；他不仅自己感到快乐，也给别人带来快乐。

千万不要让自己的心消沉，一旦发现有这种倾向就要马上避免。我们应该养成乐观的个性，面对所有的打击，我们都要坚韧地承受；面对生活的阴影，我们也要勇敢地克服。要知道，任何事物总有光明的一面，我们应该去发现光明的一面。垂头丧气和心情沮丧是非常危险的，这种情绪会减少我们生活的乐趣，甚至会毁灭我们的生活本身。

心灵感悟·

一个人要想生活幸福，就不能总把目光停留在那些消极的东西上，那只会使你沮丧、自卑，徒增烦恼，还会影响你的身心健康。结果，你的人生就可能被失败的阴影遮蔽本该有的光辉。

心境不同结果不同

古代一个举人进京赶考，住在一家店里。考试前两天他做了三个梦，第一个梦是自己在墙上种白菜；第二个梦是下雨天，他戴了斗笠还打伞；第三个梦是跟心仪已久的表妹躺在一起，但是背靠着背。

这三个梦似乎有些深意，举人第二天就赶紧去找算命的解梦。算命的一听，连拍大腿说："你还是回家吧！你想想，高墙上种菜不是白费劲吗？戴斗笠打雨伞不是多此一举吗？跟表妹都躺在一张床上了，却背靠背，不是没戏吗？"

举人一听，如同掉进了万丈深渊。他回到店里，心灰意冷地收拾包袱准备回家。店老板非常奇怪，问："不是明天就要考试了吗？你怎么今天就要回乡了？"

举人如此这般说了一番，店老板乐了："哟，我也会解梦的。我倒觉得，你这次一定要留下来。你想想，墙上种菜不是高种（中）吗？戴斗笠打伞不是说明你这次有备无患吗？跟你表妹背靠背躺在床上，不是说明你翻身的时候就要到了吗？"

举人一听，更有道理，于是振奋精神参加考试，果然考中了。

这就是不同心态带来的不同结果。

为什么会这样呢？积极的心态能激发脑啡，脑啡又转而激发乐观和幸福的感觉，这些感觉反过来又增强了积极的心态，这样，就形成了"良性循环"。

积极的心态能激发高昂的情绪，帮助我们忍受痛苦，克服抑郁、恐惧，化紧张为精力充沛，并且凝聚坚忍不拔的力量。

这就从生理学（精神药理学）的角度解释了为什么成功者都是心态积极者，为什么他们能够拿得起、放得下，忍辱负重，乐观向上，义无反顾地走向成功。

相反，消极的心态和颓废的思想则耗尽了体内的脑啡，导致人心情沮丧；由于心情沮丧，脑啡的分泌量更加减少，于是消极的想法变得越来越严重，这就是"恶性循环"。

心灵感悟·

树立健康的心态，树立富有生机与活力的心态，这种心态作为一切创造的源泉，作为一种永恒的真理，是一种妙不可言的万用灵药，将使你顿感力量陡增，积极地投入生活。

正确认识自己

一只狐狸早晨起来欣赏着自己在晨曦中的身影说："今天我要用一只骆驼做午餐呢！"整个上午，它奔波着，寻找骆驼。但当正午的太阳照在它的头顶时，它再次看了一眼自己的身影，于是说："一只老鼠也就够了。"狐狸之所以犯了两次截然不同的错误，与它选择"晨曦"和"正午的阳光"作为镜子有关。晨曦拉长了它的身影，使它错误地认为自己就是万兽之王，并且力大无穷、无所不能，能吃掉骆驼，而正午的阳光又让它对着自己已缩小了的身影妄自菲薄。

像狐狸这种心态的，在现实生活中大有人在，对自己认识不足，过分强调某种能力，或者无根无据承认自己无能。这种情况下，千万别忘记上帝为我们准备了另外一面镜子，这块镜子就是"反躬自省"4个字，它可以照见落在心灵上的尘埃，提醒我们"时时勤拂拭"，使我们认识真实的自己。

尼采曾经说过："聪明的人只要能认识自己，便什么也不会失去。"正确认识自己，才能使自己充满自信，才能使人生的航船不迷失方向。正确认识自己，才能正确确定人生的奋斗目标。只有有了正确的人生目标，并充满自信，为之奋斗终生，才能此生无憾，即使不成功，自己也会无怨无悔。

世界上没有两片完全相同的树叶，人也一样，每个人都是上帝的宠儿。正确认识自己，既看到自己的长处，也认识到自己的不足，为自己正确定位，这样才能充满自信地去迎接机遇和挑战，为自己创造更多的成功和欢乐。

心 灵 感 悟·

虽然，生活赋予我们每个人的并不是完全相同的命运，但上帝是无私的。天生我才必有用，只要我们正确认识自己，不失自知之明，就能谱写出属于自己的华美乐章。

脚比路长

当你坚信"脚比路长"时，你的热情会促使你把理想付诸行动。

古老的阿拉比国在大漠深处，多年的风尘肆虐，使城堡变得满目疮痍。国王对 4 个王子说，他打算将国都迁往据说美丽而富饶的卡伦。

卡伦离这里很远很远，要翻过许多崇山峻岭，要穿过草地、沼泽，还要涉过很多的大河，但究竟有多远，没有人知道。

于是，国王决定让 4 个儿子分头去探路。

大王子乘车走了 7 天，翻过 3 座大山，来到一望无际的草地边，一问当地人，得知过了草地，还要过沼泽，还要过大河、雪山……便马上往回走。

二王子策马穿过一片沼泽后，被那条宽阔的大河挡了回去。

三王子过了那条大河，却被那又一片辽远的大漠吓退了。

一个月后，3 个王子陆陆续续回到国王那里，将各自沿途所见报告给国王，并都再三特别强调，他们在路上问过很多人，都告诉他们去卡伦的路很远很远。又过了 5 天，小王子风尘仆仆地回来了，兴奋地向父亲报告：到卡伦只需 18 天的路程。

国王满意地笑了："孩子，你说得很对，其实我早就去过卡伦。"

几个王子不解地望着国王：那为什么还要派他们去探路？

国王一脸郑重道："我只想告诉你们 4 个，脚比路长。"

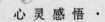

心灵感悟

相信脚比路长时，你就会对生活充满希望，无论你在人生的旅途中遭遇多大的困难，都不会悲观沮丧，相反会充满热情地投入生活。

把任何怀疑的思想驱逐掉

3只青蛙掉进了鲜奶桶中。

第一只青蛙说："这是命。"于是它盘起后腿，一动不动地等待着死亡的降临。

第二只青蛙说："这桶看来太深了，凭我的跳跃能力，是不可能跳出去了。今天死定了。"于是，它沉入桶底淹死了。

第三只青蛙打量着四周说："真是不幸！但我的后腿还有劲，我要找到垫脚的东西，跳出这可怕的桶！"

于是，第三只青蛙一边划一边跳，慢慢地，奶在它的搅拌下变成了奶油块，在奶油块的支撑下，这只青蛙奋力一跃，终于跳出了奶桶。

正是希望救了第三只青蛙的命。

许多成功者都有乐观期待的习惯。不论目前所遭遇的境地是怎样的惨淡黑暗，他们都不会屈服于现状，他们对于自己的信仰、对于"最后的胜利"始终坚定不移。这种乐观的期待心理会生出一种"神秘的力量"，以使他们达成愿望。

每个人都应该坚信自己所期待的事情能够实现，千万不可有所怀疑。要把任何怀疑的思想都驱逐掉，而代之以必胜的信念，努力发掘出属于自己的强项，必定会有美满的成功。

心灵感悟·

人的一生很像是在雾中行走，远远望去，只是迷茫一片，辨不出方向和吉凶。可是，当你鼓起勇气，放下悲伤和沮丧，一步一步向前走去的时候，你就会发现，每走一步，你都能把下一步路看得清楚一点。"放下悲观往前走，别站在远远的地方观望！"这样，你就可以潇洒上路，最终找到属于你的方向。

坚持下去就会成功

一位名叫希瓦勒的乡村邮递员，每天徒步奔走在各个村庄之间。有一天，他在崎岖的山路上被一块石头绊倒了。

他发现，绊倒他的那块石头样子十分奇特，他拾起那块石头，左看右看，有些爱不释手了。

于是，他把那块石头放进自己的邮包里。村子里的人们看到他的邮包里除信件之外，还有一块沉重的石头，都感到很奇怪，便好意地对他说："把它扔了吧，你还要走那么多路，这可是一个不小的负担。"

他取出那块石头，炫耀地说："你们看，有谁见过这样美丽的石头？"

人们都笑了："这样的石头山上到处都是，够你捡一辈子。"

回到家里，他突然产生一个念头，如果用这些美丽的石头建造一座城堡，那将是多么美丽啊！

于是，他每天在送信的途中都会找几块好看的石头。不久，他便收集了一大堆，但离建造城堡的数量还远远不够。

于是，他开始推着独轮车送信，只要发现中意的石头，就会装上独轮车。

此后，他再也没有过上一天安闲的日子，白天他是一个邮差和一个运输石头的苦力，晚上他又是一个建筑师。他按照自己天马行空的想象来构造自己的城堡。

所有的人都感到不可思议，认为他的大脑出了问题。

20多年以后，在他偏僻的住处，出现了许多错落有致的城堡，有清真寺式的、有印度神教式的、有基督教式的……当地人都知道有这样一个性格偏执、沉默不语的邮差，在干一些如同小孩建筑沙堡的游戏。

1905年，美国波士顿一家报社的记者偶然发现了这群城堡，这里的风景和城堡的建造格局令他慨叹不已，为此写了一篇介绍希瓦勒的文章。文章刊出后，希瓦勒迅速成为新闻人物。许多人都慕名前来参观，连当时最有声望的大师级人物毕加索也专程参观了他的建筑。

在城堡的石块上，希瓦勒当年刻下的一些话还清晰可见，有一句就刻在入口处的一块石头上："我想知道一块有了愿望的石头能走多远。"

据说，这就是那块当年绊倒希瓦勒的第一块石头。

其实有了愿望的不是石头，而是我们的内心有了一股强大的信念，这个信念就是要过自己向往的生活。

许多人之所以不平凡，是因为他们能够清醒地认识到一点：自己想过什么生活，想要什么样的人生。当他们有了自己的梦想以后，任何困难都是微不足道的。

· 心 灵 感 悟 ·

很多人抱怨生活中缺少或没有光明，这是因为他们自己缺少或没有希望的缘故。无论在多么艰难的困境中，只要活在希望中，就会看到光明，这光明也将会伴随我们的一生。希望是生活的灯塔，没有希望的人生就如同在黑暗中行进；希望具有鼓舞人心的创造性力量，她激励人们去尽力完成自己的事业；希望可以增强人们的才智，能够使梦幻变成现实。

信念的力量

生活中没有信念的人，犹如一个没有罗盘的水手，在浩瀚的大海里随波逐流。

1989年，发生在美国洛杉矶一带的大地震，在不到4分钟的时间里，使30万人受到伤害。

在混乱和废墟中，一个年轻的父亲安顿好受伤的妻子，便冲向他7岁的儿子上学的学校。他眼前，那个昔日充满孩子们欢声笑语的漂亮的3层教学楼，已变成一堆废墟。

他顿时感到眼前一片漆黑，大喊："阿曼达，我的儿子！"跪在地上大哭了一阵后，他猛地想起自己常对儿子说的一句话："不论发生什么，我总会跟你在一起！"他坚定地挺起身，向那片看起来毫无希望的废墟走去。

他每天早上送儿子上学，知道儿子的教室在楼的一层左后角，他疾步走到那里，开始动手。

在他清理挖掘时，不断有孩子的父母急匆匆地赶来，看到这片废墟，他们痛哭并大喊："我的儿子！""我的女儿！"哭喊过后，他们绝望地离开了，有些人上来拉住这位父亲：

"太晚了，他们已经死了。"

"这样做无济于事，回家去吧！"

"冷静些，你要面对现实。"

这位父亲双眼直直地看着这些好心人，问道："你是不是来帮助我的？"没人给他肯定的回答，他便埋头接着挖。

救火队长挡住他："太危险了，这里随时可能发生起火爆炸。请你离开。"

这位父亲问："你是不是来帮助我的？"

警察走过来："你很难过，难以控制自己，可这样不但不利于你自己，对他人也有危险，马上回家去吧。"

"你是不是来帮助我的？"

人们都摇头叹息地走开了，认为他精神失常了。

这位父亲心中只有一个念头："儿子在等着我。"

他挖了8小时，12小时，24小时，36小时，没人再来阻挡他。他满脸灰尘，双眼布满血丝，浑身上下到处是血迹。到第38小时，他突然听见底下传出孩子的声音："爸爸，是你吗？"

是儿子的声音！父亲大喊："阿曼达！我的儿子！"

"爸爸，真的是你吗？"

"是我，是爸爸！我的儿子！"

"我告诉同学们不要害怕，说只要我爸爸活着就一定会来救我们，因为他说过'不论发生什么，我总会跟你在一起！'"

"你现在怎么样？有几个孩子活着？"

"我们这里有14个同学，都活着，我们都在教室的墙角。房顶塌下来架了个大三角形，我们没被砸中。我们又饿又渴又害怕，现在好了。"

父亲大声向四周呼喊："这里有14个孩子，都活着！快来人！"

心灵感悟·

信念能够产生巨大的力量。在生活中，想想积极的事，有助于心态的改变。凡事若不从好的方面去想，往往可能还没有去做某件事，就失去了信心，其结果十有八九会朝着不利的方向发展。所以，做什么事，都要有积极的信念，都要从好的方面去想。当你想象你会成功时，你就会增强信心，并在实践中想方设法去做。从好的方面想，才会有好的结果。

怀有成为珍珠的信念

很久很久以前，有一个养蚌人，他想培养一颗世上最大最美的珍珠。

他去海边沙滩上挑选沙粒，并且一颗一颗地问那些沙粒，愿不愿意变成珍珠。那些沙粒一颗一颗都摇头说不愿意。养蚌人从清晨问到黄昏，他都快要绝望了。

就在这时，有一颗沙粒答应了他。

旁边的沙粒都嘲笑起那颗沙粒，说它太傻，去蚌壳里住，远离亲人、朋友，见不到阳光、雨露、明月、清风，甚至还缺少空气，只能与黑暗、潮湿、寒冷、孤寂为伍，不值得。

可那颗沙粒还是无怨无悔地随着养蚌人去了。

斗转星移，几年过去了，那颗沙粒已长成了一颗晶莹剔透、价值连城的珍珠，而曾经嘲笑它傻的那些伙伴们，却依然只是一堆沙粒，有的已风化成土。

也许你只是众多沙粒中最最平凡的一颗，但如果你有要成为一颗珍珠的信念，并且忍耐着、坚持着，当走过黑暗与苦难的长长隧道之后，你或许会惊讶地发现，平凡如沙粒的你，在不知不觉中，已长成了一颗珍珠。每颗珍珠都是由沙子磨砺出来的，能够成为珍珠的沙粒都有着成为珍珠的坚定信念，并无怨无悔。沙粒之所以能成为珍珠，只是因为它有成为珍珠的信念。芸芸众生中，我们原本只是一粒粒平凡的沙子，但只要怀有成为珍珠的信念，你终会长成一颗珍珠的。

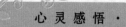

心灵感悟·

一个人除非对自己的目标有足够的信心，否则目标很难实现。在成长的道路上，我们应当始终坚信，只要朝着自己的目标不断向前，肯定会有好的结果。

选准合适的角色

从前，一位陶工制作了一只精美的彩釉陶罐，他把这只精美的陶罐搬回家中放到了屋角的一块石头上。

陶罐认为主人把自己放错了地方，整天唉声叹气地抱怨说："我这么漂亮，这么精致，为什么不把我放到皇宫里作为收藏品呢？即使摆放到商店展出，也比待在这儿强啊！"

陶罐底下的石头听了忍不住劝它："这儿不是也挺好吗？我比你待的时间还久呢。"

陶罐听了讥讽石头说："你算什么东西？只不过是一块垫脚石罢了，你有我这么漂亮的图案么？和你在一起我真感到羞耻。"

石头争辩说："我确实不如你漂亮好看，我生来就是做垫脚石的，但在完成本职任务方面，我不见得比你差……"

"住嘴！"陶罐愤怒地说，"你怎么敢和我相提并论！你等着吧，要不了多久，我就会被送到皇宫成为收藏品……"它越说越激动，不提防摇晃了一下，"哗啦"掉在地上，摔成了一堆碎片。

一年一年过去了，世界发生了许多事情，一个又一个王朝覆灭了，陶工的房子早已倒塌了，石块和那堆陶罐碎片被遗落在荒凉的场地上。历史在它们的上面积满了渣滓和尘土，一个世纪连着一个世纪。

许多年以后的一天，人们来到这里，掘开厚厚的堆积，发现了那块石头。

人们把石块上的泥土刷掉，露出了晶莹的颜色。"啊，这块石头可是一块价值连城的宝玉呢！"一个人惊讶地说。

"谢谢你们！"石块兴奋地说，"我的朋友陶罐碎片就在我的旁边，请你们把它也发掘出来吧，它一定闷得够受了。"

人们把陶罐碎片捡起来，翻来覆去查看了一番，说："这只是一堆普通的陶罐碎片，一点价值也没有。"说完就把这些陶罐碎片扔进了垃圾堆。

社会是一座舞台，要想在这个舞台上当一名好演员，就必须根据自己的素质、才能、兴趣和环境条件，选择好适合自己的社会角色，只能演配角就不要去争当主角，适合当士兵就别奢望当将军。如果认不清自己，不满足于普通的角色，像故事中的陶罐那样，一心想成为皇宫的收藏品，把自己摆错了位置，到头来只会白费力气，一事无成。反之，一旦选准了适合的角色，走向成功也是顺理成章的事情。

积极的心态

一个年轻人和一个老年人分别要在夜晚不同的时间里，穿过一处阴森的树林。

走之前，他俩都听说这树林里出现过一只狼，那是从附近一座山上跑下来的。但这只狼是否还在那里，谁也不知道。

老年人临行前，别人劝他还是不去为好，可老人说："我已经与树林那边的人约好了，今晚无论如何要赶到。再说，反正我已60多岁了，让狼吃了也没什么了不起。"

于是，老人走了，他准备了一根木棍、一把斧头，很快走进了树林。几个小时后，当老人走出树林时，他已经精疲力竭。灯光下，人们看见老人身上有许多血迹。

年轻人临行前，别人也同样劝他别去，年轻人犹豫了一下，他想，老人都去了，我若退缩的话多没面子，于是，学着老人的话说："我也已经与树林那边的人约好了，怎能不去呢？"接着又说："要是那老人和我一起走，该多好啊！毕竟两个人安全些，我还年轻，以后的日子还长着呢！"说这话的时候，年轻人因害怕而浑身发抖。

那晚他也走进了树林，但人们却没能见到他到达树林的那边。天亮的时候，人们只在那片树林里见到一堆新鲜的骨头。

故事中，年轻人结局悲惨的原因就在于他持一种消极的心态，在遇到狼以前，他就已经否定了自己。由此可见，建立一种积极的心态才是成功的关键。

很多时候，大部分人之所以不成功，是因为他们不"想"成功，或者说他们不具备成功者的心态。知识与才能是成功的发动机，而积极的心态则是成功发动机中的润滑油。通过对大量成功者的研究，我们发现，几乎所有的成功者都表现出一个共同的特征，那就是都具备积极的心态。有的人仿佛天生就具备积极乐观、善于自我激励等特征，而有的人则经过苦难的磨砺主动地培养了积极的个性。没有什么比积极的心态更能使一个普通平凡的人走上成功的道路。从这个角度讲，积极的心态是成功理论的重要原则之一。如果你已具有积极的心态，那么恭喜你；如果你能培养积极的心态，那么你也必定能走向成功。

心 灵 感 悟 ·

　　成功者与失败者之间的差别是：成功者始终用最积极的思考、最乐观的精神和最辉煌的经验支配和控制自己的人生；失败者则刚好相反，他们的人生是受过去的种种失败与疑虑所引导和支配的。

进取心创造卓越

　　玛丽·凯在美国可谓家喻户晓，然而在创业之初，她曾历尽失败，走了不少弯路。但她从来不灰心、不泄气，最后终于成为大器晚成的化妆品行业的"皇后"。

　　20世纪60年代初期，玛丽·凯已经退休回家。可是过分寂寞的退休生活使她突然决定冒一冒险。经过一番思考，她把一辈子积蓄下来的5000美元作为全部资本，创办了玛丽·凯化妆品公司。

　　为了支持母亲实现"狂热"的理想，两个儿子也"跳往助之"，一个辞去一家月薪480美元的人寿保险公司代理商职务，另一个也辞去了休斯敦月薪750美元的职务，加入到母亲创办的公司中来，宁愿只拿250美元的月薪。玛丽·凯知道，这是背水一战，是在进行一次人生中的大冒险，弄不好，不仅自己一辈子辛辛苦苦的积蓄将血本无归，而且还可能葬送两个儿子的美好前程。

　　在创建公司后的第一次展销会上，她隆重推出了一系列功效奇特的护肤品。按照原来的想法，这次活动会引起轰动，一举成功。可是，"人算不如天算"，整个展销会下来，她的公司只卖出去15美元的护肤品。

　　在残酷的事实面前，玛丽·凯不禁失声痛哭，而在哭过之后，她反复地问自己："玛丽·凯，你究竟错在哪里？"

　　经过认真分析，她终于悟出了一点：在展销会上，她的公司从来没有主动请别人来订货，也没有向外发订单，而是希望女人们自己上门来买东西……难怪在展销会上落得如此下场。

　　玛丽擦干眼泪，从第一次失败中站了起来，在抓生产管理的同时，她加强了销售队伍的建设……

　　经过20年的苦心经营，玛丽·凯化妆品公司由初创时的雇员9人发展到现在的

5000多人；由一个家庭公司发展成为一个国际性的公司，拥有一支20万人的推销队伍，年销售额超过3亿美元。

玛丽·凯终于实现了自己的梦想。是什么力量不断地激励玛丽·凯朝着自己的目标前进？这个推动力就是：进取心。一旦养成一种不断自我激励、始终向着更高目标前进的习惯，我们身上的很多不良习性就都会逐渐消失。一旦我们有幸受这种伟大推动力的引导和驱使，我们就会成长、开花、结果，进取心最终会成为一种伟大的自我激励力量，它会使我们的人生更加崇高。

心灵感悟·

进取心是神秘的宇宙力量在人身上的体现，这种动力并不是纯粹的人为力量能创造的。为了获得和满足这种力量，我们甚至愿意放弃舒适乃至牺牲自我。我们每个人都感到，我们需要这种激励，它是我们人生的支柱。

希望让生命之树常青

希望和欲念是生命不竭的原因所在。记住，无论在什么境况中，我们都必须有继续向前行的信心和勇气，生命的生动在于我们满怀希望，不懈追求。

有一个老人，刚好100岁那年，不仅功成名就，子孙满堂，而且身体硬朗，耳聪目明。在他百岁生日的这一天，他的子孙济济一堂，热热闹闹地为他祝寿。

在祝寿中，他的一个孙子问："爷爷，您这一辈子中，在那么多领域做了那么多的成绩，您最得意的是哪一件呢？"

老人想了想说："是我要做的下一件事情。"

另一个孙子问："那么，您最高兴的一天是哪一天呢？"

老人回答："是明天，明天我就要着手新的工作，这对于我来说是最高兴的事。"

这时，老人的一个重孙子，虽然还30岁不到，但已是名闻天下的大作家了，站起来问："那么，老爷爷，最令您感到骄傲的子孙是哪一个呢？"说完，他就支起耳朵，等着老人宣布自己的名字。

没想到老人竟说："我对你们每个人都是满意的，但要说最满意的人，现在还没有。"

这个重孙子的脸陡地红了，他心有不甘地问："您这一辈子，没有做成一件感到最得意的事情，没有过一天最高兴的日子，也没有一个令您最满意的孙子，您这100年不是白活了吗？"

此言一出，立即遭到了几个叔叔的斥责。老人却不以为忤，反而哈哈大笑起来："我的孩子，我来给你说一个故事：一个在沙漠里迷路的人，就剩下半瓶水。整整5天，他一直没舍得喝一口，后来，他终于走出大沙漠。现在，我来问你，如果他当天喝完那瓶水的话，他还能走出大沙漠吗？"

老人的子孙们异口同声地回答："不能！"

老人问："为什么呢？"

他的重孙子作家说："因为他会丧失希望和欲念，他的生命很快就会枯竭。"

老人问："你既然明白这个道理，为什么不能明白我刚才的回答呢？希望和欲念，也正是我生命不竭的原因所在呀！"

生命在于永不放弃，我们的事业也如此，有希望在，我们就有了前进的方向，就有了不竭的动力。

心灵感悟·

心无希望的人注定只能浑浑噩噩地生活，没有目标，一切都显得很糟糕。

希望是我们内心深处盛开的一朵永不凋零的花儿，人生在世绝不能没有希望。

无论我们的生活是什么状况的，有希望就会有光明。

做自己的主人

人要主宰自己的命运，做自己的主人。

"老师让我去报名参加那个拼写竞赛。"13岁的安琪一回到家就告诉父母。

"太好了，你已经报名了吗？"

"还没有呢。"

"为什么，宝贝？"父母奇怪地问。

"我有点害怕，台下可能会有许多人看着。"安琪很激动，她在家一向是个听父母话的孩子，在学校平时也不爱多说话，但是学习成绩很好。

"我想你还是先报个名吧，你可以很好地锻炼自己的。不过这事儿你还是得自己决定。"

父母离开了安琪的屋子。过了两天之后，学校老师打来电话，让安琪的父母说服安琪去报名参加拼写竞赛。

安琪回到家后，父母又跟她谈了话，父母对她说："首先，我们并不是强迫你一定要报名，这件事还是你来作决定，但是我们可以谈谈关于参加竞赛的利弊。参加竞赛可以锻炼自己的意志，锻炼自己的智力，还能增强自己的信心。比赛赢了更好，没有得名次，也是无关紧要的，我们不在乎。因为你在我们的心目中是很有能力的孩子，这点并不需要用竞赛的名次来证明。"

父母又对她说："老师打电话来说，他也很相信你的能力。我们对你的比赛结果都不太关心，关心的只是你是不是想用这一次机会去锻炼自己。"

有这样开明的父母的鼓励和支持，最后安琪还是去报名了。

安琪的父母知道安琪很聪明，只是她太胆小了。她不敢想象如果自己站在台上面对那么多的观众拼写单词会是一种什么样的感觉。她的父母很想让安琪见一见世面，让她走向自己的生活，而这就是一个很好的机会。还有，父母想让安琪通过这一机会来证明她自己的能力，也好好地锻炼自己的胆量，发现自己的一些潜力，明白自己只是有些发怵，需要自己的父母给加油，同时，又能够消除得一个名次的压力。

安琪的父母对安琪充满了信心，但他们并不催促安琪，而是让她自己来作这一决定。

通过这件事，安琪增强了自己的独立性和勇气，而父母则很满意自己鼓励了安琪，使她没有失去一个很好的锻炼自己的好机会。

要驾驭命运，从近处说，要自主地选择学校，选择书本，选择朋友，选择服饰；从远处看，则要不被种种因素制约，自主地选择自己的事业、爱情和大胆地追求崇高的精神。

你的一切成功、一切造就，完全取决于你自己。

你应该掌握前进的方向，把握住目标，让目标似灯塔般在高远处闪光；你应该独立思考，有自己的主见，懂得自己解决问题。你不应相信有救世主，不该信奉什么神仙或皇帝，你的品格、你的作为，你所有的一切都是你自己行为的产物，并不能靠其他什么东西来改变。在生活道路上，你必须善于作出抉择，不要总是踩着别人的脚步走，不要总是听凭他人摆布，而要勇敢地驾驭自己的命运，调控自己的情感，做自己的主宰，做命运的主人。

心 灵 感 悟·

人若失去自己，是一种不幸；人若失去自主，则是人生最大的缺憾。赤橙黄绿青蓝紫，谁都应该有自己的一片天地和特有的亮丽色彩。你应该果断地、毫无顾忌地向世人宣告并展示你的能力、你的风采、你的气度、你的才智。

最优秀的人就是你自己

风烛残年之际，柏拉图知道自己时日不多了，就想考验和点化一下他那位平时看来很不错的助手。他把助手叫到床前说："我需要一位最优秀的承传者，他不但要有相当的智慧，还必须有充分的信心和非凡的勇气……这样的人选直到目前我还未见到，你帮我寻找和发掘一位好吗？"

"好的，好的。"助手很温顺很诚恳地说："我一定竭尽全力去寻找，以不辜负您的栽培和信任。"

那位忠诚而勤奋的助手，不辞辛劳地通过各种渠道开始四处寻找了。可他领来一位又一位，总被柏拉图一一婉言谢绝了。有一次，病入膏肓的柏拉图硬撑着坐起来，抚着那位助手的肩膀说："真是辛苦你了，不过，你找来的那些人，其实还不如你……"

半年之后，柏拉图眼看就要告别人世，最优秀的人选还是没有眉目。助手非常惭愧，泪流满面地坐在病床边，语气沉重地说："我真对不起您，令您失望了！"

"失望的是我，对不起的却是你自己。"柏拉图说到这里，很失望地闭上眼睛，停顿了许久，又不无哀怨地说："本来，最优秀的人就是你自己，只是你不敢相信自己，才把自己给忽略、给耽误、给丢失了……其实，每个人都是最优秀的，差别就在于如何认识自己、如何发掘和重用自己……"话没说完，一代哲人就永远离开了这个世界。

那位助手非常后悔，甚至整个后半生都在自责。

生活中，一个缺乏信心的人，如同一根受了潮的火柴，是不可能擦亮希望的火光的。有一位研究成功学的专家曾经这样说过："信心是生命和力量，信心是奇迹，信心是创立事业之本。只要有信心，你就能够移动一座山；只要你相信会成功，你就一定能赢得成功。"

不是因为有些事情难以做到，我们才失去自信；而是因为我们失去了自信，有些事情才显得难以做到。

真正的自信不是孤芳自赏，也不是夜郎自大，更不是得意忘形、自以为是和盲目乐观，真正的自信就是看到自己的强项或者说好的一面来加以肯定、展示或表达。它是内在实力和实际能力的一种体现，能够清楚地预见并把握事情的正确性和发展趋势，引导自己做得最好或更好。

自信是成功最重要的力量之一。自信是对自己百分之百的肯定，自信是相信自己有能力做好某一件事。一个人的自信决定了他的能量、热情以及自我激励的程度。一个拥有高度自信的人，一定会拥有强大的个人力量，他做任何一件事几乎都会成功。

你对自己越自信，你就越喜欢自己、接受自己、尊敬自己。

心 灵 感 悟 ·

你可以敬佩别人，但绝不可忽略了自己；你也可以相信别人，但绝不可以不相信自己。每个向往成功、不甘沉沦者，都应该牢记柏拉图的这句至理名言：最优秀的人就是你自己！

生命需要热忱

一个人成功的因素很多，而居于这些因素之首的就是热忱。热忱是发自内心的兴奋，散发、充满到整个人。英文中的"热忱"这个词是由两个希腊字根组成的，一个是"内"，一个是"神"。事实上，一个热忱的人，等于是有神在他的内心里。热忱也就是内心里的光辉——这种炽热的、精神的特质深存于一个人的内心。

俄亥俄州克里夫兰市的史坦·诺瓦克下班回到家里，发现他最小的儿子提姆又哭又叫地猛踢客厅的墙壁。小提姆明天就要开始上幼儿园了，他不愿意去，就这样以示抗议。按照史坦平时的作风，他会把孩子赶回自己的卧室去，让孩子一个人在里面，并且告诉孩子他最好还是听话去上幼儿园。由于已了解了这种做法并不能使孩子欢欢喜喜地去幼儿园，史坦决定运用刚学到的知识：热忱是一种重要的力量。

他坐下来想："如果我是提姆的话，我怎么样才会乐意去上幼儿园？"他和太太列出所有提姆在幼儿园里可能会做的趣事，例如画画、唱歌、交新朋友，等等。然后他们就开始行动，史坦对这次行动做了生动的描绘："我们都在饭厅桌子上画起画来，我太太、另一个儿子鲍勃和我自己，都觉得很有趣。没有多久，提姆就来偷看我们究竟在做什么事，接着表示他也要画。'不行，你得先上幼儿园去学习怎样画。'我以我所能鼓起的全部热忱，以能够听懂的话，说出他在幼儿园里可能会得到的乐趣。第二天早晨，我一起床就下楼，却发现提姆坐在客厅的椅子上睡着了。'你怎么睡在这里呢？'我问。'我等着去上幼儿园，我不要迟到。'我们全家的热忱已经鼓起了提姆内心对上幼儿园的渴望，而这一点是讨论或威胁、责骂都不可能做到的。"

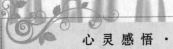

心 灵 感 悟 ·

生活中没有任何人能够阻止你将你的目标变成现实，更没有人能够阻止你把热忱注入你的计划之中。

热忱能带领你迈向成功。如果你有热情，那么，你几乎就所向无敌了。

要克服虚荣心

有一只高傲的乌鸦非常瞧不起自己的同伴。它到处寻找孔雀的羽毛，一根一根地藏起来。等搜集得差不多了，它就把这些孔雀的羽毛插在自己乌黑的身上，直至将自己打扮得五彩缤纷，看起来真有点像孔雀为止。然后，它离开乌鸦的队伍，混到孔雀群中。但当孔雀们看到这位新同伴时，立即注意到这位来客穿着它们的衣服，忸忸怩怩、装腔作势，大伙都气愤极了。它们扯去乌鸦所有的假羽毛，拼命地啄它、扯它，把它弄得头破血流，痛得昏死在地。

乌鸦苏醒后，不知该怎么办才好。它再也不好意思回到乌鸦群中去。想当初，自己插着孔雀羽毛，神气活现的时候，是怎么也看不起自己的同伴啊！

最后，它终于决定还是老老实实地回到同伴们那儿去。有一只乌鸦问它："请告诉我，你瞧不起自己的同伴，拼命想抬高自己，你可知道害羞？要是你老老实实地穿着这件天赐的黑衣服，如今也不至于受这么大的痛苦和侮辱了。当人家扯下你那伪装的外衣时，你不觉得难为情吗？"说完，谁也不理睬它，大伙一起高高飞走了。

地面上，那只梦想当孔雀的乌鸦被孤零零地留下了。

莎士比亚说："轻浮的虚荣是一个十足的饕餮者，它在吞噬一切之后，结果必然牺牲在自己的贪欲之下。"虚荣是一种无聊的、骗人的东西，我们要时时提醒自己远离虚荣，以免被它撞得头破血流。

虚荣是虚妄的荣耀，是掩耳盗铃的现代解释，是无知无能的你最想依赖而实际上最依靠不住的心灵稻草。稻草人是用来吓唬乌鸦及其他动物的，而你是人，还有点智商，你想用稻草人来保护自己，真是愚蠢至极。

虚荣心是一种为了满足自己荣誉、社会地位的欲望。虚荣心强的人往往不惜玩弄欺骗、诡诈的手段来炫耀、显示自己，借此博取他人的称赞和羡慕，最大限度地满足自己的虚荣心。但是由于这种人自身素质低、修养差，经常是真善美与假恶丑不分，往往把肉麻当有趣，将粗俗当高雅，打扮不合时宜，矫揉造作，不伦不类，使人感到很不舒服，甚至产生恶心之感。故事中的乌鸦，就是因为贪图虚荣，盲目追求标新立异的效果，结果弄巧成拙，留下了笑柄。

华丽的外表无法掩饰空虚的心灵。很难想象一个爱慕虚荣的人能有多大的成就，因为他们总是把一些浮在表面上的东西作为提高自己地位的条件，而不是扎实地生活和工作。由于虚荣心具有许多负面的东西，是一种扭曲的人格，它多半会遭到他人的反感和敌意，甚至攻击，因此要尽量克服它。

要克服虚荣心，关键要树立正确的荣辱观，即对荣誉、地位、得失、面子要持有一种正确的认识和态度。不可过分追求荣华富贵、安逸享受，否则就真的陷入了爱慕虚荣的怪圈。

恐惧是心灵之魔

恐惧能摧残一个人的意志和生命，它能影响人的胃、伤害人的修养、减少人的生理与精神的活力，进而破坏人的身体健康。它能打破人的希望、消退人的志气，而使人的心力"衰弱"至不能创造或从事任何事业。

许多人简直对一切都怀着恐惧之心：他们怕风，怕受寒；他们吃东西时怕有毒，经营商业时怕赔钱；他们怕人言，怕舆论；他们怕困苦的时候到来，怕贫穷，怕失败，怕收获不佳，怕雷电，怕暴风……他们的生命，充满了怕，怕，怕！

恐惧能摧残人的创造精神，足以杀灭个性而使人的精神机能趋于衰弱。一旦心怀恐惧、不祥的预感，则做什么事都不可能有效率。恐惧代表着、指示着人的无能与胆怯。这个恶魔，从古到今，都是人类最可怕的敌人，是人类文明事业的破坏者。

卫斯里为了领略山间的野趣，一个人来到一片陌生的山林，左转右转，迷失了方向。正当他一筹莫展的时候，迎面走来了一个挑山货的美丽少女。

少女嫣然一笑，问道："先生是从景点那边迷失方向的吧？请跟我来吧，我带你抄小路往山下赶，那里有旅游公司的汽车在等着你。"

卫斯里跟着少女穿越丛林，阳光在林间映出千万道漂亮的光柱，晶莹的水汽在光柱里飘飘忽忽。正当他陶醉于这美妙的景致时，少女开口说话了："先生，前面一点就是我们这儿的鬼谷，是这片山林中最危险的路段，一不小心就会摔进万丈深渊。我们这儿的规

矩是路过此地，一定要挑点或者扛点什么东西。"

卫斯里惊问："这么危险的地方，再负重前行，那不是更危险吗？"

少女笑了，解释道："只有你意识到危险了，才会更加集中精力，那样反而会更安全。这儿发生过好几起坠谷事件，都是迷路的游客在毫无压力的情况下一不小心摔下去的。我们每天都挑东西来来去去，却从来没人出事。"

卫斯里冒出一身冷汗，对少女的解释并不相信。他让少女先走，自己去寻找别的路，企图绕过鬼谷。

少女无奈，只好一个人走了。卫斯里在山间来回绕了两圈，也没有找到下山的路。

眼看天色将晚，卫斯里还在犹豫不决。夜里的山间极不安全，在山里过夜，他恐惧；过鬼谷下山，他也恐惧；况且，此时只有他一个人。

后来，山间又走来一个挑山货的少女。极度恐惧的卫斯里拦住少女，让她帮自己拿主意。少女沉默着将两根沉沉的木条递到卫斯里的手上。卫斯里胆战心惊地跟在少女身后，小心翼翼地走过了这段"鬼谷"。

过了一段时间，卫斯里故意挑着东西又走了一次"鬼谷"。这时，他才发现"鬼谷"没有想象中那么"深"，最"深"的是自己心中的"恐惧"。

恐惧是人生命情感中难解的症结之一。面对自然界和人类社会，生命的进程从来都不是一帆风顺、平安无事的，总会遭到各种各样、意想不到的挫折、失败和痛苦。当一个人预料将会有某种不良后果产生或受到威胁时，就会产生这种不愉快情绪，并为此紧张不安，程度从轻微的忧虑一直到惊慌失措。现实生活中每个人都可能经历某种困难或危险的处境，从而体验不同程度的焦虑。恐惧作为一种生命情感的痛苦体验，是一种心理折磨。人们往往并不为已经到来的，或正在经历的事而惧怕，而是对结果的预感产生恐慌，人们生怕无助、生怕排斥、生怕孤独、生怕伤害、生怕死亡的突然降临；同时人们也生怕丢官、生怕失业、生怕失恋、生怕失亲、生怕声誉的瞬息失落。

马克·富莱顿说："人的内心隐藏任何一点恐惧，都会使他受魔鬼的利用。"美国著名作家、诺贝尔文学奖获得者福克纳说："世界上最懦弱的事情就是害怕，应该忘了恐惧感，而把全部身心放在属于人类情感的真理上。"爱因斯坦说："人只有献身社会，才能找出那实际上是短暂而有风险的生命的意义。"

循着哲人们的脚步，聆听他们智慧的声音，我们还有什么可以恐惧的理由？

心灵感悟·

恐惧产生的结果多是自我伤害，它不仅让你丧失自信心或战斗力，还能使人被根本不存在的危险伤害。与恐惧相反，勇气和镇定能使人变得强大，能减少或避免伤害。所以，在面对危险的时候，一定要临危不乱，牢记勇者无惧的箴言，这样你才能从容面对生活并且走向成功。

化解怒气

动辄发怒是放纵和缺乏教养的表现，而且一旦"愤怒"与"愚蠢"携手并进，"后悔"就会接踵而来。所以，血气沸腾之际，理智不太清醒，言行容易过分，于人于己都不利。

有一位经理，一大早起床，发现上班快要迟到了，便急急忙忙地开着车往公司赶。

一路上，为了赶时间，这位经理连闯了几个红灯，最终在一个路口被警察拦了下来，给他开了罚单。

这样一来，上班迟到已是必然。到了办公室之后，这位经理犹如吃了火药一般，看到桌上放着几封昨天下班前便已交代秘书寄出的信件，更是气不打一处来，把秘书叫了进来，劈头就是一阵痛骂。

秘书被骂得莫名其妙，拿着未寄出的信件，走到总机小姐的座位，同样是一阵狠批。秘书责怪总机小姐，昨天没有提醒她寄信。

总机小姐被骂得心情恶劣之至，便找来公司内职位最低的清洁工，借题发挥，对清洁工的工作，没头没脑地也是一连串声色俱厉的指责。

清洁工没有人可以再骂下去，她只得憋着一肚子闷气。

下班回到家，清洁工见到读小学的儿子趴在地上看电视，衣服、书包、零食，丢得满地都是，刚好逮住机会，把儿子好好地教训了一顿。

儿子电视也看不成了，愤愤地回到自己的卧房，见到家里那只大懒猫正盘踞在房门口，一时怒由心中起，狠狠地踢了一脚，把猫儿给踢得远远的。

无故遭殃的猫儿，心中百思不解："我这又是招谁惹谁了？"

情绪是可以传染的，尤其是坏情绪、怒气。按照上面这则事例中怒气蔓延的逻辑，再传递下去，最终会将全世界闹个鸡犬不宁。此话虽略显夸张，但不无道理。其实，他们中的任何一个人只要心平气和地面对别人的怒气，然后合理地处理好自己的情绪，怒气就不会传播得这么广，就不会有那么多的人受怒气影响而情绪变坏。

心灵感悟·

脾气暴躁，经常发火，不仅强化诱发心脏病的致病因素，而且会增加患其他病的可能性，它是一种典型的慢性自杀。因此为了确保自己的身心健康，以及保证人际关系的和谐安宁，必须学会控制自己，克服易怒的毛病。

冲动会酿成大祸

培根说："冲动，就像地雷，碰到任何东西都一同毁灭。"如果你不注意培养自己冷静理智、心平气和的性情，培养交往中必需的沉着，一旦碰到"导火线"就暴跳如雷，情绪失控，就会把你最好的人生全都炸掉，最后只会让自己陷入自戕的囹圄。

南南的爸爸妈妈大吵了一架，起因是妈妈放在自己外套里的300元钱不见了，妈妈认定是爸爸拿的，但爸爸却不承认。下班后，爸爸直接去保姆家接南南，保姆一边帮南南穿衣服，一边说："昨天我给南南洗衣服，从她口袋里找出300元钱，都被我洗湿了，晾在……"没等保姆把话说完，爸爸立刻就把南南拽了过去，狠狠打了她两个耳光，南南的嘴角立刻流血了。"你竟敢偷钱！害得我和你妈妈大吵了一架，这样坏的孩子不要算了！"他丢下南南掉头就走了。南南根本不知道发生了什么事，只觉得脸很痛就哭了起来。保姆对南南妈妈说："你家先生也太急躁了，不等我把话说完就打孩子，这么小的孩子哪知偷钱啊！100元钱对她来说就是张花纸。一定是她拿着玩时顺手放到口袋里的。"南南被妈妈抱回家，却总是不停哭闹，妈妈只好带她去医院做检查。

检查结果让夫妻俩完全呆住了：孩子的左耳完全失去听力，右耳只有一点听力，将来得带助听器生活。由于失去听力，孩子的平衡感会很差，同时她的语言表达也将受到严重影响。

南南爸爸简直痛不欲生，他一时冲动打出的两个巴掌竟然毁了女儿的一生，他永远也无法原谅自己，并将终生背负着对女儿的亏欠。

愚蠢的行为大多是在手脚转动得比大脑还快的时候产生的。每个父亲都是爱自己的孩子的，南南的爸爸也一定为女儿设想过前途，想过女儿美好的未来，但冲动却使他亲手毁了这一切。

在遇到与自己的主观意向发生冲突的事情时，若能冷静地想一想，不仓促行事，也就不会有冲动，更不会在事后后悔莫及了。

大多数成功者，都是对情绪能够收放自如的人。这时，情绪已经不仅仅是一种感情的表达，更是一种重要的生存智慧。如果控制不住自己的情绪，随心所欲，就可能带来毁灭性的灾难。情绪控制得好，则可以帮你化险为夷。

所以，你要学会控制自己的冲动，学会审时度势，千万不能放纵自己。每个人都有冲动的时候，尽管它是一种很难控制的情绪。但不管怎样，你一定要牢牢控制住它。否则，一点细小的疏忽，就可能贻害无穷。

心灵感悟·

平时可以通过修身养性来调节自己的情绪，或是加强思想修养；或是提高文化层次，以一颗爱心去对待别人，增加自己的心理相容性；或者去学钓鱼，等等，目的都是给你一个舒适的心境，宽松怡人，忘掉烦恼，摆脱急躁。

控制好自己的情绪

良好地控制自我就是不要凡事都情绪化，任由情绪发展，而是要适度控制。

新的一届竞选又开始了，一位准备参加参议员竞选的候选人向自己的参谋讨教如何获得多数人的选票。

其中一个参谋说："我可以教你些方法。但是我们要先定一个规则，如果你违反我教给你的方法，要罚款10元。"

候选人说："行，没问题。"

"那我们从现在就开始。"

"行，就现在开始。"

"我教你的第一个方法是：无论人家说你什么坏话，你都得忍受。无论人家怎么损你、骂你、指责你、批评你，你都不许发怒。"

"这个容易，人家批评我、说我坏话，正好给我敲个警钟，我不会记在心上。"候选人轻松地答应。

"你能这么认为最好。我希望你能记住这个戒条，要知道，这是我教给你的规则当中最重要的一条。不过，像你这种愚蠢的人，不知道什么时候才能记住。"

"什么！你居然说我……"候选人气急败坏地说。

"拿来，10块钱！"

虽然脸上的愤怒还没退去，但是候选人明白，自己确实是违反规则了。他无奈地把钱递给参谋，说："好吧，这次是我错了，你继续说其他的方法。"

"这条规则最重要，其余的规则也差不多。"

"你这个骗子……"

"对不起，又是10块钱。"参谋摊手道。

"你赚这20块钱也太简单了。"

"就是啊，你赶快拿出来，你自己答应的，你如果不给我，我就让你臭名远扬。"

"你真是只狡猾的狐狸。"

"又10块钱，对不起，拿来。"

"呀，又是一次，好了，我以后不再发脾气了！"

"算了吧，我并不是真要你的钱，你出身那么贫寒，父亲也因不还人家钱而声誉不佳！"

"你这个讨厌的恶棍，怎么可以侮辱我家人！"

"看到了吧，又是10块钱，这回可不让你抵赖了。"

看到候选人垂头丧气的样子，参谋说："现在你总该知道了吧，克制自己的愤怒，控制情绪并不容易，你要随时留心，时时在意。10块钱倒是小事，要是你每发一次脾气就丢掉一张选票，那损失可就大了。"

控制自己的冲动是件非常不容易的事情，因为我们每个人的心中都存在着理智与感情的斗争。为情所动时，不要有所行动，否则你会将事情搞得一团糟。人在不能自制时，会举止失常；激情总会使人丧失理智。此时应去咨询不为此情所动的第三方，因为当局者迷，旁观者清。当谨慎之人察觉到情绪冲动时，会即刻控制并使其消退，避免因热血沸腾而鲁莽行事。短暂的爆发会使人不能自拔，甚至名誉扫地，更糟糕的则可能丢掉性命。

心灵感悟·

一个成功的人必定是有良好控制能力的人，控制自我不是说不发泄情绪，也不是不发脾气，过度压抑只会适得其反。良好的控制自我就是不要凡事都情绪化，任由情绪发展，而是要适度控制，这是一种能力的体现。

第二辑

感谢生命

读懂生命

哲人说，生命不止一次。读不懂生命的人，认为他的生命只是一次，读懂生命的人，感叹他的生涯浮沉，九死一生。活得无悔，便不会怨憎死亡。

一天，庄子的妻子去世了，好友惠子去吊丧，却看到庄子蹲在地上，正敲着盆子唱歌，惠子很惊讶。

惠子愤愤地说："夫人和你结为伴侣，生儿育女，身老而死，你不哭也就罢了，怎么能敲着盆子唱歌，是不是太过分了？"

庄子微笑："不对。她刚死的时候，我怎么可能不难过！可是探究她的开始，本来没有生命；不仅没有生命，而且没有形体；不仅没有形体，而且没有气。混杂在恍恍惚惚之中，变化而产生了气，气变化成了形体，形体变化有了生命。现在又因变化而死亡，这些就好像是春夏秋冬一年四季在运行。夫人现在安静地在天地之间休息，我却号啕大哭，我认为这样是太不懂得命运了，所以忍住了哀痛。"

惠子若有所悟。

生命从起点到终点，是一次多么自然的过程啊！

心灵感悟·

没有死的悲伤就没有生的喜悦，洞悉了生与死的本质，就不会为终究要死去而坐立不安，而只会为生存的每一天喝彩。

生命岂容虚掷

20世纪20年代，有一位老少皆知的珠宝大盗罗迪克，他偷盗的对象，都是有钱有地位的上流人士。他还是位艺术品鉴赏家，所以有"绅士大盗"之称，罗迪克因偷盗被捕，被判刑18年。出狱后，全国各地的记者纷纷前来采访他，其中有位记者问了一个有趣的问题："罗迪克先生，你曾偷了许多很有钱的人家，我想知道，蒙受损失最大的人是谁？"罗迪克不假思索地说："是我。"

记者们哗然。罗迪克接着解释说："以我的才能，我应该能成为一个成功的商人、华尔街的大亨，或是对社会很有贡献的一分子；但我不幸选择了做小偷，成了一个向自己偷盗东西最多的人——各位都知道,我生命中四分之一的时间是在监狱里消耗掉的。"

无独有偶,一位造诣很深的画家帕克,曾经花费了很多精力,以鬼斧神工的技艺,一笔一画地手工绘制了一张20美元的钞票。和罗迪克一样,他也因触犯法律而被捕了。具有讽刺意味的是,帕克画一张20美元钞票所耗费的时间,跟他画一张可以卖到500美元的肖像画所需的时间几乎是相同的。但不管怎么说,这位天才的画家却是一个小偷。可悲的是,被偷得最惨的人不是别人,正是他自己。

罗迪克和帕克都是天分很高的聪明人,在某一领域,他们完全可以凭借自己的本领赢得成功,占有一席之地。然而,他们却没有发挥自身的才能,反而选择了偷窃自己。

生活中,向自己行窃者,大有人在。为什么人们会干这种蠢事呢?这是因为,他们没有真正地认识自己,不知道自己的价值何在。他们不相信正面地、充分地发挥自己的才华,便是走在通向成功的光明大道上。他们更不知道,通过不正当的手段谋取钱财,实际上是在走一条死胡同。其实,任何一个不相信自己、从而未能充分发挥自身才能的人,都可以说是偷窃自己的人。

感谢生命

杰米·杜兰特是20世纪伟大的艺术家之一。他曾被邀参加一场慰劳第二次世界大战退伍军人的表演,但他告诉邀请单位自己行程很紧,连几分钟也抽不出来;不过假如让他只做一段独白,然后马上可以离开赶赴另一场表演的话,他愿意参加。当然,安排表演的负责人欣然同意了。

当杰米走到台上,奇怪的事发生了。他做完了独白,却并没有立刻离开。掌声愈来愈响,他没有离去。他连续表演了15分钟、20分钟、30分钟,最后,终于鞠躬下台。等在后台的负责人问他道:"我还以为你只能表演几分钟。这是怎么回事?"

杰米回答:"我本来需要马上离开的,但我不能那样做,你自己看看第1排的观众便会明白了。"

第1排坐着两个男人,二人均在战事中失去一只手。一个人失去左手,另一个则失去右手。他们却在一起鼓掌,他们一直在鼓掌,而且拍得又开心又大声。

心灵感悟·

人对生命缺少感激,源于人在心灵上难以满足,对生命有太多的抱怨。当一个人能从心底对自己的生命充满感激时,快乐自然会与之相伴。

活着就是莫大的幸福

有位青年，厌倦了日复一日平淡无奇的生活，感到生命尽是无聊和痛苦。

为寻求刺激，青年参加了挑战极限的活动。

主办者把他关在山洞里，无光无火亦无粮，每天只供应5千克的水，时间为120小时，整整5个昼夜。

第1天，青年还心怀好奇，颇觉刺激。

第2天，饥饿、孤独、恐惧一齐袭来，四周漆黑一片，听不到任何声响。于是他有点向往起平日里的无忧无虑来。

他想起了乡下的老母亲千里迢迢风尘仆仆地赶来，只为送一坛韭菜花酱以及给小孙子的一双虎头鞋。

他想起了终日相伴的妻子在寒夜里为自己掖好被子。

他想起了宝贝儿子为自己端的第1杯水。

他甚至想起了与他发生争执的同事曾经给自己买过的一份工作餐……

渐渐地，他后悔起平日里对生活的态度来：懒懒散散，敷衍了事，冷漠虚伪，无所作为。

第3天，他饿得几乎挺不住了。可是一想到人世间的种种美好，便坚持了下来。第4天、第5天，他仍然在饥饿、孤独、极大的恐惧中反思过去，向往未来。

他痛恨自己竟然忘记了母亲的生日；他遗憾妻子分娩时未尽照料的义务；他后悔听信流言与好友分道扬镳……他这才觉出需要他努力弥补的事情竟是那么多。可是，连他自己也不知道，他能不能挺过最后一关。

就在他涕泪齐下、百感交集之时，洞门开了。阳光照射进来，白云就在眼前，淡淡的花香，悦耳的鸟鸣——他又迎来了美好的人间。

青年摇摇晃晃地走出山洞，脸上浮现出了一丝难得的笑容。5天来，他一直用心在说一句话，那就是：活着，就是幸福！

心灵感悟·

活着就是莫大的幸福。放下死亡的包袱，打开自己的心扉，积极地对待生活中的每一天，你才能好好地活着。

生命不能被透支

在印度洋海岛上，有一种红嘴的鸟，它的嘴的颜色深浅决定了其在异性眼里受欢迎的程度。那些一心想让自己变得更受异性欢迎的鸟，必须调整体内的胡萝卜素。研究表明，胡萝卜素是促使鸟嘴颜色变红的主要原因，但同时也是鸟体内免疫能力不可或缺的重要元素。在异性鸟眼里，深度红嘴的鸟是鸟中精英，因为它有足够的胡萝卜素。尽管生物学家证明有很大一部分鸟是打肿脸充胖子，事实上把太多的胡萝卜素集中到嘴的颜色装饰上会削弱体内正常的免疫能力，但为了异于同类，在竞争中取胜，鸟甚至于红"嘴"薄命。

一位作家曾经讲过一个故事：一位计算机博士在美国找工作，他奔波多日却一无所获。万般无奈，他来到一家职业介绍所，没出示任何学位证件，以最低的身份作了登记。很快他被一家公司录用了，职位是程序输入员。不久，老板发现这个小伙子的能力非一般程序输入员可比。此时，他亮出了学士证书，老板给他换了相应的职位。又过了一段时间，老板发觉这位小伙子能提出许多有独特见解的建议，其本领远比一般大学生高明，此时，他亮出了硕士证书，老板立刻提拔了他。又过去了半年，老板发觉他能解决实际工作中遇到的几乎所有技术难题，在老板的再三盘问下，他才承认自己是计算机博士，因为工作难找，就把博士学位瞒了下来。第2天一上班，他还没来得及出示博士证书，老板已宣布他就任公司副总裁。

这个作家的意思是一个人要懂得生命的迂回，在没有机遇时要善于储蓄智慧，而不可把自己看得过重。其实这位博士仍然遵循了生命不能被透支的人生哲学。适当地保存生命的价值是非常重要的。而那红嘴鸟，只凭一时的勇气来展示自己，一不小心就会透支生命。

心灵感悟·

循序渐进的生命对一般人来说很重要。我们应该像河流一样，在行进过程中遇到山石或者草丛的阻挡时，懂得迂回而过，只有这样才能更好地锻炼生命。

心灵的孔洞

有个老人一生十分坎坷，年轻时由于战乱几乎失去了所有的亲人，一条腿也在一次空袭中被炸断；中年时，妻子也因病去世了；不久，和他相依为命的儿子又在一次车祸中丧生。

可是，在别人的印象之中，老人一直爽朗而又随和。有一次某个人终于冒昧地问他："您经受了那么多苦难和不幸，可是为什么看不出一点伤感？"

老人默默地看了此人很久，然后，将一片树叶举到那个人的眼前。

"你瞧，它像什么？"

那是一片黄中透绿的叶子。那个人想，这是白杨树叶，可是，它到底像什么呢？

"你能说它不像一颗心吗？或者说就是一颗心？"

那个人仔细一看，还真的十分像心脏的形状，心不禁轻轻一颤。

"再看看它上面都有些什么？"

老人将树叶更近地向那个人凑去。那个人清楚地看到，那上面有许多大小不等的孔洞。

老人收回树叶，放到了掌中，用那厚重的声音缓缓地说："它在春风中绽出，阳光中长大。从冰雪消融到寒冷的深秋，它走过了自己的一生。这期间，它经受了虫咬石击，以致千疮百孔，可是它并没有凋零。它之所以得以享尽天年，完全是因为它热爱着阳光、泥土、雨露，它热爱着自己的生命！相比之下，那些打击又算得了什么呢？"

心灵感悟·

人的生命只有一次，生命不是绵延到永远的，它有起点更有终点。我们敬畏它的不屈不挠，更敬畏它不着痕迹、毫不留情地逝去。生命需要我们去热爱。热爱生命，你体会到的将是生命中更深邃的意义。

生命的潜能

有一次，乔治不幸遭遇了交通事故，被一辆小汽车撞得不省人事，好在有人迅速将他送往医院。

在一间灯光暗淡的病房里，两位女护士焦急地工作着——每人各抓住乔治的一只手腕，力图摸到脉搏的跳动。因为乔治在这整整6小时内都未能脱离昏迷状态。医生已经做了他觉得所能做的一切事情，然后离开这个病房给其他病人看病去了。

乔治不能动弹、谈话或抚摩任何东西。然而，他能听到护士们的声音，在昏迷的某些时间里，他能相当清楚地思考，他听到一位护士激动地说：

"他停止呼吸了！你能摸到脉搏的跳动吗？"

"没有。"

他一再听到如下的问题和回答："现在你能摸到脉搏的跳动吗？""没有。"

"我很好，"他想，"但我必须告诉她们，无论如何我必须告诉她们。"

同时他又对护士们近于愚蠢的关切觉得很有趣，他不断地想："我的身体良好，并非即将死亡，但是，我怎么能告诉她们这一点呢？"

他记起了他所学过的自我激励的语句："如果你相信你能够做这件事，你就能完成它。"他试图睁开眼睛，但失败了，他的眼睑不肯听他的命令。事实上，他什么也感觉不到，然而他仍努力地睁开双眼，直到最后他听到这句话："我看见他的一只眼睛在动——他仍然活着！"

这种情况持续了一段相当长的时间，直到乔治不断努力睁开了一只眼睛，接着又睁开另一只眼睛。恰好这时候，医生回来了，医生和护士们以精湛的医术、精心的护理，使他起死回生。

> **心灵感悟·**
>
> "潜能"是生命所具备的一种自然能量。这种能量是人类对万物造化的一种反抗。而人的潜能，则是帮助人找到实现自我价值的意义。

珍惜生命

人要珍惜并热爱自己的生命，因为生命只有一次。不要太在意生命中的缺憾，要珍惜自己所拥有的一切。生命是上帝对我们的眷顾，它成就了你的色彩缤纷的生活。

有一天，如来佛祖把弟子们叫到法堂前，问道："你们说说，你们天天托钵乞食，究竟是为了什么？"

"世尊，这是为了滋养身体，保全生命啊。"弟子们几乎不假思索。

"那么，肉体生命到底能维持多久？"佛祖接着问。

"有情众生的生命平均起来大约有几十年吧。"一个弟子迫不及待地回答。

"你并没有明白生命的真相到底是什么。"佛祖听后摇了摇头。

另外一个弟子想了想又说："人的生命在春夏秋冬之间，春夏萌发，秋冬凋零。"

佛祖还是笑着摇了摇头："你觉察到了生命的短暂，但只是看到生命的表象而已。"

"世尊，我想起来了，人的生命在于饮食间，所以才要托钵乞食呀！"又一个弟子一脸欣喜地答道。

"不对，不对。人活着不只是为了乞食呀！"佛祖又加以否定。

弟子们面面相觑，一脸茫然，又都在思索另外的答案。这时一个烧火的小弟子怯生生地说道："依我看，人的生命恐怕是在一呼一吸之间吧！"佛祖听后连连点头微笑。

"对了！对了！人的生命在于呼吸间。你体会到了人的生命的真谛。这一呼一吸就是人的生命。所以你们大家要只争朝夕地修道，不可放松啊！"

生命是虚无而又短暂的，它在于一呼一吸之间，在于一分一秒之中，它如流水般消逝，永远不复回。珍惜你的时间，珍惜你的生命。

爱因斯坦曾说过："我们一来到世间，社会就在我们面前树起了一个巨大的问号，你怎样度过自己的一生？我从来不把安逸和享乐看做是生活目的本身。"生命短暂得就如一道流星，你稍不留神就与它擦肩而过，浪费生命是最大悲剧。

心灵感悟·

生命是短暂而又美丽的，世上没有一样东西比生命更宝贵了。珍惜你的生命吧，因为它一去就永远不再复返了。

享受生命的过程

小罗和阿恒结婚已5年了。小罗现在是一个全职家庭主妇，不会有人想到她曾经是个十分优秀的商场经理。

小罗常常觉得有点失落、后悔和惋惜。她问自己，这几年在家庭中操劳，她究竟得到了些什么？一座带小花园的属于她和阿恒的房子、一辆小汽车、一个孩子。生活给她的报酬难道就只有这些吗？小罗想不通。

有一天，小罗在收拾屋子时，发现了一盘看上去很旧的录像带，她十分好奇，停下手里的活，将录像带塞进放映机里。

屏幕上，首先显示出这样一个画面：她抱着一大束玫瑰站在房门口，显得光彩照人。小罗想起那是4年前第1次收获自己种植的玫瑰。当时，看到自己辛勤除草、松土、灭虫的工作终于有了回报，她高兴得合不拢嘴。

屏幕上接着显示出这样的场景：宝宝摇摇摆摆地出现。他瞪着一双大眼睛，手指头含在小嘴里，一颠一颠地向镜头跑来。突然，他"啪"地摔在地上，随即号啕大哭起来。看到宝宝可爱的样子，小罗情不自禁地笑了。

看完录像带，小罗已感动得满眼泪花。原来这5年里，她获得了这么多欢笑和快乐。

心灵感悟·

生命本身就是一个过程，如果你在这个过程中体会到了生命的魅力，那结果对你来说也只是一个过程——无数个结果串联成生命的过程。懂得享受过程的人，才能真正懂得珍惜生命、享受生活。

生命需要挑战

派蒂·威尔森在年幼时被诊断出患有癫痫。她的父亲吉姆·威尔森习惯每天晨跑。有一天，戴着牙套的派蒂兴致勃勃地对父亲说："爸，我想每天跟你一起慢跑，但我担心病情会中途发作。"

她父亲回答说："如果你的病发作，我知道该怎样应付。我们明天就开始跑吧。"

于是，十几岁的派蒂就这样与跑步结下了不解之缘。和父亲一起晨跑是她一天之中最快乐的时光；跑步时，派蒂的病一次也没发作。

几个星期后的一天，她向父亲表达了自己的心愿："爸，我想打破女子长距离跑步的世界纪录。"父亲替她查吉尼斯世界纪录，发现女子长距离跑步的最高纪录是128千米。

当时，读高一的派蒂为自己订立了一个长远的目标："今年我要从橘县跑到旧金山 (640 多千米)；高二时，要到达俄勒冈州的波特兰 (2400 多千米)；高三时的目标在圣路易市 (3200 多千米)；高四则要向白宫进发 (4800 多千米)。"

虽然派蒂的身体状况与他人不同，但她依旧满怀热情与理想。对她来说，癫痫只是偶尔给她带来不便的小毛病。她并不因此消极退缩，相反，她更加珍惜自己已经拥有的一切。

高一时，派蒂穿着上面写有"我爱癫痫"的衬衫，一路跑到了旧金山。她父亲陪她跑完了全程，母亲则开着旅行拖车尾随其后，照料父女两人。

高二时，她身后的支持者换成了班上的同学。他们拿着巨幅的海报为她加油打气，海报上写着："派蒂，跑啊！"但在这段前往波特兰的路上，她扭伤了脚踝。医生劝告她马上中止跑步："你的脚踝必须打上石膏，否则会造成永久的伤害。"

她回答道："医生，跑步不是我一时的兴趣，而是我一辈子的至爱。我跑步不单是为了自己，同时也是要向所有人证明，残疾人同样可以跑马拉松。有什么方法能让我跑完这段路？"

医生表示可用黏合剂先将受损处接合，而不用上石膏；但他警告说，这样会起水泡，到时会十分疼痛。

派蒂毫不犹豫地点头答应了。

派蒂终于来到波特兰，俄勒冈州州长还陪她跑完最后 1.6 千米。一面写着红字的横幅早在终点等着她："超级长跑女将，派蒂·威尔森在 17 岁生日这天创造了辉煌的纪录。"

高中的最后一年，派蒂花了 4 个月的时间由美国西海岸长跑到东岸，最后抵达华盛顿，并接受总统召见。她告诉总统："我想让人们明白，癫痫患者与一般人无异，也能过正常的生活。"

心灵感悟·

要想炼就真金，需经烈火燃烧；要想铸就宝剑，就得千锤百炼，然而要想见证生命的价值，抢占生命的制高点，就得勇敢地挑战生命。

生命在好不在长

一个 14 岁的男孩与他 6 岁的妹妹相依为命。兄妹二人父母早逝，他是她唯一的亲人。所以男孩爱妹妹胜过爱自己。然而灾难再一次降临在这两个不幸的孩子身上。妹妹染上重病，需要输血。

作为妹妹唯一的亲人，男孩的血型与妹妹相符。医生问男孩是否有勇气承受抽血时的疼痛，男孩郑重而又严肃地点了点头。

抽血时，男孩十分安静，只是向邻床上的妹妹微笑。抽血后，他躺在床上，目不转睛地看着医生将血液注入妹妹体内。等到手术完毕，男孩声音颤抖地问："医生，我还能活多长时间？"

医生正想笑男孩的无知，但转念间又被男孩的勇敢震撼了：在男孩 14 岁的大脑中，他认为输血会失去生命，但他仍然肯输血给妹妹。在那一瞬间，男孩所做出的决定使他付出了一生的勇敢，并下定了付出生命的决心。医生的手心渗出了汗，他握紧了男孩的手说："放心吧，你不会死的。输血不会丢掉生命。"

男孩眼中放出了光彩："真的？那我还能活多少年？"

医生微笑着说："你能活到 100 岁，小伙子，你很健康！"

男孩从床上跳到地上，挽起胳膊郑重其事地对医生说："那就把我的血抽一半给妹妹吧，我们两个每人活 50 年！"

心 灵 感 悟·

对每个人来说，不仅生命有长有短，而且生命的质量也有很大不同。什么是生命的质量？生命的质量是愿意将生命平分给别人的无私，是一个生命走向成熟必须经历的对灵魂的考验！

人生的起点与终点

生和死是一对孪生兄弟。死对他的哥哥眷恋不已，生走到哪里，他就跟到哪里。可是，生却讨厌他的这个弟弟。尤其使他扫兴的是，往往在他举杯畅饮的时候，死突然出现了，把他斟满的酒杯碰落在地，摔得粉碎。

"你这个冤家，当初母亲既然生我，又何必生你，既然生你，又何必生我！"生绝望地喊道。

"好哥哥，别这么说。没有我，你岂不寂寞？"死心平气和地说。

"永远不！"

"可是你想想，如果没有我和你竞争，你的享乐有何滋味？如果没有我和你同台演出，你的戏剧岂能精彩？如果没有我给你灵感，你心中怎会涌出美的诗歌，眼前怎会展现美的图画？"

"我宁可寂寞，也不愿见到你！"

"好哥哥，这可办不到。母亲怕你寂寞，才让我陪伴你。我怎能不从母命？"

于是，忍无可忍的生来到大自然母亲面前，请求她把可恶的弟弟带走，别让他再纠缠自己。然而，大自然是一位大智大慧的母亲，绝不迁就儿子的任性。生只好服从母亲的安排，但并不领会母亲如此安排的好意，所以对死始终怀着一种无可奈何的怨恨心情。

心灵感悟·

生是人生的起点，死是人生的终点，许多时候，死是容易的，活着却很艰难。从起点到终点，犹如画了一道美丽的弧线，生命之美被淋漓尽致地展现。

生命的激情

她一生中见过的绝大多数花都在病房里，花开花败，命运无常。因为她是医生。

记得有一次，一场与死神的搏杀宣告失败之后，她无意间看到，病人床头柜上的花竟还在大朵大朵地绽放，仿佛浑然不知死亡的存在，黑色的花蕊像一只只冰冷嘲弄的眼睛。

她从此不喜欢花。

然而有一个病人第1次见到她，便送给她一盆花，她没有拒绝。也许是因为这个病人稚气、孩子一般的笑容，更可能是因为，所有的人都知道，除非奇迹中的奇迹，他是没有机会活着离开医院的。

那次，是他不顾叫他多休息的医嘱，与儿科的小病人们打篮球，满身大汗。她责备他，他吐吐舌头，不好意思地笑笑，然后傍晚，她的桌上多了一盆花，三瓣、紫、黄、红，斑斓交错，像蝴蝶展翅，又像一张顽皮的鬼脸，附一张小条子："医生，你知道你发脾气的样子像什么吗？"她忍俊不禁。第2天花又换了一种，是小小圆圆的一朵朵红花，每一朵都是仰面的一个笑："医生，你知道你笑的样子像什么吗？"

他告诉她，昨天那种花，叫三色堇，今天的，是太阳花。阳光把竹叶照得透绿的

日子他带她到附近的小花店走走，她这才惊奇地知道，世上居然有这么多种花，玫瑰深红，康乃馨粉黄，马蹄莲幼弱婉转，郁金香冰艳倨傲，栀子花香得动人，而七里香摄人心魄。她也惊奇于他谈起花时燃烧的眼睛，仿佛忘了病，也忘了死。

他问："你爱花吗？"

她答："花是无情的，不懂得人的爱。"

他只是微笑，说："花的情，要懂得的人才会明白。"

一个烈日的正午，她远远看见他在住院部的后园里呆站着，走近喊他一声，他急忙转过身，食指掩唇："嘘——"

那是一株矮矮的灌木，缀满红色灯笼似的小花，此时每一朵花囊都在爆裂，无数花籽像小小的空袭炸弹向四周飞溅，仿佛一场密集的流星雨。他们默默地站着，同时看见生命最辉煌的历程。

他俯身拾了几颗花籽装在口袋里。第2天，他送给她一个花盆，盆里盛着黑土："这花，叫死不了，很容易种，过几个月就会开花——那时，我已经不在了。"

她突然很想做一件事，她想证明命运并非不可逆转的洪流。

4天后，深夜，铃声大震，她一跃而起，冲向病人的身边。

他始终保持奇异的清醒，对周围的每一个人，父母、手足、亲友、所有参与抢救的医生护士，说："谢谢，谢谢，谢谢。"唇边的笑容，像刚刚展翅便遭遇风雪的花朵，渐渐冻凝成化石。她知道，已经没有希望了。

她并没有哭，只是每天给那一盆光秃秃的土浇水。然后她参加医疗小分队下乡，打电话回来，同事说："什么都没有，以为是废物，丢窗外了。"她怔了一怔，也没说什么。

回来已是几个月后，她打开自己桌前久闭的窗，震住——

花盆里有两瓣瘦瘦的嫩苗。仿佛是营养不良，一口气就吹得走，却青翠欲滴。而最高处，是那么羞涩的含苞，透出一点红的消息，像一盏初初燃起的灯。

她忽然深深懂得了花的情意。

心 灵 感 悟·

易朽的是生命，似那转瞬即谢的花朵；然而永存的，是对未来的渴望，是那生生世世传递下来的、不朽的生命激情。每一朵勇敢开放的花，都是死亡唇边的微笑。

命运不相信眼泪

1946 年的秋天，26 岁的汪曾祺从西南联大肄业后，只身来到上海，打算单枪匹马闯天下。在一间简陋的旅馆住下后，他就开始四处找工作。工作显然不好找，他每天在胳肢窝里夹本外国小说上街。走累了，他就找条石凳，点燃一支烟，有滋有味地吸着，同时，打开夹了一路的书，细心阅读起来。有时书读得上瘾了，干脆把找工作的事抛到一边，一颗心彻底跳进文字里沐浴。

日子越拖越久，兜里的钱越来越少；能找的熟人都找了，能尝试的路子都尝试过了。终于，有一天下午，一股海涛般的狂躁顷刻间吞噬了他！他一反往日的温文尔雅，像一头暴怒不已的狮子，拼命地吼叫。他摔碎了旅馆里的茶壶、茶杯，烧毁了写了一半的手稿和书，然后给远在北京的沈从文先生写了一封诀别信。信邮走后，他拎着一瓶老酒来到大街上。他边迷迷糊糊地喝酒，边思考着一种最佳的自杀方式。他一口一口对着嘴巴猛灌烧酒，内心里涌动着生不逢时的苍凉……晚上，几个相熟的朋友找到他时，他已趴在街侧一隅醉昏了。

还没有从自杀情结中解脱出来的汪曾祺很快就接到了沈先生的回信。沈先生在信中把他臭骂了一顿，沈先生说："为了一时的困难，就这样哭哭啼啼地，甚至想到要自杀，真是没出息！你手里有一支笔，怕什么！"

沈先生在信中讲述了他初来北京的遭遇。那时沈先生才刚刚 20 岁，在北京举目无亲，连标点符号都不会用，就梦想着用一支笔闯天下。只读过小学的沈先生最终成功了，成为国内外享有盛誉的大作家。读着沈先生的信，回味着沈先生的往事和话语，汪曾祺先是如遭棒喝，后来一个人偷偷地乐了。

不久，在沈先生的推荐下，《文艺复兴》杂志发表了汪曾祺的两篇小说。后来，汪曾祺进了上海一家民办学校，当上了一名中学教师，再后来，他也和沈先生一样，成了国内外享有盛誉的作家。

心灵感悟·

"在灰色的日子中，不要让冷酷的命运窃喜；命运既然来凌辱我们，就应该用处之泰然的态度予以报复。"命运从不相信眼泪，它相信的只有与之抗争的人。

抓住自己的"树叶"

托尼在伯父的林场里散步，时不时听到树上小枝子断裂时发出的噼啪声，偶尔也可以听到猫头鹰的叫声。

"大卫，奶奶为什么会死？" 8 岁的堂弟汤姆突然问他。托尼吓了一跳，因为他没有想到汤姆会跟他说话，他们散步这么久了，汤姆还没跟他说过一句话呢。

"那是上帝的意愿。"托尼边说边捡起一根树枝，用力甩了出去。他转过脸看看小堂弟，接着说："上帝出于某种原因让她死的。"

"我不明白，你讲讲死到底是什么？"汤姆大声说。他的语气让托尼吃惊，他的眼睛里好像有了泪水。

"奶奶去世，你一定很伤心吧？"汤姆点点头。

"好吧，我来跟你讲一讲。"托尼停下来，希望这时能看到一只兔妈妈带着小兔子穿过树林，这样就可以用它们来做个例子。可是，四周除了高高的橡树，什么也看不到。"汤姆，奶奶老了，"他正说着，一片树叶落下来，他捡起树叶递给汤姆，"这片树叶曾经很年轻，可现在老了。"

"所有的人都是这样死的吗？"汤姆看着树叶问。

"当然不是，就像所有的树叶不会以相同的方式落下一样。"

"别的树叶是怎样落的？"

"有的落得很慢，像奶奶一样……"

"这我知道。"汤姆打断托尼的话，"告诉我，其他人的树叶是怎样的？"

"我刚才不是在说吗？有些树叶落得很慢，像老人；有些落得很快，就像有人患了癌症。"托尼从地上拾起一块鹅卵石，抛向天空。

"为什么有的树叶落得快？"托尼真想不到汤姆会提出这么多的问题。

"这，我也说不清，也许是因为有的树叶天生虚弱，要么就是它们病了，就像我们有的人很早就死去。"

"有时候我看到树枝断的时候，成百上千的树叶同时落下，那是怎么回事？"

"你想想，遇到飞机失事或地震时，不是也有成百上千的人死亡吗？这跟树叶是一样的，有时会一起落下来。"

"托尼，你的树叶呢？"汤姆好像有点害怕提这样的问题。

"肯定在什么地方，但我现在说不清。"托尼感到有些冷，便把上衣拉链拉上去。

"托尼，我要保护你的生命，我要抓住你的树叶，不让它落下来，这样你就不会死了。"

托尼惊愕了。"听着，小孩子，人总是要死的，只是迟早而已。死是避免不了的，正如你不能把所有的树叶都抓住，就是这样。"

"可是春天来了，树上又长满了树叶，这是怎么回事？"

"这就像新生儿替代了死去的人。"托尼抬头望望天空，天色已经暗了下来。

"那么，托尼，婴儿是从哪来的？"

"这不容易解释，这里好冷，咱们回家吧。我跟你赛跑，看谁先跑到家。"

"等等，托尼，你还没回答我的问题呢。"

"预备——跑！"

"什么？"

"没什么。从现在起，让我们紧紧抓住自己的树叶吧！"

心 灵 感 悟·

生命如花，有着它特有的活力与规律，只有用心灵去领悟，才能真正地触摸到它的最深处。

过好生命中的每一分钟

一位风烛残年的老人在日记簿上记下了这段生命的醒悟。

"如果我可以从头活一次，我要尝试更多的错误。我不会再事事追求完美。"

"我情愿多休息，随遇而安，处世糊涂一点，不对将要发生的事处心积虑计算着。其实人世间有什么事情需要斤斤计较呢？

"可以的话，我会多去旅行，跋山涉水，最危险的地方也要去一次。以前我不敢吃冰激凌，不敢吃豆，是怕危害健康，此刻我是多么的后悔。过去的日子，我实在活得太小心，每一分每一秒都不容有失。太过清醒明白，太过清醒合理。

"如果一切可以重新开始，我会什么也不准备就上街，甚至连纸巾也不带一块，我会用心享受每一分、每一秒。如果可以重来，我会赤足走在户外，甚至整夜不眠，用这个身体好好地感受世界的美丽与和谐。还有，我会去游乐园多玩几圈木马，多看几次日出，和公园里的小朋友玩耍。

"如果人生可以从头开始……但我知道，不可能了。"

这就是人生，真的不可以再来一次。

今天，正值韶华的你，如果每天巧用一分钟，会是怎样呢？

多读一分钟：书太多了，人的时间太少了，多浪费一分钟，少阅读一本书。经常省下零零星星的一分钟，拿出一本喜欢又被遗忘很久的书来阅读。多读一分钟，你会感到很惬意。

多玩一分钟：人生倏忽一百年，少得可怜。每天多留一分钟，看一看山水，看一看大海和天空，看一看星星和月亮，把人生演绎得美妙多情些。

多陪孩子一分钟：孩子才是人生里最重要的财产之一，多一分钟赚钱，便少一分钟与孩子相处的机会，要珍惜。与孩子相处，你可以返璞归真，拥有童稚之心，无忧、欢乐。

多陪爱人一分钟：爱人不是用来拌嘴的对象，是陪你走过一生的人，在终老之前多陪她一分钟。一个一分钟很少，一百个一分钟也不多，但是千千万万个一分钟，可就不少了。每天预留一分钟给家人，人生便多了许多一分钟的美好。

心 灵 感 悟 ·
过好每一分钟，人生足以美不胜收、妙不可言。

热情是一笔财富

热情，是一种无法抗拒的力量。

对生活充满热情的人都有着积极的心态和良好的精神状态。在人群当中，热情是用一种极富感染力的表达方式来表示对别人的支持。拥有热情的人，无论碰到什么事情，都能够以积极的心态去面对、去行动。

热情的人，往往是积极的人，热情不是来自外在空间的力量，而是自信、热忱、乐观、激情在人的内心燃烧，最后有机地综合而来的。人们喜欢热情的人，心中永远保持住热情，良好的精神状态就会自然而然地表现出来。

剑桥郡的世界第1名女性打击乐独奏家伊芙琳·格兰妮说："从一开始我就决定，一定不要让其他人的观点阻碍我成为一名音乐家的热情。"

她成长在苏格兰东北部的一个农场，从8岁时就开始学习钢琴。随着年龄的增长，她对音乐的热情与日俱增。但不幸的是，她的听力却在渐渐下降，医生们断定是由于难以康复的神经损伤造成的，而且断定到12岁，她将彻底耳聋。可是，她对音乐的热爱却从未停止过。

她的目标是成为打击乐独奏家，虽然当时并没有这类音乐家。为了演奏，她学会了用不同的方法"聆听"其他人演奏的音乐。她只穿着长袜演奏，这样她就能通过她的身体和想象感觉到每个音符的震动，她几乎用她所有的感官来感受她的声音世界。

　　她决心成为一名音乐家，而不是一名耳聋的音乐家，于是她向伦敦著名的皇家音乐学院提出了申请。

　　因为以前从来没有一个聋学生提出过类似申请，所以一些老师反对接收她入学。但是她的演奏征服了所有的老师，她顺利地入了学，并在毕业时荣获了学院的最高荣誉奖。

　　从那以后，她的目标就是成为第1位专职的打击乐独奏家，并且为打击乐独奏谱写和改编了很多乐章，因为那时几乎没有专为打击乐而谱写的乐谱。

　　至今，她作为独奏家已经有十几年的时间了，因为她很早就下了决心，不会仅仅由于医生诊断她将完全变聋而放弃追求，因为医生的诊断并不意味着她的热情和信心不会有结果。

心 灵 感 悟·

　　热情的人总是面对光明，远离黑暗，因而，他们不仅个性灿烂耀眼，命运也洒满阳光，即使在危难之时，他们也总是能转危为安。因为不仅命运之神青睐他们，人们也愿意把友谊奉送给感染自己的人。

第三辑

做事先做人

别拿诚信开玩笑

一个小伙子终于实现了自己的理想，来到美丽的法国开始了半工半读的留学生活。

渐渐地，他发现当地的车站与国内不同，几乎都是开放式的，不设检票口，也没有检票员，甚至连随机性的抽查都非常少。凭着自己的聪明劲儿，他精确地估算了这样一个概率——逃票而被查到的比例大约仅为万分之三。他为自己的这个发现而沾沾自喜，从此之后，他便经常逃票上车。偶尔也会被查到受处罚，当时他会感到羞愧，决定以后不再逃票，但每次上车后他的侥幸心理又会冒出来，他又开始逃票了，而且他还找到了一个宽慰自己的理由：自己还是个穷学生嘛，能省一点是一点。

4年过去了，名牌大学的金字招牌和优秀的学业成绩让他充满自信，他开始频频进入巴黎一些跨国公司的大门，踌躇满志地推销自己。然而，结局却是他始料不及的：这些公司都是先对他热情有加，然而数日之后，却又都是婉言相拒。真是莫名其妙。

最后，他写了一封措辞恳切的电子邮件，发送给了其中一家公司的人力资源部经理，烦请他告知不予录用的理由。当天晚上，他就收到了对方的回复。

"先生：

我们十分赏识您的才华，但我们调阅了您的信用记录后，非常遗憾地发现，您有两次乘车逃票受罚的记录。然而根据逃票受罚的概率计算，您也许有过上百次甚至更多次逃票却没有被发现。我们认为此事至少证明了两点：1.您不遵守规则；2.您不值得信任。而敝公司对这两点是十分重视的，鉴于以上原因，敝公司不敢冒昧地录用您，请见谅。"

直到此时，他才如梦方醒、懊悔难当。

之后，无论他怎样努力，也没能找到一份理想的工作，而拒绝他的原因大多是因为他有因逃票而受罚的记录。

12年后的今天，他已经成为国内一名小有名气的教授，他在给学生授课时不再避讳这段不光彩的经历，他告诉学生们：别拿诚信开玩笑，一次也不要！

心 灵 感 悟·

道德常常能弥补智慧的缺陷，然而，智慧却永远填补不了道德的空白。道德上的一次错误便可能会造成终身的遗憾。

我们心里有眼睛

凯恩斯 11 岁的时候，举家前往新罕布什尔湖的岛上别墅度假。那里四面湖水环绕，景色非常美，是绝佳的钓鱼圣地。

在那里，只有在鲈鱼节的时候才允许钓鲈鱼。但他和父亲决定提前过过钓鱼瘾。于是，他们扛着钓竿，在鲈鱼节开始前的午夜来到了湖边。他们坐下后，只见明月当空，波光粼粼，一片银色世界。突然间有什么东西沉甸甸地拽着渔竿的那头。父亲吩咐他沉住气并赞赏地看着他慢慢地把钓线拉回来，那条用尽了力气的鱼被凯恩斯小心地拖出水面——那是他们见过的最大的一条鲈鱼！

父亲擦着了火柴，他看着表说："10 点，再过 2 小时鲈鱼节才开始。"他看了看鱼，又看看凯恩斯，"放回去，孩子！"

"爸爸……"刚开始凯恩斯不理解，接着大声地哭起来。

"这里还有别的鱼嘛……"

"但是没有它那么大。"他继续哭，和父亲争执起来。

月光晶莹，万籁俱寂，四周再也没有人和船了，似乎还有一丝希望。凯恩斯不哭了，恳求地看着父亲。

凯恩斯怯生生地求父亲："爸爸，这里没有别人，没有人会看到的。"

"可是我们心里有眼睛。"父亲坚定地说。

之后是父亲的沉默，他已经很明白地表示，这个决定是不能改变的。没办法，凯恩斯只好从鲈鱼的嘴上摘下钓钩，慢慢把它放回寂静的湖水里，"噔"的一声，鱼就消失在水中了。凯恩斯感到很失望，因为他很可能再也无法钓到这么大的一条鲈鱼了。

那是 23 年前的事了，现在凯恩斯已经成为纽约市一名小有成就的建筑师。的确，这些年来，他再也没有钓到过 23 年前那么大的鲈鱼。他日后提起那段往事，说："那次父亲让我放走的只不过是一条鱼，但是我从此学会了自律。那晚，在父亲的告诫下，我走上了光明磊落的道路。有了这个开始，在人生的道路上，我处处严于律己。我在建筑设计上从不投机取巧，在同行中颇有口碑；就连亲朋好友把股市内部消息透露给我，胜算有十成的时候，我也会婉言谢绝。诚实是我生活的信条，也是教育孩子的准则。"

"我们心里有眼睛"，这句智慧的话语一直温暖地留在凯恩斯的心里。

心 灵 感 悟·
自律是一个人做人的根本，在小事情上能够自律的人才能够成就一番大事业。

金钱换不来尊重

有位富翁认为金钱可以买到一切，可事实好像并非如此。他想得到别人的尊重，却总是难以办到。他很是苦恼，每天都在想怎样才能得到众人的敬仰。

某天在街上散步时，他看到街边一个衣衫褴褛的乞丐，心想我给他钱，他一定会感谢我的，便在乞丐的破碗中丢下 10 枚亮晶晶的金币。

谁知乞丐头也不抬地仍是忙着捉虱子，富翁生气了："你眼睛瞎了？没看到我给你的是金币吗？"

乞丐仍是不看他一眼，答道："给不给是你的事，不高兴可以拿回去。"

富翁大怒，和乞丐较起劲来，又丢了 10 个金币在乞丐的碗中，心想不会有人对金币不动心的。却不料乞丐仍是不理不睬。

富翁几乎要跳了起来："我给你 10 个金币，你看清楚，我是有钱人，难道你就不会向我道个谢来表示一下尊重吗？"

乞丐懒洋洋地回答："有钱是你的事，尊不尊重你则是我的事，这是强求不来的。"

富翁急了："那么，我将我财产的一半送给你，你该尊重我了吧？"

乞丐翻着一双白眼看他："给我一半财产，那我不是和你一样有钱了吗？为什么要我尊重你？"

富翁更急了："好，我将所有的财产都给你，这下你该愿意尊重我了吧？"

乞丐大笑："你将财产都给了我，那你就成了乞丐，而我成了富翁，我凭什么来尊重你？"

富翁语塞。

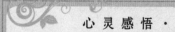

心 灵 感 悟·

能否得到他人的尊重不在于你是否是有钱人，金钱与尊重在许多情况下是难以画等号的。尊重只能用真诚的心来换得，而不能用金钱的多少来衡量。

万千遗产敌不过一个好名声

　　盖瑟近来觉得日子越来越难过了。他和妻子都在镇子上教书，收入维持日常开销尚可，却拿不出任何一笔大的数目。但他们的第1个孩子已经出世了，需要一块地皮来盖房子，这件事令他们很是苦恼。

　　镇子上还是有很多土地的，在镇子南边有一大片土地，属于老银行家于勒先生，但他就是不卖，无论谁去找他，他总是说："我答应过农民，他们可以在上面放牛的。"

　　尽管如此，盖瑟还是去拜访了他。他穿过一道森严的桃花心木大门，来到一间幽暗的办公室。于勒先生坐在书桌旁，在看《华尔街日报》。他透过眼镜的上边打量着来客，身子一动不动。

　　盖瑟告诉于勒先生他想买那块地，于勒先生挺和气地说："不卖。我答应过农民可以在上面放牛的。"

　　"我知道，"盖瑟紧张地答道，"不过，我是在这里长大的，现在和妻子都在镇子里教书，我们以为也许您愿意把它卖给准备在这儿长住的人。"

　　于勒努起嘴唇，盯着他们："你说你叫什么名字来着？"

　　"盖瑟。比尔·盖瑟。"

　　"嗯……和格罗弗·盖瑟有什么关系吗？"

　　"他是我的祖父。"

　　于勒先生放下报纸，摘去眼镜，示意盖瑟坐在椅子上谈。

　　"格罗弗·盖瑟是我的农场里最好的工人啊。"于勒说，"来得早，去得晚。需要做什么就做什么，从来不需要指派。"于勒先生开始了对往事的回忆。

　　老人向前倾了倾身子："一天夜里，都下班一个钟头了，我发现他还在仓库里。他在修理拖拉机，他说修不好就回家心里会不踏实。"于勒先生眯起双眼，"盖瑟，你说你想干什么来着？"

　　盖瑟将自己的意思对他讲了一遍。

　　"这件事让我考虑考虑，过几天你再来找我吧。"

　　没过几天，盖瑟又去了于勒的办公室。于勒先生告诉他说："我已经决定了。3800，怎么样？"

　　盖瑟想：看来他是不会卖给我了。每英亩3800元，一共要拿出将近6万美元。可我根本拿不出这笔钱的啊！

　　"3800？"盖瑟重复了一句，嗓子里堵了一下。

　　"嗯。15英亩一共3800美元。"

　　这是盖瑟绝没有想到的，这块地恐怕要值5倍不止！盖瑟满怀感激地接受了。

　　盖瑟知道，自己能有这片神奇的土地，全是靠了爷爷的好名声。好名声是盖瑟爷爷留给自己的一份遗产。在他爷爷的葬礼上，很多人都走过来对他说："你爷爷可是个好人啊。"人们赞美他善良、宽容、敦厚、慷慨——最重要的是诚实正直。他只不过是一个朴实的农民，但他的品质使他赢得了人们的敬重。

心灵感悟·

万千遗产敌不过一个好名声。宁可抛弃那家产万贯，而应选择好的名声；宁可抛弃金银财宝，而应选择真正的赞誉。

骨气是笔大财富

乔的父亲罗曼，在证券交易所是一名普通职员，不多的一点工资，一半用于生活费，一半用来接济比他们还穷的亲戚，日子过得紧巴巴的。

可能在这座小城里，唯一没有汽车的，就是他们家了。

但母亲常常安慰家里人说："做人要有骨气。一个人有了骨气，就有了一笔珍贵的财富。怀着希望生活，这就等于有了一大笔精神财富。"

在城市的市节那天，一辆崭新的别克牌汽车吸引了全城人的目光。这辆车作为奖品，在大街上那家最大的百货商店橱窗里展出，定在当晚以抽彩的方式馈赠给得奖者。

即便他们那么想拥有一辆汽车，也没有想到幸运女神会突然眷顾他们。所以，当高音喇叭宣布父亲为这辆彩车得主时，乔简直不敢相信自己的耳朵。

父亲缓缓地开车驶过人群。好几次，乔很想上车同父亲分享幸福的时刻，都被父亲赶开了。最后，父亲竟然吼道："滚一边去，让我清静一下！"

乔感到委屈极了，而且对父亲获奖后的反应大惑不解。他为什么会那么烦躁呢？得到了期待已久的汽车是一件多么让人兴奋的事情啊。乔向母亲诉说了自己的苦恼。

母亲对父亲十分了解，她温柔地说："你误会你父亲了，他正在考虑一个道德问题，我想他很快会找到适当的答案的。"

"为什么？我们中彩得到汽车，难道不道德吗？"乔疑惑地问。

"这就是问题的关键：我们根本就不应该得到汽车。"母亲说。

"不可能！"乔不敢相信自己的耳朵，失态地大叫起来，"爸爸中彩明明是大喇叭里宣布的。"

"来，看看这个。"母亲指了指桌上台灯下放着的两张彩票存根。乔看到，存根的号码分别是"348"，"349"，中彩号码是"348"。

"你看看，这两张彩票有什么不同？"母亲说。

乔反复看了几遍，终于发现，一张彩票的角落上有用铅笔写得不太明显的"K"字。

母亲解释说，这 K 字代表一个名字——凯滋克。

"基米·凯滋克？"乔知道凯滋克是爸爸交易所的老板。

"对。"母亲肯定地说。

原来，当初买彩券时，父亲对凯滋克说，他可以给凯滋克代买一张。"为什么不可以呢？"凯滋克随口应道。老板说完就出去了，也许他再也没有想过这事。"348"那张正是给凯滋克买的。

"可是凯滋克是一个千万富翁，他根本就不缺汽车。再说，那两张彩票是同时买的，谁能知道哪一张是凯滋克的呢？"乔仍希望爸爸能留下这辆别克车。

"让你爸爸决定吧，"母亲平静地说，"他知道该怎么做的。"

这时，父亲进门径直去了里间，乔和母亲知道他一定是在给凯滋克打电话。翌日下午，凯滋克的两个司机上门，送给父亲一盒雪茄，然后开走了别克车。

乔一直到成年才拥有了一辆属于自己的汽车，而父亲终于没能等到坐上自家汽车的那一天。但乔逐渐对母亲的那句"人有了骨气，就是有了一大笔财富"的格言有了深刻的理解。回首往昔时，乔才悟出，父亲打电话给凯滋克的时候，才是他们家最富有的时刻。

心 灵 感 悟 ·

不属于自己的东西不要挽留。对做人来说，骨气本身就是一笔难以估算的巨大财富。

严守做人这把锁

从前，在一个小城里有一位老锁匠，他修了一辈子锁，技术精湛，人们都十分敬重他。更主要的是老锁匠为人正直，每修一把锁他都告诉别人他的姓名和地址，说："如果你家发生了盗窃，只要是用钥匙打开的家门，你就来找我！"

老锁匠岁数大了，为了不让他的技艺失传，老锁匠收了两位徒弟。这两个人都很聪明好学，老人准备将一身技艺传给他们。

一段时间以后，两个年轻人都学会了不少东西。但两个人中只有一个能得到真传，而这个人一定要具有良好的品德，老锁匠决定对他们进行一次考试。

老锁匠准备了两个保险柜，分别放在两个房间，让两个徒弟去打开，以决定谁能继承自己的技艺。结果大徒弟很快就打开了保险柜，大概只用了10分钟，而二徒弟却用了半个小时才打开，看来结果已经没有悬念了。老锁匠问大徒弟："保险柜里有什么？"大徒弟眼中放出了光亮："师傅，里面有很多钱，全是百元大钞。"问二徒弟同样的问题，二徒弟支吾了半天说："师傅，您只是让我打开锁，并没有让我看里面有什么，我就没看，所以，我……我不知道里面有什么。"话说到最后，他的声音越来越小。

老锁匠笑着点了点头，郑重宣布二徒弟为他的正式接班人。大徒弟不服，众人不解，为什么二徒弟用的时间长却被选中呢？老锁匠微微一笑，说："不管干什么行业都要讲一个'信'字，尤其是我们这一行，要有更高的职业道德。我收徒弟是要把他培养成一个高超的锁匠，他必须做到只看得到锁而看不到钱财。否则，稍有贪心，登门入室或打开保险柜易如反掌，最终只能害人害己。不只是我们修锁的人，每个人心上都要有一把不能打开的锁啊。"人们听了，无不赞服地点了点头。

心灵感悟·

每个人心头都有一把锁，这把锁的名字就叫诚信。做人就要死死地守住这把锁。这把锁一旦被破坏，最终只能使自己无路可退。

可以贫穷，但不能失去自尊

拉哈布·萨卡尔，是一个高傲而又善良的人。在处世中，他尽力给予对方最大的尊重。但在华萨尔街上遇到的那件事使他开始重新审视自己。

那天的太阳像是要把地面烤化一样，空气中弥漫着一股股热气。拉哈布正走着，一个瘦得皮包骨头的黄包车夫来到他身边。车夫摇着铃铛，问道："先生，您要车吗？"拉哈布转过头去，发现那个人的目光里似乎包含着期待的神情。拉哈布一直认为以人力车代步是一种犯罪，只有没人性的人才会那么做。他用那粗布缝制的甘地服的袖子擦了擦额头上的汗珠，连声说道："不，不，我不要。"一面继续走自己的路。

黄包车夫却没有放弃的意思，拉着车子跟在他后面，一路不停地摇铃。突然间，拉哈布的脑子里闪出一个念头：也许拉车是这个穷人唯一的谋生手段。拉哈布同情穷苦人，他愿意为他们尽微薄之力。他又一次回头看了看那黄包车夫——天哪，他是那样面黄肌瘦！拉哈布心里顿时对他生出了怜悯之情，他决定帮助这个车夫。

他问黄包车夫："去希布塔拉。你要多少钱？"

"6便士。"

"好吧，你跟我来！"拉哈布继续步行。

"请上车，先生。"

"跟我走吧！"拉哈布加快了脚步，拉黄包车的人跟在他后面小跑。时不时地，拉哈布回头对车夫说："跟着我！"

到了希布塔拉，拉哈布·萨卡尔从衣兜里掏出6便士递给黄包车夫，说："拿去吧！"

"可您根本没坐车呀。"

"我从不坐车。我认为这是一种犯罪。"

"啊？可您一开始就该告诉我！"车夫的脸上露出一种不满的神情。他擦了擦脸上的汗，拉着车子走开了。

"把这钱拿去吧，它是你应得的！"

"可我不是乞丐！"黄包车夫一字一顿地说完，拉着车，消失在街道的拐角处。

心灵感悟·

尊严是人最珍贵、最高尚的东西，是神圣不可侵犯的。一个人可以没有金钱，但精神上却不可以贫穷，更不可以失去做人的尊严。

公正让我别无选择

在世界级的竞技比赛中，人们往往只对最终夺冠的赛事记忆深刻。但在上海举办的世乒赛中，却有一场比赛令人难以忘怀，那只是一场淘汰赛，中国选手刘国正对阵德国选手波尔，胜者进入下一轮比赛，败者只能打道回府。

这是一场两强的对决，一时难分胜负。在第7局也是决胜局里，刘国正以12比13落后，再输一分就将被淘汰。就是这关键的一分，刘国正的一个回球偏偏出界了！观众们都屏住了呼吸，不敢相信眼前的一切，刘国正自己好像也蒙了，愣愣地站在那里；波尔的教练已经开始起立狂欢，准备冲进场内拥抱自己的弟子。

就在这一瞬间，波尔却优雅地伸手示意，指向台边——这是个擦边球，应该是刘国正得分。

就这样，刘国正被对手从悬崖边"救"了回来，而且最终反败为胜。

这是一场足以震撼世人的经典之战！不仅是因为双方选手的高超球艺，更因为波尔在关键时刻的那个优雅的手势。

对于波尔来说，夺取世界冠军是他的夙愿，但他却屡屡与其失之交臂。这一次，只要赢下那一分，他就可以顺利晋级，向自己的梦想靠近一步。而这个球是否擦边观

众根本看不到，对手也看不太清楚，即便是裁判也可能错判。

但是，波尔却毫不犹豫地选择了主动示意。波尔失利了，但他同时赢得了异国观众雷鸣般的掌声和世人的尊重。

赛后，记者们追问他为何要这么做。他只是轻描淡写地说了句："公正让我别无选择。"

成熟的麦穗懂得弯腰

有位刚刚退休的资深医生，医术非常高明，许多年轻的医生都前来求教，并渴望投身于他的门下。

资深医生选中了其中一位年轻的医生，帮忙看诊，两人以师徒相称。应诊时，年轻医生成为得力的助手，资深医生理所当然是年轻医生的导师。

由于两人合作无间，诊所的病患者与日俱增，诊所声名远播。为了分担门诊时越来越多的工作量，避免患者等得太久，医生师徒决定分开看诊。

病情比较轻微的患者，由年轻医生诊断；病情较严重的，由师父出马。实行一段时间之后，指明挂号给医生徒弟看诊的病患者比例明显增加。起初，医生师父不以为意，心中也高兴："小病都医好了，当然不会拖延成为大病，病患减少了，我也乐得轻松。"

直到有一天，医生师父发现，有几位病人的病情很严重，但在挂号时仍坚持要让医生徒弟看诊，对此现象他百思不得其解。

还好，医生师徒两人彼此信赖，相处时没有心结，收入的分配也有一套双方都能接受的标准制度，所以医生师父并没有往坏处想，也就不至于到怀疑医生徒弟从中搞鬼、故意抢病人的地步。

"可是，为什么呢？"他问自己，"为什么大家不找我看病？难道他们以为我的医术不高明吗？我刚刚才得到一项由医学会颁发的'杰出成就奖'，登在新闻报纸上的版面也很大，很多人都看得到啊！"

为了解开他心中的疑团，一个朋友来到他的诊所深入观察。本来这个朋友想假装成患者，后来因为感冒，也就顺理成章地到他的诊所就医，顺便看看问题出在哪里。

初诊挂号时，负责挂号的小姐很客气，并没有刻意暗示病人要挂哪一位医生的号。

复诊挂号时，就有点学问了，发现很多病人都从师父那边转到医生徒弟的诊室。问题就出在所谓的"口碑效果"，医生徒弟的门诊挂号人数偏多，等候诊断的时间也较长，有些病人在等候区聊天，交换彼此的看诊经验，呈现出"门庭若市"的场面。

更有趣的发现是，医生徒弟的经验虽然不够丰富，但就是因为他有自知之明，所以问诊时非常仔细，慢慢研究推敲，跟病人的沟通较多、也较深入，而且很亲切、客气，也常给病人加油打气："不用担心啦！回去多喝开水，睡眠要充足，很快就会好起来的。"类似的心灵鼓励，让他开出的药方更有加倍的效果。

回过来看看医生师父这边，情况正好相反。经验丰富的他，看诊速度很快，往往病患者无须开口多说，他就知道问题在哪里，资深加上专业，使得他的表情显得冷酷，仿佛对病人的苦痛已然麻痹，缺少同情心。

整个看诊的过程，明明是很专业认真的，却容易使病患者产生"漫不经心、草草了事"的误会。当朋友向医生师傅提出这些浅见时，师傅惊讶地张大了嘴巴："我自己怎么就没有发现！"

这就是麦穗弯腰的哲学，其实，很多具有专业素养的人士，都很容易遇到类似的问题。

他们并不是故意要摆出盛气凌人的高姿态，但却因为地位高高在上，令人仰之弥高，从而产生了遥不可及的距离感。

别忘了，越成熟的麦穗，越懂得弯腰。

或者，我们也可以来个逆向思考，越懂得弯腰，才会越成熟。

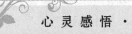

心 灵 感 悟·

人，有时就像麦穗，越懂得弯腰，才说明他越成熟。

勇敢源于信任

在火车上，一位孕妇临盆，列车员广播通知，紧急寻找妇产科医生。这时，一个女孩子犹犹豫豫地站出来，说她是妇产科的，女列车长赶紧将她带进用床单隔开的"病房"。毛巾、热水、剪刀、钳子，什么都到位了，只等最关键时刻的到来。产妇由于难产而非常痛苦地尖叫着。妇产科的女孩子非常着急，却迟疑着不肯动手。列车长搞不清女孩在顾虑什么，赶紧问她遇到了什么困难，如果需要准备什么，她马上吩咐别人去办。女孩子脸上已渗出了汗水，她将列车长拉到"产房"外，说明产妇的情况紧急，并告诉列车长自己没有行医资格，而且她只是一个不合格的妇产科护士，已经在一次医疗事故之后被医院开除了。她实在没有把握，建议立即送往医院抢救。

可列车距最近的一站还要行驶1个多小时。列车长郑重地对她说："无论你以前发生过什么，但在这趟列车上，你就是医生，你就是专家，我们相信你。"

车长的话感动了护士，她准备了一下，走进产房前又问："如果万不得已，是保小孩还是保大人？"

"我们相信你的判断。"

护士明白了。她点了点头坚定地走进"产房"。列车长轻轻地安慰产妇，说现在正有一名妇产科专家准备给她做手术，请产妇安静下来好好配合。出人意料，那名护士竟独自成功地完成了这次手术，婴儿的啼哭声宣告了母子平安。

那对母子是幸福的，因为遇到了热心人；但那位护士更是幸福的，她不仅挽救了两个生命，而且找回了自信与尊严。职业的责任感使她勇敢地承担起重担，大家的信任使她由一个不合格的护士变成了一名优秀的医生。

心灵感悟·

他人一个信任的眼神、一句鼓励的话语都可以令我们勇气十足、信心百倍，并向着心中的目标奋勇前行。

崇高与卑劣

有这样一个真实的故事。

加拿大科学家斯罗达博士正与同事们研究和试验两块被放在轨道上的浓缩铀对合的临界质量。就在这时，他拨动铀块的螺丝刀突然滑掉了，铀块失去了控制，以很快地速度接近着，已经发出了可怕的光。斯罗达博士深知，如果不采取措施，两个铀块相碰，便会爆发出超级的能量而引发可怕的核爆炸。

就在这千钧一发之际，斯罗达博士，果断地用双手掰开了马上就要滑到一起的铀块，从而避免了这场即将到来的灾难，而他自己却因此受到高剂量的核辐射，最终献出了宝贵的生命。加拿大政府为了表彰他对人类做出的贡献，把他誉为"用双手掰开原子弹的人"。

下面同样是一个真实的故事。

1994年12月8日，新疆克拉玛依的那场火灾夺去了320条生命，其中有288个花朵般的孩子。

火灾发生时，有的学校的老师和领导却置孩子的生死于不顾，只顾自己逃命。而克拉玛依某小学三(2)班的班主任孟翠芬老师，却一直在帮助学生们逃离火场，后来被毒烟熏倒在地。在倒下去的瞬间，她还不忘用自己的身体护住两个没来得及逃离的孩子。当救援人员赶到时，她的头已被烧成了骷髅，可她身下的两个孩子还有一个活着。

在灾难面前，高尚的精神与卑劣的灵魂形成了鲜明的对比。死去的孩子的家长在孟老师的追悼会上深情地说："在学校，把孩子交给您，我放心；在地下，我的孩子跟着您走，我仍然放心！"

事后有人建议为死难者和苟活者同时树碑，为死难者树起的是精神的丰碑，为苟活者立的是耻辱的柱子，从而让人们永远记住哪些人该名垂千古，哪些人该遗臭万年。

心 灵 感 悟 ·

我们常说"危难之时显真情"，灾难时刻最可以体现出一个人崇高或卑劣的本性。而最终永不更改的是：崇高的灵魂人们会永远纪念，而卑劣的行径则只会遭到人们的唾弃。

帮助别人就是成全自己

英国的爱特·威廉是一位举国皆知的大商人。但是说来奇怪，爱特·威廉创业初期的一切，竟然全是别人馈赠的。天下竟然有这样的好事？一次又一次地被人馈赠，然后成了事业。威廉真的就是这样。

爱特·威廉20岁的时候，还是一个整日守在河边打鱼的年轻人，天地十分狭小，根本看不出他的将来会有什么辉煌的成就。一天，一位过河人求助于威廉，原来过河人的一枚戒指不慎掉进了河里。过河人急得不行，他请威廉不管怎样也要扎到船下帮他摸一摸。

谁想，爱特·威廉一个上午竟然什么也没干，反反复复一连扎到船下二十几次，但是依然没有摸到那枚戒指。爱特·威廉让过河人等等，他跑向村里，不一会儿，找来了全村的男人。他请大家帮忙，都下河去摸戒指。为了摸到这枚戒指，一村的男人竟然又花费了整整半天的工夫。

过河人事先只答应给爱特·威廉一英镑的打捞费，想不到爱特·威廉竟然请来了这么多人，用了这么多的时间。这要多少报酬才行？过河人很犯难。出乎他的意料，威廉一点都没有提报酬的事，一点没有计较这次打捞戒指的巨大成本。他只是想为过河人解决难题，打捞上戒指。仅此而已。

不久，这位过河人又路过此地，他又碰到了爱特·威廉。这时的河里已经没有多少鱼好打了。过河人对威廉说：威廉，你别打鱼了，我给你一个打气补胎的活儿，你足可以养家糊口。从那以后，威廉便有了一个在路边修补汽车轮胎的活儿。这完全是别人馈赠的。

有一天，一辆小车子停在了威廉补胎的小店前，车上人是要找一颗特别的螺丝钉，否则车就无法行驶。威廉翻遍了自己的小店，也没有找到这样的螺丝钉。但威廉并不甘心，他骑上自行车，赶了六七里路，在另一家修车店里翻找了一遍，终于找到一颗一模一样的螺丝钉。当威廉满头大汗地返回来，并将这颗螺丝钉安装在对方的车上时，对方拿出了10英镑来感谢威廉，威廉却一分钱不收。他说这是颗丢在箱底的螺丝钉，是根本没有成本的。

威廉真是太让人感动了。不久，这辆小车的主人特地赶来，给了威廉一个五金店让他代理经营。威廉很是惊讶，问对方为什么。

对方告诉威廉，威廉是这个世上他所遇到的最诚恳、最值得信任、最无私，也是最可爱的人。

心灵感悟·

在我们人生的大道上，肯定会遇到许许多多的困难。但我们是不是都知道，在前进的道路上，搬开别人脚下的绊脚石，有时恰恰是为自己铺路？

失误，不应该成为虚伪的借口

一位记者在访问英国诺丁汉大学校长、原复旦大学校长杨福家院士时，杨福家院士讲了这样一个故事。美国波士顿大学曾聘请了一位十分著名的教授为传播系主任。这个教授在一次讲课时，讲了一段十分精彩的话，而这段话是他从其他地方看到的，本来他是要交代这段话的出处的，但教授刚讲完那段话，下课铃就响了，教授便下课了。在西方的许多著名大学，要求学校的每个老师和学生不能以任何形式剽窃别人的成果，即使是老师在上课时所讲的内容，如果引用了别人的话，都必须明确指出，如果不指出，便认为是一种不诚实，是一种剽窃行为。所以，当这个教授下课后，有一个学生便向校长反映，说那个教授在上课时引用了某个杂志上的话，但却没有交代出处。校长便找到这个教授核对，那个教授承认了自己的失误，便立即提出辞职。由于其他教师的挽留，最后学校决定撤销他的主任职务。第2天，这个教授上课时，第1件事就是向学生道歉。

在我们看来，这也许是小题大做。何况那个教授并不是存心不想说那段话的出处，实在是因为下课了他没有来得及说；再说，就是这个教授说了那段话不是自己的，也不会对他有什么影响，他为什么要故意不说呢？再退一步说，即使不说出出处，那又有什么关系呢？但是，学生反映了这个很小的问题，校长还是十分重视，即使知道了这个教授不是故意不做交代，校长还是撤了他的主任职务。而这个教授呢？他在校长找他的那一刻，便已经认识到自己的疏忽犯了大错，他在那一瞬间便觉得自己不配在这里为人师了，所以他立即提出了辞职。最后因为同事们的挽留，他虽然留了下来，但仍觉得错在自己，所以在第2天上课时，第1件事情就是向他的学生真诚地道歉。因为他明白：失误，不能成为原谅自己的借口。

在整件事中，无论是那个学生，还是校长，抑或那个失误的教授，都表现出了一种对虚伪的厌恶，对诚实的追求。那个学生并不因为教授有名气便原谅他的不诚实，哪怕他并不是故意的；校长也并不因为这个教授有名气，便原谅他的失误；教授也不因失误，便找种种借口原谅自己。其实，学生、校长和教授，所不能容忍的不是这件小事，而是不能容忍哪怕是半点的虚伪，无论这种虚伪是有意还是无意。因为他们认为，如果容忍了虚伪，便是对真诚的一种亵渎。

在我们的生活中，有很多虚伪的东西存在。在《中华读书报》上就有过好几篇揭发著名教授抄袭别人成果的文章。但是，有的抄袭者非但不承认错误，反而多方辩解，甚至对指出他剽窃别人成果的人进行人身攻击。这种背着牛头不认赃的行为，是多么可悲的现象啊！

做人，无论在怎样的情况下，都应该真诚，不应当虚伪，这是每个人都明白的道理。可是在我们的生活中却有很多不尽如人意的现象存在，这也许正是我们长时间不能有大的进步的原因所在。我们只有不断地清理自己的心灵，让自己的内心深处多一些真诚，

少一些虚伪，才能成为一个真正大写的人。我们应该向那个指出教授不诚实的学生致以敬意，我们应该对那个校长给予赞扬，当然，我们更应该向那个不因为失误而宽容虚伪的教授致以崇高的敬意。

失误，不应该成为虚伪的借口。

心灵感悟·

无论什么时候，诚信都是不允许打折扣的。失误不能成为原谅自己过错的原因，更不应该成为虚伪的借口。

原则不容更改

耶路撒冷有一家名为"芬克斯"的酒吧，酒吧的面积不大，只有30平方米，但它却声名远扬。

有一天，酒吧老板接到一个电话，那人很客气地跟他商量说："我将带10个随从前往你的酒吧。为了方便，希望你能谢绝其他顾客，可以吗？"

老板罗斯恰尔斯毫不犹豫地说："我欢迎你们来，但要谢绝其他顾客，这不可能。"

其实，这个老板不知道，打电话的人是美国前国务卿基辛格博士。他是在访问中东的议程即将结束时，在别人的推荐下，才打算到"芬克斯"酒吧的。

基辛格最后坦言："我是出访中东的美国国务卿，我希望你能考虑一下我的要求。"罗斯恰尔斯礼貌地对他说："国务卿先生，您愿意光临本店我深感荣幸。但是，因您的缘故而将其他人拒之门外，这是我无法办到的。"

基辛格博士听后，摔掉了手中的电话。

第2天傍晚，罗斯恰尔斯又接到了基辛格的电话。他首先对自己昨天的失礼表示歉意，说明天只打算带3个人来，只订1桌，并且不必谢绝其他客人。

罗斯恰尔斯说："非常感谢您，但我还是无法满足您的要求。"

基辛格很意外，问："这次又是为什么？"

"对不起，先生，明天是星期六，对我们犹太人来说，礼拜六是一个神圣的日子，本店休息。"

"可是，后天我就要回美国了，您能否破例一次呢？"

罗斯恰尔斯很诚恳地说："不行，您该知道，如果我们违背了神意经营的话，那是对神的玷污。"

基辛格无言以对，他只好无奈又不无遗憾地离开了耶路撒冷，而没能在中东享受到这家小酒吧的服务。

这是一个真实的故事。这家小酒吧连续多年被美国《新闻周刊》列入世界最佳酒吧前15名。一个只有30平方米的小酒吧，竟能享有如此之高的美誉，与这家酒吧老板的作风有着千丝万缕的关联。

心 灵 感 悟 ·

凡事都有一定的目的与意义，只要确认我们的方向正确无误，便要坚持自己的原则；即使此刻还在迷宫中跌跌撞撞，我们也不再迷失，反而会比别人更早一步走出迷宫。

良心的惩罚

卢梭生于穷苦的人家，为求生计，在很小的时候他就到一个伯爵家去当小佣人。有一段时间，他对伯爵家一个侍女戴的一条小丝带相当痴迷，他很想拿在手里摸一摸、看一看。一天，机会终于来了，卢梭趁没人的时候，从侍女床头拿走小丝带，跑到院里玩赏起来。

正在这时候，从他身后经过的一个仆人发现了卢梭手中的小丝带，并立刻报告了伯爵。伯爵大为恼火，就把卢梭叫到身旁，厉声追问小丝带的来历。卢梭紧张极了，如果承认丝带是自己拿的，那他一定会被辞退。而找一份工作是多么困难啊。他结巴了好大一会儿，最后竟撒了个谎，说丝带是小厨娘玛丽永偷给他的。伯爵半信半疑，就让玛丽永过来对质。善良、老实的小玛丽永一听这事，又害怕又委屈，一边流泪，一边说："不是我，绝不是我！"可卢梭呢？却死死咬住了玛丽永，并把事情的"经过"编造得有鼻子有眼。

这下子，伯爵更恼火了，他不想去分辨哪一个是清白的，索性将卢梭和玛丽永同时辞退了。当两人离开伯爵家时，一位长者意味深长地说："你们之中必有一个是无辜的，而另一个人一定会受到良心的惩罚！"

果然，这件

事给卢梭带来了终身的痛苦。40年后，他在自传《忏悔录》中坦白说："这种沉重的负担一直压在我的良心上……促使我决心撰写这部忏悔录。""这种残酷的回忆，常常使我苦恼，在我苦恼得睡不着的时候，便看到那个可怜的姑娘前来谴责我的罪行……"

心灵感悟·

犯错之后主动承认能得到他人的原谅并获得精神的解脱，而不敢面对错误，甚至撒谎来伤害别人，最终只能受到良心的惩罚。

挺起你的胸膛

多年前，一位挪威青年男子漂洋过海来到法国，他要报考著名的巴黎音乐学院。考试的时候，尽管他竭力将自己的水平发挥到最佳状态，但主考官还是没能看中他。

身无分文的青年男子来到学院外不远处一条繁华的街上，勒紧裤带在一棵榕树下拉起了手中的琴。他拉了一曲又一曲，吸引了无数的人驻足聆听。饥饿的青年男子最终捧起自己的琴盒，围观的人们纷纷掏钱放入琴盒。

一个无赖鄙夷地将钱扔在青年男子的脚下。青年男子看了看无赖，最终弯下腰拾起地上的钱递给无赖说："先生，您的钱丢在了地上。"

无赖接过钱，重新扔在青年男子的脚下，再次傲慢地说："这钱已经是你的了，你应该收下！"

青年男子再次看了看无赖，深深地对他鞠了个躬说："先生，谢谢您的资助！刚才您掉了钱，我弯腰为您捡起。现在我的钱掉在了地上，麻烦您也为我捡起来！"

无赖被青年男子出乎意料的举动震撼了，最终捡起地上的钱放入青年男子的琴盒，然后灰溜溜地走了。

围观者中有双眼睛一直默默关注着青年男子，他就是刚才的那位主考官。他将青年男子带回学院，最终录取了他。

这位青年男子叫比尔·撒丁，后来成为挪威著名的音乐家，他的代表作名叫《挺起你的胸膛》。

心灵感悟·

无论自己陷入怎样的不利境地，无论招致了怎样的侮辱与诬蔑，我们都要理智地去应对，挺起自己的胸膛去维护我们的尊严。

没有任何借口

不为失败找借口。一个人做任何事，如果失败了，只要他愿意找借口，总能找到完美的借口，但借口和成功不在同一屋檐下。

美国西点军校有一个悠久的传统，遇到学长或军官问话，新生只能有4种回答：

"报告长官，是！"

"报告长官，不是！"

"报告长官，没有任何借口。"

"报告长官，不知道。"

除此之外，不能多说一个字。比如学长问："你认为你的皮鞋这样就算擦亮了吗？"你的第1个反应肯定是为自己辩解："报告学长，刚才排队时有人不小心踩到了我。"但是不行，这不在那4个"标准答案"里，所以你只能回答："报告学长，不是。"学长要问为什么，你最后只能答："报告学长，没有任何借口。"再比如军官派一个新生去完成一项任务，而且限定在一定时间内完成。这项任务完全可能会因种种原因而不能按时完成，但军官只要结果，根本不会听你长篇大论地解释为何完不成任务。"没有任何借口"迫使这位新生只有把握每一分每一秒去争取完成任务，根本无暇为完不成任务找借口。

学校之所以这样规定，就是要让新生学会忍受压力，学会恪尽职责，明白表现达到十全十美是"没有任何借口"的。

心灵感悟·

秉持"没有任何借口"这样的信念，尽管看似对自己冷酷无情，但却犹如破釜沉舟，可以激起一个人的斗志，促使其全力以赴，埋头苦干，尽善尽美地完成每一件事情。

君子当以谦逊为本

苏东坡在湖州做了三年官，任满回京。想当年因得罪王安石，落得被贬的结局，这次回来应投门拜见才是。于是，他便往宰相府来。

此时，王安石正在午睡，书童便将苏东坡迎入东书房等候。

苏东坡闲坐无事，见砚下有一方素笺，原来是王安石两句未完诗稿，题是咏菊。苏东坡不由笑道：

　　"想当年我在京为官时，此老下笔千言，不假思索。三年后，真是江郎才尽，起了两句头便续不下去了。"

　　他把这两句念了一遍，不由叫道：

　　"呀，原来连这两句诗都是不通的。"

　　诗是这样写的：

　　"西风昨夜过园林，吹落黄花满地金。"

　　在苏东坡看来，西风盛行于秋，而菊花在深秋盛开，最能耐久，随你焦干枯烂，却不会落瓣。一念及此，苏东坡按捺不住，依韵添了两句：

　　"秋花不比春花落，说与诗人仔细吟。"

　　待写下之后，又想如此抢白宰相，只怕又会惹来麻烦，若把诗稿撕了，更不成体统，左思右想，都觉不妥，便将诗稿放回原处，告辞回去了。

　　第二天，皇上降诏，贬苏东坡为黄州团练副使。

　　苏东坡在黄州任职将近一年，转眼便已深秋，这几日忽然起了大风。风息之后，后园菊花棚下，满地铺金，枝上全无一朵。苏东坡一时目瞪口呆，半晌无语。此时方知菊花果然落瓣！不由对友人道：

　　"小弟被贬，只以为宰相是公报私仇，谁知是我错了。切记啊，不可轻易讥笑人，正所谓经一事长一智呀。"

　　苏东坡心中含愧，便想找个机会向王安石赔罪。想起临出京时，王安石曾托自己取三峡中峡之水用来冲阳羡茶，由于心中一直不服气，早把取水一事抛在脑后。现在便想趁冬至节送贺表到京的机会，带着中峡水给宰相赔罪。

　　此时已近冬至，苏东坡告了假，带着因病返乡的夫人经四川进发了。在夔州与夫人分手后，苏东坡独自顺江而下，不想因连日鞍马劳顿，竟睡着了，及至醒来，已是下峡，再回船取中峡水又怕误了上京时辰，听当地老人道："三峡相连，并无阻隔。一般样水，难分好歹。"便装了一瓷坛下峡水，带着上京去了。

　　上京来先到相府拜见宰相。

　　王安石命门官带苏东坡到东书房。苏东坡想到去年在此改诗，心下愧疚。又见柱上所贴诗稿，更是羞惭，倒头便跪下谢罪。

　　王安石原谅了苏东坡以前没见过菊花落瓣。待苏东坡献上瓷坛，书童取水煮了阳羡茶。

　　王安石问水从何来，苏东坡道："巫峡。"

　　王安石笑道："又来欺瞒我了，此水明明是下峡之水，怎么冒充中峡。"

苏东坡大惊，急忙辩解道误听当地人言，三峡相连，一般江水，但不知宰相何以能辨别？

王安石语重心长地说道：

"读书人不可轻举妄动，定要细心察理，我若不是到过黄州，亲见菊花落瓣，怎敢在诗中乱道？三峡水性之说，出于《水经补注》，上峡水太急，下峡水太缓，唯中峡缓急相伴，如果用来冲阳羡茶，则上峡味浓，下峡味淡，中峡浓淡之间，今见茶色，故知是下峡。"

苏东坡敬服。

王安石又把书橱尽数打开，对苏东坡言道：

"你只管从这二十四橱中取书一册，念上文一句，我答不上下句，就算我是无学之辈。"

苏东坡专拣那些积灰较多，显然久不观看的书来考王安石，谁知王安石竟对答如流。

苏东坡不禁折服：

"老太师学问渊深，非我晚辈浅学可及！"

苏东坡乃一代文豪，诗词歌赋，都有佳作传世，只因恃才傲物，口出妄言，竟三次被王安石所屈，他从此再也不敢轻易讥笑他人。

心灵感悟·

大智若愚是才智技艺达到精湛圆熟的最高境界。一个人才智越高，越有学问，见闻越广博，越应该谦虚谨慎，处处收敛锋芒，不炫耀自己。我们都应该记住这样一个道理：学无止境，君子当以谦逊为本。

弱者同样需要尊重

火车站外，一位学者和朋友在送人。送走人之后，学者刚走出火车站口不远，就看到一个疯疯癫癫的人迎了上来，拦住了他们的去路。他衣衫褴褛，头发乱蓬蓬的。谁都以为他是一个讨钱的，于是学者的朋友就掏出一元钱来递给他。他瞪了瞪他，没有接，然后将目光移向了学者，小心翼翼地说："这位老先生，我看得出来你是个有学问的人，能不能给我讲讲三国历史？"

朋友想推开他，学者却阻止了他，领着那个疯子到了一个楼角。他从吕蒙设计，讲到关羽败走麦城，最后遇害，大约用了十几分钟时间。学者讲得绘声绘色，那疯子也听得津津有味。临走的时候，疯子抓住学者的手，眼睛中泛动着晶莹的泪花："谢谢你，我求了好多人，只有您才肯给我讲！"学者的手也用力摇动了几下。

回去的路上，学者的朋友问："他是一个疯子吧？"学者沉默了一会儿才说："也许是，但他首先是一个人，只要是人，都是值得尊重的。因为在尊重别人的时候，更重要的还是在尊重自己！"

的确，尊重不只是一个得到或者给予的问题，其实在给人尊重的同时，也会得到别人的尊重；当你践踏别人的尊严的时候，你自己的尊严也正在自己的脚下痛苦地呻吟着！

心灵感悟·

一定要学会尊重弱者，他们也有人格。正所谓"我敬人一尺，人敬我一丈"。

第四辑

完美人生操之在我

生命完全属于你自己

年轻的亚瑟国王被邻国的伏兵抓获。邻国的君主并没有杀他，而是向他提出了一个非常难的问题，并承诺只要亚瑟回答得上来，他就可以给亚瑟自由。亚瑟有一年的时间来思考这个问题，如果一年期满还不能给他答案，亚瑟就会被处死。

这个问题是：女人真正想要的是什么？

这个问题令许多有学识的人困惑不解，何况年轻的亚瑟。但求生的欲望使亚瑟接受了国王的命题——在一年的最后一天给他答案。

亚瑟回到自己的国家，开始向每个人征求答案：公主、妓女、牧师、智者、宫廷小丑。他问了几乎所有的人，答案五花八门，有的回答是男人，有的说是孩子，有的说是金钱，还有的说是地位，但没有一个答案可以令他满意。最后，人们建议亚瑟去请教一个女巫，也许她能够知道答案。但是他们警告他，女巫会提出一些稀奇古怪的条件，这些条件往往使人们不敢向她求助。

一年的最后一天到了，亚瑟别无选择，只好去找女巫试试看。女巫答应回答他的问题，但他必须首先接受她的交换条件：让她和加温结婚。而加温是最高贵的圆桌武士之一，是亚瑟最亲密的朋友。亚瑟惊骇极了，看看女巫：驼背，丑陋不堪，只有一颗牙齿，身上发出臭水沟般难闻的气味，而且经常制造出猥亵的声音。他从没有见过如此丑陋不堪的怪物。他拒绝了，他不能让他的朋友为了救他而牺牲自己的幸福。

加温知道这个消息后，对亚瑟说："我同意和女巫结婚。对我来说，没有比拯救你的生命更重要的了。"亚瑟感动极了，深情地拥抱着他的朋友。于是亚瑟宣布了婚礼的日期，女巫也回答了亚瑟的问题：女人真正想要的是——可以主宰自己的命运。

人们都明白了女巫说出的是真理，于是邻国的君主如约给了亚瑟永远的自由。

加温的婚礼如约举行，而亚瑟也陷入了深深的痛苦之中。这是怎样的婚礼呀——加温一如既往地温文尔雅，而女巫却在婚礼上表现出最丑陋的行为：蓬头垢面，用嘶哑的喉咙大声讲话，还用手抓东西吃。她的言行举止让所有的宾客都感到恶心，大家也都深切地同情加温从此失去了幸福。

新婚之夜对于所有的人都是美妙的，但对加温却是异常可怕的，但它终究还是到了。然而，加温走进新房，却被眼前的景象惊呆了：一个他从没见过的美丽少女斜倚在婚床上！加温忽然如入梦境，不知这到底是怎么回事。

少女回答说："我也曾被别人施以魔咒，我自己在一天的时间里一半是丑陋的，另一半是美丽的。你愿意怎样分配这丑陋与美丽呢？"

多么残忍的问题呀！加温开始面对他的两难选择：是在白天向朋友们展示自己的美丽妻子，而在夜晚自己的屋子里，面对一个如幽灵般又老又丑的女巫？还是在白天拥有一个丑陋的女巫妻子，但在晚上与一个美丽的女人共度亲密时光呢？出乎意料的是，加温没有做任何选择，只是对他的妻子说："既然女人最想要的是主宰自己的命运，那么就由你自己决定吧！"

少女眼中闪着泪光，动情地说："谢谢你替我解除了诅咒，当有一个男人愿意让我主宰自己命运的时候，诅咒就会自动失效了。那么，我要告诉你，我会选择白天和夜晚都是美丽的女人，因为我爱你。"

心灵感悟·

你的命运由你自己主宰。命运就在你自己的手中，就看你自己如何去把握。

人生的 5 枚金币

不久前，陈家村有 3 位渔民因为木船机器出了故障，在海上漂了 7 天 6 夜。3 位渔民脸晒得黑红，坐在我们面前，讲述着曾经发生的故事，他们面带笑容，语气平淡，好像这些事不是他们自己亲历而是发生在别人身上似的。

"你们开始的时候想到会漂 7 天吗？"

"没有，我们想再坚持一天，明天就会有人来救我们。如果一开始就知道要等 7 天，受这么多罪，我们可能会受不住。"一位年纪较大的渔民说，他是这艘船的主人。

"第 6 天下午，我觉得自己坚持不住了，喝进去的海水在胃里翻腾，难受死了。就在这时候我们听见了马达声，看见有一条船朝我们开来，我们 3 人趴在船上喊救命，可是当船驶近的时候，船上的人却冲我们说：你们慢慢漂吧。我绝望地趴在船舷上想跳海自杀，是他救了我。"年纪较小的帮工感激地指着船主说。

船主不好意思地摸摸后脑勺："其实也没什么，我只是给他们讲了一个 5 枚金币的故事。"

"小时候，我生活在内蒙古草原。有一次，我和爸爸在草原上迷了路，我又累又怕，到最后都快走不动了。爸

爸并没有哄我，他从兜里掏出5枚硬币，把一枚硬币埋在草地里，把其余的4枚放在我的手上，说：人生有5枚金币，童年、少年、青年、中年、老年各有一枚，你现在才用了1枚，就是埋在草原上的那一枚。你不能把5枚都扔在草原，你要一点点地用，每一次都用出不同来，这样才不枉人生一世。今天我们一定要走出草原。你将来也一定要走出草原。世界很大，人活着，就要多走些地方，多看看，不要让你的金币还没用就被扔掉。

"我们走了一天一夜，终于走出了草原。我一直记得父亲说过的话，也一直保存着那4枚硬币。25岁的时候，我从电视上看到大海，我把第2枚硬币埋在草原，带着其余的3枚硬币一个人乘车来到大连旅顺，当了一名水手。今年是我来海上的第9个年头了，我刚刚用攒下的钱买下这条12马力的新木船，我一生的梦想，是能有一条可以远洋的100马力以上的铁船。我们还年轻，还有人生的3枚金币，不能就这么把它们都扔到大海里。我们一定要活着回去。从我讲这个故事到被救，才十几个小时。我们真的活着回来了！"

海上漂泊7天6夜，他们喝海水，吃鱼饵，忍受着肉体和精神上双重的痛苦，直到现在，他们还因为海水中毒而全身水肿、胃出血、脚溃烂，但他们坐在我们面前，面带笑容，语气平淡，对他们来说，所有的灾难都已成为过去，重要的是他们还活着，还拥有人生的3枚金币，这比什么都重要。

心灵感悟·

在苦难降临时，还有什么比拥有活下去的信念更重要的呢？我们还年轻，还拥有人生最大的资本，如果我们对待生活、工作能有同样的信念，那么世界上就没有什么挫折可以击倒我们。

自己就是上帝

一个穷人来找神父求助，原来，他为农场主运东西的时候，失手打碎了一个贵重的花瓶，农场主要他赔。

神父说："听说有一种能将破碎的瓶子粘起来的技术，你不如去学这种技术，将农场主的花瓶粘得完好如初，再还给他不就可以了嘛。"

穷人听了直摇头："哪里会有这种神奇的技术？将一个破花瓶粘得完好如初，这不太可能吧？"

神父说："这样吧，教堂后面有个石壁，上帝就在那里，只要你对石壁大声说话，上帝就会回应你。"

于是，穷人来到石壁前，对石壁说："上帝请您帮助我，只要您愿意帮助我，我相信我能将花瓶粘好。"话音刚落，上帝就回答了他："能将花瓶粘好。"于是穷人信心百倍，去学粘花瓶的技术了。

一年后，穷人通过认真学习和不懈的努力，终于掌握了将破花瓶粘得天衣无缝的本领。那只破花瓶被他粘得和原来完好时一样，然后他将它还给了农场主。

他又一次来到教堂感谢上帝能够帮助他，神父将他领到了那座石壁前，笑着说："你最应该感谢的是你自己啊。其实这里根本没有上帝，这块石壁不过是块回音壁而已，你所听到的上帝的声音，其实就是你自己的声音。"

哦，原来自己就是上帝。

心 灵 感 悟·

抱有坚定不移的信念，并为之付出不懈的努力，就能够把梦想变成现实。相信自己的能力和潜力，因为自己就是上帝。

把握自己的人生

诗人亨雷写下了富有哲理意味的诗句："我是我命运的主宰；我是我灵魂的船长。"

很多情况下，人们的命运都是由别人和外物所控制，要主宰自己，需要莫大的勇气。特别是对于一个失败者，当挫折困扰着他时，要及时调整自己、战胜自己，树立起主宰自己的信心，更不是一件容易的事。

华明的公司宣告破产了，资不抵债，他成了一个名副其实的穷光蛋。

华明无法面对残酷的现实，他沮丧极了，甚至想到了自杀。

他流着泪去见父亲，希望能够得到父亲的安慰和指点，让他东山再起！

父亲看到华明的样子，心都快碎了，可他却没有能力帮助儿子。

华明唯一的希望破灭了，他喃喃自语道："难道我真的没有出路了吗？"

父亲像想到了什么一样，突然说："虽然我没办法帮助你，但我可以介绍你去见一个人，相信他可以协助你东山再起。"

华明的心中又燃起了一点希望之火，他迫不及待地要见到这个"能令他东山再起"的人。父亲带着华明来到一面大镜子前，手指着镜子里的华明说："我介绍的这个人就是他，在这个世界上，只有他才能够使你东山再起，只有他才能够主宰你的命运。"

华明怔怔地望着镜子里的自己，用手摸着长满胡须的脸孔，望着自己颓废的神色

和迷离无助的双眸，他明白了父亲的用意，不由自主地抽噎起来。第 2 天早晨，父亲见到的华明从头到脚几乎是换了一个人，步伐轻快有力，双目坚定有神。

他说："爸爸，我终于知道我应该怎么做了，谢谢你，是你让我重新认识了自己，把真正的我指给我看。我会努力地去找工作，我坚信，这是我成功的又一个起点。"

果然，几年后，华明东山再起，事业比当初还要兴旺。

心 灵 感 悟 ·

只有我们是自己命运的主人，因为我们有能力控制自己的思想；也只有我们自己才能把握我们的人生，只有自己才能描绘出美丽的人生画卷。

走自己的路

有两位法国诗人是无话不谈的忘年交，一位是年纪较大的马莱伯，一位是年轻的拉冈。

有一天，拉冈跑来请教马莱伯："我想请您指点一下，您人生阅历丰富，一定对人生有着独到的见解。现在，我正面临一个需要选择的难题，我苦苦思考却无法决定，依您看，我应该何去何从呢？您对我的家世、门第、财产以及能力都很清楚，那我是否应该结婚并到外省去？或者投身军队还是去政界供职？"

听了拉冈的一番话，马莱伯并没有直接回答："你要让所有人都对你感到满意确实很不容易，在我回答你以前，先听我讲一个故事吧。

"从前，有位磨坊主和他十几岁的儿子，打算去集市卖掉自家的驴子。为了让驴子保存体力，能卖个好价钱，爷俩就把驴腿扎上，一前一后抬着驴走。一个路人看到后大笑起来，'大家快看这一对傻瓜，竟抬着驴走，驴子不就是让人骑的吗？'听到路人的话，磨坊主也觉得有道理，赶紧把驴子放下，让儿子骑驴，自己跟在后面走。

"走了没多远，迎面走来 3 个商人，年轻较大的那位冲着男孩喊道，'年轻人，你怎么好意思自己骑着驴呢，你的父亲是多么辛苦啊，快点下来，应该让老人骑着驴！'听了他的话，磨坊主便让儿子下来，自己骑到了驴背上。

"又走了一段路，走来了 3 位姑娘，其中一个指责老人说，'你这老头真是过分啊！让一个孩子那么辛苦地走路，自己却骑在驴子上悠然自得。'磨坊主没想到自己这么一大把年纪还会被一个姑娘指责，于是他赶紧让驴放慢了脚步，让儿子一起骑到了驴背上。他想：这下大家该没什么可说的了吧？

"可刚走了十几步，又来了一群人，有个人说，'这两个人真够狠的！这头可怜的驴走到市场，估计他们就只能出售驴皮了。'磨坊主感到无所适从了，他一时想不到更好的办法，最后决定两人谁都不骑驴了，而是让驴子走在他们的前面。

"又有个人对他们说：'你们傻不傻，有驴子还不骑，而且让驴走在你们的前面，还真有意思。'磨坊主没有理睬他，因为他已经决定不再被别人的话所摆布。就这样，他让驴子走在自己的前面一直到集市。打那以后，磨坊主做事情有了主见，再也不听从别人的摆布。至于你，我的朋友，究竟是参军，还是为政界服务，还是结婚，不论你做出什么选择，都请记住——按照自己的想法，走自己的路，任凭他人说去吧。"

心 灵 感 悟·

但丁说："走自己的路，让别人说去吧。"只要你认为是正确的道路，就要坚持自己的选择，而不应被他人的评论所左右。

别把命运交给别人

敬明小学 6 年级的时候，考试得了第 1 名，老师奖励给他一本世界地图。

敬明很高兴，跑回家就开始看这本世界地图。那天正好轮到他为家人烧洗澡水。敬明就一边烧水，一边在灶边看地图，看到一张埃及地图，他想："长大以后如果有机会我一定要去埃及。去看神秘的金字塔，还有尼罗河，还有许许多多美妙的东西。"

敬明正看得入神的时候，爸爸怒气冲冲地从浴室冲出来，用很大的声音对他说："你在干什么？"

敬明赶紧说："我在看地图。"

爸爸大吼着说："火都熄了，看什么地图？"

敬明说："我在看埃及的地图。"

爸爸就跑过来"啪、啪"给他两个耳光，然后说："赶快生火！看什么埃及地图？"打完后，又踢了敬明屁股一脚，用很严肃的表情跟他讲："我给你保证！你这辈子不可能到那么遥远的地方！赶快生火！"

当时敬明看着爸爸，呆住了，心想："爸爸怎么给我这么奇怪的保证？难道我真的不会到埃及吗？"

20 年后，敬明第 1 次出国就去埃及，他的朋友都问他："到埃及干什么？"

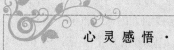

敬明说："为了使我的命运不被爸爸保证。"

敬明一到埃及，做的第1件事便是写信给爸爸。坐在金字塔前面的台阶上，他写道："爸爸：我现在在埃及的金字塔前面给你写信。记得小时候，你打我两个耳光，踢我一脚，保证我不能到这么远的地方来，现在我就坐在这里给你写信。"写的时候，敬明感触非常深……

心灵感悟·

只要不把你的命运交给别人，只要你的生命不被保证，你就能够演绎出令自己满意的人生。

打好自己手中的牌

艾森豪威尔年轻时经常和家人一起玩纸牌游戏。母亲总告诫他要"打好自己手中的牌"，他对这句话总是不甚理解。

一天晚饭后，他像往常一样和家人打牌。这一次，他的运气简直差到了极点，每次抓到的都是很差的牌。他开始抱怨，最后，竟发起了少爷脾气。

一旁的母亲看到他这个样子，正色道："既然要打牌，你就必须用自己手中的牌打下去，不管牌是好是坏。谁也不可能永远都有好运气！"

艾森豪威尔对妈妈的这种理论已经厌倦了，刚要争辩，却听到母亲接着说："我们的人生又何尝不像这打牌一样啊！发牌的是上帝。不管你手中的牌是好是坏，你都必须拿着，你都必须面对。你能做的，就是让浮躁的心情平静下来，然后认真对待，把自己的牌打好，力争达到最好的效果。这样打牌，这样对待人生才有意义啊！"

艾森豪威尔此后一直牢记母亲的话，无论遇到什么情况，都会尽全力打好自己手中的牌。就这样，他一步一个脚印地向前迈进，成为中校、盟军统帅，最后登上了美国总统之位。

心灵感悟·

也许我们无法决定自己手中能够抓到什么样的牌，但却可以决定用怎样的态度去打这把牌。困难面前，怨天尤人是无济于事的，只有勇敢地迎接挑战，才是最明智的选择。

不过一念间

　　两个年轻人曾一起拜一位老师傅学习手艺。学成之后，两人又同时应聘到一家公司工作，但因二人学历低，在公司总受别人的欺负，不被领导重视，他们感到很痛苦，但又不知该怎么做，便一起来找师父，希望师父能够给他们指示。

　　师父闭着眼睛，隔了半天，吐出5个字："不过一碗饭。"就挥挥手，示意年轻人回去了。

　　才回到公司，一个人就递上辞呈，回家种田，另一个却安然不动。

　　日子真快，转眼10年过去了。回家种田的以科学方法种植，以现代方法经营，居然成了农业专家。另一个留在公司的也不差，他忍着气，努力学习，渐渐受到器重，成了经理。

　　有一天两个人遇到了。

　　"奇怪，师父给我们同样'不过一碗饭'这5个字，我一听就懂了。不过一碗饭嘛，何必硬待在公司？所以我立刻选择了辞职！"农业专家问另一个人："你当时为何没听师父的话呢？"

　　"我听了啊，"那经理笑道，"师父说'不过一碗饭'，意思是出来就是为了混碗饭吃，平时多受点气，多受点累，多做一点，少赌气，少计较，就成了。"

　　两人对师父当年那句话的含义争执不下，最后决定找师父问个究竟。

　　两个人再次来到师父的住处，师父已经很老了，仍然闭着眼睛，隔了半天，回答了5个字："不过一念间。"然后挥挥手……

·心灵感悟·

　　对同一句话、同一件事，怀有不同的心态，便会有不同的理解。人生悲喜一念之间，人生苦乐一念之间，人生成败亦在于一念之间。

好好活着

不知为什么，洛希近日情绪很低落，生活、工作总给她带来许多的不顺心，而她的情绪又直接地影响着她的生活与工作，以至于她几乎丧失了活下去的愿望。

有一天，洛希在路上又碰到了朋友。朋友见她神情格外沮丧，多次询问缘故，才知道她因工作失误而被老板狠狠地批评了一顿。

"唉！生活真的一点意思都没有。再见了……"洛希幽怨地叹息着，她已不再想对朋友倾诉自己的烦恼了。从她的话语中，朋友猜想她这次一定是做了某种可怕的决定。

朋友感到一种莫名的不安，一时竟然不知道怎样去安慰她。过了一会儿，她才急匆匆地追上了洛希，问："洛希，如果你真的选择自杀的话，我不拦你。不过，我有一个小小请求，请你答应我等到1个月后再自杀。"

洛希感到很奇怪："为什么要等这么久……哦，我明白了——你这是'缓兵之计'，是想让我降下火气，等到心平气和时就会打消自杀的念头。可是，我确实已经受够了，你就不要再劝我了！"

"不，你说错了。"朋友说，"我不是这个意思。这一个月时间不是留给你的，而是留给我的。我需要用一个月时间给你准备后事！既然你想死，如果能给孩子及亲人留点什么，不是更好吗？我想，从现在开始，我就要四处打听帮你找买家了。"朋友很认真地说。

洛希更加疑惑了："'买家'？什么'买家'？你在说什么呀？"

朋友说："一定有买家的！你的视力一向很好，可以把眼角膜移植给失明的人；你的皮肤十分细腻，可以卖给那些需要植皮的人；你的身体非常健康，内脏器官都可以卖给那些需要它们的人。既然你一定要寻死，你身上的东西就不要浪费，这些对你来说没用的东西，对别人来说可是难得的无价之宝！把它们卖给别人，至少能够得到数百万元，就当是给亲人们造福吧，这样你也可以去得无牵无挂了。"

洛希对朋友的这番话闻所未闻，竟然呆住了。良久，她才恍然大悟，继而痛哭流涕："是啊！我有这么健康的身体，为什么不好好珍惜呢？谢谢你让我明白这一切。以后的生活不管怎样，我都会好好地活着的！"

> **心灵感悟·**
> 人像一块矿石，它在自己手里时常显得暗淡无光，只有从一定的角度才能看见它那深沉美丽的光芒。认清自己的价值吧，无论生活给予我们什么，我们都应该好好地活着。

自己是面镜子

从前有一位智慧的老人，每天坐在镇子街头的椅子上，向开车经过镇上的人打招呼。

这天，他的孙女儿在他身旁，陪他坐在椅子上。他俩坐在那里看着人们经过，一位身材很高、看来像个游客的男人到处打听，想要找地方住下来。

陌生人走过来说："这是个怎样的城镇？"

老人慢慢抬起头来反问道："你来的地方又是怎样的城镇呢？"

游客说："在我原来住的地方，人人都很喜欢批评别人，邻居之间常说别人的闲话，总之那地方很不好。我真高兴能够离开，那不是个令人愉快的地方。"摇椅上的老人对陌生人说："那我得告诉你，其实这里也差不多。"

过了几个小时，一辆载着一家人的大卡车在这里停下来，显然他们是要搬到这里。

这家人的父亲下了车，恭敬地问老人："老先生，这个镇子怎么样？"坐在椅子上的老人反问道："你原来住的地方怎样？"

父亲说："我原来住的城镇每个人都很亲切，人人都愿帮助邻居。无论去哪里，总会有人跟你打招呼，我真舍不得离开。"老先生转过来看着父亲，脸上露出和蔼的微笑："其实这里也差不多。"父亲说了谢谢，挥手再见，驱车离开了。

等到那家人走远，孙女儿抬头问爷爷："爷爷，为什么你告诉第 1 个人这里很可怕，却告诉第 2 个人这里很好呢？"

祖父慈祥地看着孙女儿美丽湛蓝的双眼说："人自己就是一面镜子，他的言行能够反映出他对待他人、对待生活的态度，那个地方可怕与可爱，其实全在于他自己呀！"

不管你搬到哪里，你都会带着自己的态度；那地方可怕或可爱，全在于你自己。你寻找什么，你就会找到什么。

心灵感悟·

人自己就是一面镜子，你以什么样的态度对待世界，世界就会呈现给你什么样的景象。

生命之旅由自己驾驭

一位优秀的母亲，曾给她的孩子写了这封直抵心灵的信：

我能给予你生命，但不能替你生活。

我能教你许多东西，但不能强迫你学习。

我能指导你如何做人，但不能为你所有的行为负责。

我能告诉你怎样分辨是非，但不能替你做出选择。

我能为你奉献浓浓的爱心，但不能强迫你照单全收。

我能教你与亲友有福同享、有难同当，但不能强迫你这样做。

我能教你如何尊重他人，但不能保证你受人尊重。

我能告诉你真挚的友谊是什么，但不能替你选择朋友。

我能对你进行性教育，但不能保证你保持纯洁。

我能对你谈人生的真谛，但不能替你赢得声誉。

我能提醒你酒精是危险的，但不能代替你对它说"不"。

我能告诉你毒品的危害，但不能保证你远离它。

我能告诉你必须为人生确定崇高的目标，但不能替你实现这些目标。

我能教给你做人的优良品质，但不能确保你成为善良的人。

我能责备你的过失，但不能保证你因此而成为有道德的人。

我能告诉你如何生活得更有意义，但不能给你永恒的生命。

我能肯定我将尽自己最大的努力给予你最美好的东西，但不能给予你前程和事业。

孩子，我能为你做很多，因为我爱你；但是，你要明白，即使我愿意永远和你在一起，也还是要由你自己做出那些重要决定。为此，我只求灿烂阳光永远照亮你的人生之路，使你总能做出正确的决定。

每一位读懂此信的人都会明白这样一个哲理：人生之路，无论坎坷还是幸福，都只能由自己全程驾驭。

心灵感悟·

别人能够告诉你的很多很多，但是任何一个人都不能替你做出决定。无论人生之旅平坦或坎坷，幸福的人生秘诀都只在于自己的把握。

第五辑

走出心灵的围墙

自我解脱

禅宗二祖慧可为了表示自己求佛的诚心，挥刀断臂，拜达摩为师。

有一次，他对达摩祖师说道："请师父为我安心。"

达摩当即说："把你的心拿来给我。"

慧可不得不说："弟子无法办到。"

达摩开导他说："如能办到，那就不是你的心了！我已经帮你安好心了！你看到了吗？"

慧可恍然大悟。

几十年以后，僧璨前去拜谒二祖慧可，他对二祖说："请求师父为弟子忏悔罪过。"

二祖慧可想起了当初达摩启发自己的情景，微笑着对僧璨说："把你的罪过拿来给我！"

僧璨说道："我找不到罪过。"

慧可便点化他说："现在我已经为你忏悔了！你看到了吗？"

僧璨恍然大悟。

又过了许多年，一个小和尚向三祖僧璨求教："如何才能解除束缚？"

僧璨当即反问："究竟是谁在捆绑你呢？"

小和尚脱口而出："没有谁捆绑我呀！"

僧璨微微一笑，说道："那你何必又再求解脱呢？"

小和尚顿悟。他就是后来中国禅宗第四祖——道信。

醉心于功利，便被"名缰利锁"缚住；斤斤计较于褒贬毁誉，必会患得患失。野心勃勃、贪欲无厌、争权夺利、勾心斗角，哪一个不是伴随着烦恼焦虑、忧愁惊恐、嫉妒猜疑？重要的是自我解脱，而不是求人解脱。

心灵感悟·

并没有谁来束缚你，真正束缚住你的是自己的欲望和贪念。抛却了这些，你便可以得到自我解脱，何必要求别人为你解脱呢？

心随境转

心理学家带领他的学生来到一间黑暗的屋子。在他的指引下，他的学生们轻松地穿过了这间伸手不见五指的神秘房间。

接着，心理学家打开房间里的一盏灯，在这昏黄如豆的灯光下，学生们才看清楚房间的布置，不禁吓出了一身冷汗。原来，这间房子的地面就是一个很深很大的水池，池子里有几条张着血盆大口的鳄鱼在向上张望。就在这池子的上方，搭着一座很窄的木桥，他们刚才就是从这座木桥上走过来的。

心理学家看着他们，问："现在你们还愿意再次走过这座桥吗？"大家你看看我、我看看你，一时间冷了场。谁也不愿意拿自己的性命开玩笑。

这时，心理学家又打开了房内另外几盏灯，灯光又亮了许多。学生们揉揉眼睛再仔细看，才发现小木桥的下方装着一道安全网，只是因为网线的颜色极暗，他们刚才都没有看出来。心理学家大声地问："你们当中还有谁愿意现在就通过这座小桥？"

过了片刻，有3个学生犹犹豫豫地站了出来。其中一个学生一上去，就异常小心地挪动着双脚，速度比第1次慢了好多；另一个学生战战兢兢地踩在小木桥上，身子不由自主地颤抖着，才走到一半，就挺不住了；第3个学生干脆弯下身来，慢慢地趴在小桥上爬了过去。

心理学家问他的学生们："有了安全网的保护，你们怎么还会这么害怕呢？"学生们心有余悸地反问："这张安全网的质量可靠吗？"

心理学家把所有的灯都打开了，强烈的灯光一下把整个房间照耀得如同白昼。学生们这才看清，原来池中的鳄鱼是逼真的橡胶模型，而非真正的鳄鱼，他们的脸上重新露出了轻松的笑容。心理学家又问："这次谁敢走过这座桥？"这一次，所有的人都将手举了起来，无一例外。

心 灵 感 悟·

　　人生的路并不难走，只是环境的干扰使我们失去了平静的心态，使我们乱了方寸、慌了手脚，失去了前进的勇气。

想开一点

有一个年轻美丽的少妇，在发现丈夫有了外遇后痛苦地与他离了婚，之后儿子又夭折了，她顿时感到天塌了一般的悲惨，看不到生活的乐趣，决定去投河自尽，但被正在河中划船的老艄公救上了岸。

艄公问："你年纪轻轻的，为何寻短见？"

少妇哭诉道："我结婚两年，丈夫就遗弃了我，接着孩子又不幸病死。你说，我活着还有什么乐趣？"

艄公又问："两年前的你又是怎样的状况呢？"

少妇说："那时候我自由自在、无忧无虑。"

"那时你有丈夫和孩子吗？"

"没有。"

"那么，你不过是被命运之船送回了两年前，现在你又可以自由自在、无忧无虑了。"

少妇听了艄公的话，心里顿时敞亮了，告别艄公后，又开始了正常的生活。

心灵感悟·

人生路上难免遇到悲伤与坎坷，心放宽一点，想开一点，痛苦也就会减少许多。

善待自己

娜娜刚刚 22 岁，本该无忧无虑，可在她的脸上却没有一丝笑意。她做什么事情都打不起精神，认定幸福不会眷顾自己。虽然看到周围的年轻人成双成对，也很羡慕，却又认为自己永远不会得到真正的爱情。

一个雨天的下午，不幸的娜娜去找一位有名的牧师，因为据说他能解除所有人的痛苦。牧师握住她的手的时候，她冰凉的手让牧师的心都颤抖了。他打量着这个可怜的女孩，她的眼神没有任何光彩，透露出绝望，声音仿佛来自墓地。她的整个身心都好像在对牧师哭泣着："上帝为什么对我如此不公？我是世界上最不幸的女人！"

牧师请娜娜坐下，跟她谈话，渐渐找到了娜娜的问题的根源。最后他对娜娜说："娜娜，只要按我说的去做，你就会有办法的。"他要娜娜去买一套新衣服，再去修整一下自己的头发，他要娜娜打扮得漂漂亮亮的，告诉她星期二他的朋友有个晚会，他要请她来参加。

娜娜还是一脸愁容，对牧师说："我想这是没有用的。没有人需要我，在晚会中我并不能做什么，我还会像原来一样不快乐。"牧师告诉她："你要做的事很简单，你的任务就是帮助我的朋友照料客人，我会向我的朋友打招呼的，他们也会很高兴的。"

星期二这天，娜娜衣衫得体、发式入时地来到了晚会上。她按照牧师朋友的吩咐尽职尽责，一会儿和客人打招呼，一会儿帮客人端饮料，她在客人间穿梭不息、来回奔走，始终在帮助别人，完全忘记了自己。她眼神活泼，笑容可掬，成了晚会上的一道彩虹，晚会结束时，同时有3位男士自告奋勇要送她回家。

在随后的日子里，这3位男士热烈地追求着娜娜，娜娜终于选中了其中的一位，让他给自己戴上了订婚戒指。不久，在婚礼上，有人对这位牧师说："你创造了奇迹。""不，"牧师说，"是她自己为自己创造了奇迹。任何人都不能随随便便地自暴自弃、自怨自艾，而应该善待自己，敞开自己的心扉，去接纳别人，去体恤别人，在与别人的交往中得到快乐。娜娜懂得了这个道理，所以创造了奇迹。所有的女人都能拥有这个奇迹，只要你想，你就能让自己变得美丽。"

心灵感悟·

解放自己吧！你会觉得阳光、鲜花、美景总是离你很近。让心植根于积极的乐土吧！

跳出心中的高度

根据科学测试，跳蚤跳的高度一般可达它身体的400倍，号称动物界的跳高冠军。

于是，有人用跳蚤做了这样一个实验，实验者把跳蚤放进杯子里，不过放进后立即在杯子上加一个透明的玻璃盖。

"嘣"的一声，跳蚤跳起来后重重地撞在玻璃盖上，但它并没有停下来，因为跳蚤的生活方式就是"跳"。一次次跳起，一次次被撞，跳蚤好像开始变得聪明起来了，显然它有很强的适应能力，它开始根据盖子的高度来调整自己所跳的高度。后来，这只跳蚤再也没有撞击到这个盖子，而是在盖子下面自由地跳动。

一天后，实验者把盖子轻轻拿掉，跳蚤不知道盖子已经被拿掉了，它还在原来的

这个高度继续地跳。

3 天以后，这只跳蚤还在那里跳。

1 周以后，这只可怜的跳蚤还在玻璃杯里不停地跳着——这时它已经无法跳出这个玻璃杯了。

心灵感悟·

我们常常不敢去追求自己想要的。其实它并非难以得到，而是我们的心中已经设定了一个"高度"，认为超过这个高度自己就难以达到了。

点亮心中的蜡烛

程韵终于决定搬家了。搬家的念头从一年前就一直困扰着程韵，同时困扰着他的还有工作的不顺和生活的挫折。身为工程师的程韵已人过中年，事业却毫无起色，仍是一个"高级"的打工仔；与妻子结婚 8 年，经历了一个"持久战"，原来的甜美与温馨已被生活的琐事和平淡冲击得荡然无存。程韵最近常常无端地发脾气，抱怨别人见利忘义。终于，在经历了又一个失眠之夜后，他们搬家了。

程韵和妻子来到了另外一个城市，搬进了新居。这是一幢普通的公寓楼。程韵依然忙于工作，早出晚归对身边的一切都未曾在意。

一个周末的晚上，程韵和妻子正在整理房间，突然，停电了，屋子里一片漆黑。他们在房间里翻来翻去也没有找到蜡烛，只好无奈地坐在地板上抱怨起来。

这时，门口突然传来轻轻的、断断续续的敲门声，打破了黑夜的寂静。

"谁呀？"程韵并不知道是谁会在这时拜访，因为他在这个城市并没有熟人，也不愿意在周末被人打扰。他感到莫名的烦躁，费力地摸到门口，极不耐烦地开了门。

门口站着一个小男孩，他怯生生地对程韵说："叔叔，我是您楼上的邻居。请问您有蜡烛吗？"

"没有！"程韵气不打一处来，"嘭"的一声把门关上了。

"真是麻烦！"程韵对妻子抱怨道，"现在都是些什么人，我们刚刚搬来就来借东西，这么下去怎么得了！"

就在他满腹牢骚的时候，门口又传来了敲门声。

打开门，门口站着的依然是那个小男孩，手里拿着两根蜡烛，红彤彤的，在这个黑暗的夜里，格外显眼。"妈妈说，楼下新来了邻居，可能没有带蜡烛来，要我拿两根给你们。"

程韵顿时愣住了，他被眼前发生的一幕惊呆了，好不容易才缓过神来。"谢谢你，孩子，也谢谢你的妈妈！"

在那一瞬间，程韵猛然意识到了很多，他明白了自己失败的根源就在于对别人的冷漠与刻薄。

程韵和妻子一起点燃了这两根蜡烛，看着跳动的火苗，他们感到心中明亮了许多。

心灵感悟·

冷漠、刻薄只能使自己与别人离得越来越远。点亮心中的蜡烛，在温暖自己的同时照亮别人，才能体会到人与人之间真挚的情感。

远离囚禁你的塔

从前，有一个公主，被巫婆施以魔咒囚禁在一座古堡的塔里。老巫婆天天对公主说公主长得多么多么丑陋，以至于公主也认为自己丑陋不堪，陷入深深的自卑中，极少露面见人。

直到有一天，一位年轻英俊的王子从塔下经过，透过古堡的门看到了公主的容貌，那一刻，他便对自己说：这是我未来的妻子。因为，公主美极了。从这以后，他天天都要到这里来。公主看到了王子，倾听了王子的心声，却不相信王子说的"自己很美"。一天，公主从巫婆遗落下的一面镜子中看到了自己的真实容貌，她自己都惊呆了。她的皮肤白皙嫩滑，蓝色的眼睛很漂亮，却总露出些许的忧郁。公主最美丽的是她的一头长发，金黄金黄的，在阳光下越发光亮耀眼。公主发现了自己的美，同时也发现了自己的自由和未来。有一天，她终于放下头上长长的金发，让王子攀着长发爬上塔顶，把她从塔里解救出来。

其实，囚禁公主的不是别人，正是她自己。那个老巫婆就像她心里的魔鬼，她听信了魔鬼的话，以为自己长得很丑，不愿见人，就把自己囚禁在塔里。

人心很容易被种种烦恼和物欲所捆绑，而那都是自己把自己关进去的，就像那原本美丽的公主。

仔细想想，在人生的海洋中，我们犹如一条条游动的鱼，本来可以自由自在地寻找食物,欣赏海底世界的景致,享受生命的丰富情趣。但突然有一天,我们遇到了海螺壳,便钻进去,不愿再动弹了,并且呐喊着说自己陷入了绝境。这不可笑吗? 千万不要自己给自己的心灵营造囚禁的塔,然后钻进去,坐以待毙。

心灵感悟·

人的一生的确充满了坎坷、愧疚、迷惘、无奈,稍不留神,我们就会被自己营造的囚禁塔所监禁。

要生活得惬意

跳舞的时候便跳舞,睡觉的时候就睡觉。即使一个人在幽美的花园中散步,倘若思绪一时转到与散步无关的事物上去,也要很快将思绪收回,想想花园,寻味独处的愉悦,思量一下自己。天性促使我们为保证自身需要而进行活动,这种活动也就给我们带来愉快。慈母般的天性是顾及这一点的,它推动我们去满足理性与欲望的需要,打破它的规矩就违背了情理。

我们知道恺撒与亚历山大就是在最繁忙的时候,仍然充分享受自然的,也就是必需的、正当的生活乐趣。这不是要使精神松懈,而是使之增强,因为要让激烈的活动、艰苦的思索服从于日常生活习惯,是需要有极大的勇气的。他们认为,享受生活乐趣是自己正常的活动,而战事才是非常的活动。他们持这种看法是明智的,而我们倒是些愚蠢的人。我们说:"他一辈子一事无成。"或者说:"我今天什么事也没有做……"怎么! 你不是生活过来了吗? 这不仅是最基本的活动,而且也是我们诸种活动中最有光彩的。

"如果我能够处理重大的事情,我本可以表现出我的才能。"你懂得考虑自己的生活,懂得去安排它吧? 那你就做了最重要的事情了。天性的表露与发挥作用,无需异常的境遇,它在各个方面乃至在暗中也都会表现出来,无异于在不设幕的舞台上一样。我们的责任是调整我们的生活习惯,而不是盲从;是使我们的举止温文尔雅,而

不是去打仗，去扩张领地。我们最辉煌、最光荣的事业乃是生活得惬意，一切其他事情，执政、致富、建造产业，充其量也只不过是这一事业的点缀和从属品。

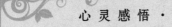

心灵感悟·

　　惬意的生活需要我们放下一切欲望与烦恼，在平凡的生活中寻求自己的乐趣。也许过了许多年以后，我们才会明白，生活得惬意才是生活的真谛。

打破心灵的围墙

　　有一位著名的建筑设计师，平生设计出了无数杰作。在 66 岁寿诞之日，他突然宣称：下一个设计便是自己的封笔之作。

　　惊闻此言，众多房地产商均来拜访大师，希望与其合作。

　　大师自有大师的想法，他一生学富五车，阅历无数，深为现代建筑格局担忧。现在的房屋建筑把城市空间分割得支离破碎，楼房之间的绝对独立加速了都市人情的隔阂与冷漠。他要创建一种新的设计格局，力求在住户之间开辟一条交流和交往的通道，使人们相互之间不再隔离，而充满大家庭般的欢乐与温馨。

　　他的观点和理念深得一位颇具胆识和超前意识的房地产商的赞赏，出巨资请他设计。经过数月挑灯夜战，图纸出来了，不但业内人士一致叫好，媒体与学术界也交口称赞，房地产商更是信心十足，立马投资施工。

　　令人惊异的是，大师的全新设计叫好不叫座，楼盘成交额始终处于低迷状态。

　　房地产商急了，赶快派遣公司信息部门去做市场调研。调研结果出来了，原来人们不肯掏钱不是设计的原因，是人们有许多的顾虑。虽然这样的设计令人耳目一新，活动空间也大了，但这样邻里之间会不会有更多的矛盾？孩子会不会更加难以看管？人员复杂，会不会有更多的入室抢劫、盗窃事件发生？

　　设计大师听到这个反馈，心中充满了酸涩与无奈，他退还了所有的设计费，办理了退休手续，与老伴儿回乡下隐居去了。临行前，他对众人感慨道："我一生设计无数，这是我一生最大的败笔，因为我只识图纸不识人啊！我们可以拆除隔断空间的砖墙，而人心之间那堵坚厚的墙又有谁能拆得掉呢？"

心 灵 感 悟 ·

　　拆除砖墙容易，拆除心墙难。心墙不除，人们的生活空间只会越变越小。

抛弃冷漠

一辆公共汽车在林肯公园里行驶了几千米，可是谁都没有朝窗外看。

乘客们穿着厚墩墩的衣服在车上挤在一起，全都被单调的引擎声和车厢里闷热的空气弄得昏昏欲睡。

谁都没作声。这是在伦敦搭车上班的不成文规矩之一。虽然约克每天碰到的大都是这些人，但大家都宁愿躲在自己的报纸后面。此举所包含的意义非常明显：彼此在利用几张薄薄的报纸来保持距离。

公共汽车驶近一排闪闪发光的摩天大厦时，一个声音突然响起："注意！注意！"报纸嘎嘎作响，人人都伸长了脖颈。

"我是你们的司机。"

车厢内鸦雀无声，人人都瞧着那司机的后脑勺，他的声音很威严。

"你们全都把报纸放下。"

报纸慢慢地被放了下来。司机在等着。乘客们把报纸折好，放在大腿上。

"现在，转过头面向坐在你旁边的那个人。转啊！"

使人惊奇的是，乘客们全都这样做了。但是，仍然没有一个人露出笑容。他们只是盲目地服从。约克面对着一个年龄较大的妇人。她的头给红围巾包得紧紧的，他几乎每天都看见她。他们四目相接，目不转睛地等候司机的下一个命令。

"现在跟着我说……"那是一道用军队教官的语气喊出的命令，"早安，朋友！"

他们的声音很轻，很不自然。对其中很多人来说，这是今天第1次开口说话。可是，他们像小学生那样，齐声向身旁的陌生人说了这四个字。

约克情不自禁地微微一笑，完全不由自主。他们松了一口气，知道不是被绑架或抢劫。而且，他们还隐约地意识到，以往他们怕难为情，连普通的问候也不讲，现在这腼腆之情却一扫而空。他们把要说的话说了，彼此间的界限消除了。"早安，朋友。"说起来一点也不困难。有些人随着又说了一遍，也有些人握手为礼，许多人都大笑起来。

司机没有再说什么，他已经无需多说。没有一个人再拿起报纸，车厢里一片谈话声，你一言、我一语，热闹得很。大家开始都对这位古怪司机摇摇头，待话说开了，就互相讲述别人搭车上班的趣事。大家都听到了欢笑声，一种以前在公共汽车上从未听到过的热情洋溢的声音。

心灵感悟·

冷漠会使我们失去很多朋友，抛弃那句"不要和陌生人说话"的教导吧！多一句问候就多一份友情，多一句交谈就多一份交流。世间本有很多温情，何必将自己囚禁在一个封闭的角落？

按自己的曲子跳舞

一个物质生活颇为优越的商人，处处与别人比较，他不允许自己得到的东西比别人差。他做到了，他成了交际圈中的佼佼者。可是，他的内心却没有丝毫快乐可言。他为了寻找到自己的快乐，决定出门旅行。

有一天，他来到了一个很偏僻的村寨，这里相对封闭，人们的生活很俭朴。可是，他发现村民们活得非常快乐。一到晚上，人们吃罢晚饭，就在一片空地上点起篝火，乐师们弹起他们心爱的乐器，男女老少一起载歌载舞，将欢声笑语洒在村寨的每一个角落。从他们的神态中，除了快乐看不到一丝一毫的忧愁。他们有什么值得快活的资本呢？商人百思不得其解。

一个晚上，在村民们跳舞的间隙，商人与一位年长的乐师攀谈，他问乐师："为什么你们总是那么快乐？"老乐师听了他的话并没有马上回答，而是拿起乐器，弹起了一首曲子，老乐师对他说："年轻人，你跳起来吧，按照你自己心中的那只曲子跳舞，而不要受我的影响。我相信你会找到答案的。"就这样，他真的跳了起来，而且没有受乐曲的一点影响。虽然，他跳得很累，但是不知怎么回事，一场舞跳下来，他却很轻松、很惬意，那是一种他从来也没有感受过的快乐。而就在他静下来的一刹那，心中突然一亮，他真正地明白了，原来，获得快乐的秘诀，就是按自己的曲子跳舞。

心灵感悟·

按自己的曲子跳舞，按自己的节奏生活，向着自己的目标前进，不被别人的行动所左右，寻找到真实的自我，也就找到了真正的快乐。

洒脱一点过得好

"生活是沉重的"，他一直这样认为。以至于有一天他觉得被压得有些喘不过气来了。便向一位禅师求助，寻求解脱之法。

禅师听明他的来意，递给他一个竹篓背在肩上，笑着说："我正要去南山取些彩石，你与我同行吧。见到美丽的石头便捡到竹篓中吧。"他同意了。

路上，每走两步就能见到一块美丽的石头，他把它们都装在了竹篓里。过了一会儿，禅师问他有什么感觉。他说："觉得越来越沉重。"禅师说："这也就是你为什么感觉生活越来越沉重的道理。当我们来到这个世界上时，我们每人都背着一个空篓子，然而我们每走一步都要从这世界捡一样东西放进去，所以才有了越走越累的感觉。"

他问："有什么办法可以减轻这沉重呢？"

禅师问："那么你愿意把工作、爱情、家庭、友谊哪一样拿出来呢？"

那人不语。

禅师说："我们每个人的篓子里装的不仅仅是精心从这个世界上寻找来的东西，还有责任，当你感到沉重时，也许你应该庆幸自己不是国王，因为他的篓子比你的大多了，也沉多了。"

算起来，人最轻松的时候，一是出生时，一是死亡时。出生时赤条条而来，背的是空篓子；死亡时，则要把篓子里的东西倒得干干净净，又是赤条条而去。除此之外，一个人的一生，就是不断地往自己的篓子里放东西的过程。得了金钱，又要美女；得了豪宅，又要名车；得了地位，还要名声。生怕自己篓子里的东西比别人放得少，哪怕是如牛负重，心为形役。这又岂能不累？要想真不累，其实也容易得很，只消把背篓里的东西扔出去几样。可每往篓子外扔一件东西，我们都会心疼得流血。那就干脆换个思路，给自己找心理平衡。当你感到生活篓子里的东西太重因而步履蹒跚的时候，你不妨看看左邻右舍羡慕的眼光，看看他们同样也在拼命地往篓子里捡东西，你就会安慰自己，你装的东西多，是你的本事大，别人想装还装不进来呢。

你还得明白，篓子里的东西越多，你的责任就越大。譬如说吧，你打算娶一个美女为妻，也就是说往篓子里放一件人人羡慕的宝贝，那么你在获得美女情爱的时候，责任也就来了：美女的花费肯定比一般女人要高，脾气要更怪，被人觊觎、受人勾引的概率也更大，你可能要经常处在猜忌、恐慌、羞耻、愤慨的情绪中。但你与漂亮太

太走在街头换来的无数羡慕的眼光，或许就是对你的弥补。

生活就是这样，你要想在篓子里多装东西，就得比别人更辛苦。既然样样都难以割舍，那就不要想背负的沉重，而去想拥有的快乐。

人要活出一点味道，活得有点境界，就得学会摆脱紧张。而摆脱紧张的最好办法就是洒脱。洒脱既可以说是一种外在的行为方式，也可以被看做是一种内在的精神境界。一个人要想洒脱，首先就要调整好自己的心态，淡化功利意识，不要把自己的存在、自己的行为看得那么重要。不妨设想一下，这个世界不管离开了谁，地球不都照转吗？人的功利意识或者说使命意识太强，相对来说，其精神负担就大，其压力就大，也就必然活得比常人紧张。但是，也有一种身负重任者往往忙中偷闲。有的人即使担当天下大任，也能够表现出一种闲态，比如在军事活动频繁之时，诸葛亮仍旧羽扇纶巾，这是一种潇洒，也是一种品质。只有这种闲情逸致才能养成他们临事不惊的本领。苏东坡为官时不也很有一番洒脱情致吗？如果没有这种洒脱，不是你办事能力太低，就是你的私欲过重。

洒脱是一种境界。现代人很难做到洒脱，也未必会崇尚洒脱。洒脱不一定需要太多，只要有那么一点，对于你的身心都会是有好处的。

心灵感悟·
洒脱是一种高层次的人生态度，是一种崇高的思想境界。抛却功利意识的束缚，洒脱一点，你的生活会更美好。

生命的出口

高原坐在窗边喝茶看报纸，读到一则消息：一个女生为情跳楼自尽，第2天，她的男友从桥上跳入河心，也自杀了。

这时候，一只小黄蜂从窗外飞了进来，在室内绕了两圈，再回到原来的窗户，竟然就飞不出去了。

可怜小黄蜂不知道世上竟有"玻璃"这种东西，明明看见窗外的山，却飞不出去，在玻璃窗上撞得咚咚作响。

忙了一阵子，眼看无路可走了，它停在玻璃上踱步，好像在思考一样。想了半天，小黄蜂突然飞起来，绕了一圈，从它闯进来的纱窗缝隙飞了出去，消失在空中。

小黄蜂的举动使高原感到惊奇，原来黄蜂是会思考的，在无路可走之际，它会往后回旋，寻找出路。

对照起来看，人的痴迷使高原感到迷茫。

在这样的绝境，为什么人不会像小黄蜂一样退回原来的位置，绕室一圈，寻找生命的出口呢？

当我们还年轻、遭受情感挫折的时候，很多人会想到了结生命，以解脱一切的苦痛与纠葛。

但是今日回观，并没有必死之理，因为情感的发展只是一个过程接一个过程，乃是姻缘的幻灭。如果情爱受挫就要自尽，这世上的人类恐怕早就灭绝了。

何况，活着，或者死去，世界都不会有什么改变，情感也不会变得更深刻，反而会失去再创造、再发展的生机，岂不可惜又可怜？

正如一只山上飞来的黄蜂，如果刚刚撞到玻璃而死，山林又会有什么改变呢？现在它飞走了，整个山林都是它的，它可以飞或者不飞，它可以跳舞或者不跳舞……它可以有生命的许多选择，它的每一个选择都会比死亡更生动有趣！

第1次情感失败没有死的人，可能找到更深刻的情感。

第2次情感受挫没有死的人，可能找到更幸福的人生。

许多次在情感里困苦受难的人，如果有体验，一定会更触及灵性的深处。

高原这样想着，但是，他并不谴责那些殉情的人，而是感到遗憾，他们自己斩断了一切幸福的可能。

他的心里有深深的祝福，祝福真有来生，可以了却他们的爱恋痴心。可叹的是，幸福的可能是今生随时可以创造的，而来生，谁能知道呢？

心灵感悟·
给生命一个出口，给自己一个出口，幸福也就随之而来了。

摘掉生活的面具

玲是一位中学女老师，她每天在讲台上竭力保持完美形象，但谁也不知道她心里的痛苦。她开始对自己的脸孔越来越不满意，觉得哪儿看起来都不顺眼，她要改变现状，她决定去整容。

医师认为她长得并不难看便劝她不要做了。可玲坚持认为自己的脸有问题。

无奈之下，医师动手术稍微改善了她的五官，但只是动了一些小手术，比她所要求的少了很多。

医师对她说："身为一名整容医师，我只能替你动这些手术了。"

玲对手术的效果并不太满意，她认为医师在应付她："你并没有对我的脸做大的改变。"

医师想了想说："你的脸只需稍做改变，我都已经做了。现在你的脸一点毛病也没有了，脸不是面具，你不能用它来遮掩你的感觉。"

"面具？"玲很伤心地低下头说，"我也不想这样子的。"

"我相信你，"医师说，"请你告诉我，你是不是因为自己是一名教师，因此对自己压抑得有点过分？"

玲沉默了一会儿，她说出了藏在自己心头很久的话："我很讨厌当老师，无论何时何地，我都必须做学生最好的榜样，不能有丝毫的差错。每一天到学校之前，都要将所有生活中的不快隐藏起来，把自己的情绪隐藏起来，带上笑容去面对学生。我教书已经3年了，但每次登上讲台之前都很紧张，这种感觉快让我疯掉了。"

"孩子都嘲笑我。我想，一定是我的脸出了什么问题。"玲说完了自己的遭遇之后，忍不住放声大哭。她哭着，随后突然警觉地停住哭泣，擦擦鼻涕，坐直了身子望向医师，仿佛她已经泄露了什么重大秘密。

医师脸上露出微笑："这样好多了，哭泣证明你有人情味。"

她慢慢放松自己，然后笑望着医师。

"孩子们嘲笑你，"医师说，"是因为他们已经看出你一直都在演戏。身为一名教师，控制自己的言行和情绪是无可厚非的，你需要表现得十分能干而成熟，但是你用不着表现得十全十美。作为老师，偶尔也可以表现得愚蠢一点，那样会显得更可爱，学生也仍然会尊重你，学生将会因为你平易近人而更喜欢你。拿掉你的面具，你会更喜欢自己，甚至会变得很喜欢自己的工作。"

离开诊所后，玲的心情好多了，几个月后，她不再为自己的脸孔而焦虑。她写信告诉医师，她觉得比以前轻松多了。她自认为是一位更有人情味的老师了，她开始爱上了这份工作和那群可爱的孩子，而且，她深信不久之后，她会工作得更出色。

· 心 灵 感 悟 ·

为了表现完美而戴上面具，只能使自己的身心更加疲惫。摘掉生活的面具，展示出最真实的自己，别人会因你的本色而喜欢你，自己也会受到莫大的鼓舞。

保护好你的潜能

在生活中，很多人都拥有优于其他人的潜能，但是，这些人却不会保护自己的潜能，导致许多人终其一生都没将潜能发挥出来，平庸度日。

要想成功，一个人必须注意不要让别人拿走你的潜能。

在遥远的国度里，住着一窝奇特的蚂蚁，它们有预知风雨的能力。最近蚂蚁们清楚地知道，有一场巨大的暴风雨正逐渐逼近，整窝蚂蚁全部动员，往高处搬家。

这窝蚂蚁之所以奇特，不在于它们预知气候的能力，许多其他动物也具备这样的天赋。它们的特别之处是整窝蚂蚁都只有 5 只脚，并不像一般蚂蚁长有 6 只脚。

由于它们只有 5 只脚，行动也就没有一般蚂蚁快捷，整个搬家的队伍缓慢前进。虽然面对暴风雨来袭的沉重压力，每只蚂蚁心中都焦急不堪，但行动却半点也快不了。

在漫长的搬家队伍中，有一只蚂蚁与众不同，它的行动快速，不停地往返于高地与蚁窝之间，来回一趟又一趟，仿佛不知劳累，辛苦地尽力抢搬蚁窝中的东西。

这只勤快的蚂蚁引起了五脚蚂蚁群的注意，它们仔细观察它的动作，终于找出这只蚂蚁动作如此敏捷的关键，它有 6 只脚。

五脚蚂蚁的搬家队伍整体暂停下来，它们聚在一起，窃窃私语，讨论这只与它们长得不同，行动却快过它们数倍的六脚蚂蚁。

经过冗长的讨论后，五脚蚂蚁们终于达成共识。它们扑上前去，抓住那只六脚蚂蚁，一阵撕咬过后，将它那多出来的一只脚撕扯了下来。

行动迅速的那只蚂蚁被撕扯掉一只脚，也变成了平凡的五脚蚂蚁，在搬家的队伍中，迟缓地跟随大家移动。

五脚蚂蚁们很高兴它们能除去一个异类，增加一个同伴，这时暴风雨的雷声，已在不远处隆隆地响起。常常在我们接触到一个新的机会、有了一个好的创意，或是工作取得特别进步时，五脚蚂蚁群出现了。他们会告诉你，你得到的机会是陷阱、你的好创意是行不通的，或是提醒你，工作勤奋不一定会有好的报偿。而这些无非是想撕扯掉你突然间多出来的一只脚。

尤其是当你正确地运用出你的潜能时，周围类似五脚蚂蚁般的消极意识更会增加，各式各样不可能的思想蜂拥而至，企图要你放弃他们所不懂的潜能，让你成为平庸的人。

在这个时候，你一定要把握住自己，用你的独立思想，来保护自己多出来的那只"脚"。

心 灵 感 悟·

坚持自己的想法，珍惜自己得到的机会，发挥自己独特的创意，更加勤奋地工作，加倍地发挥你自己最大的潜能，这样你才能在未来获得成功。

你的空间无限

某公司办公室的门口有一个大鱼缸，缸里养着十几条产自热带的杂交鱼，那种鱼长约 10 厘米，长得特别漂亮，惹得许多人驻足观赏。

一转眼两年时间过去了，那十几条鱼在这两年里似乎没什么太大的变化，依然是10 厘米来长，自由自在地在鱼缸里游玩，

忽一日，鱼缸的缸底被单位头头那顽皮的小儿子砸了一个洞，待人们发现时缸里的水已所剩无几，十几条热带鱼在那儿可怜巴巴地苟延残喘，人们急忙把它们捡起来，四处张望，唯有外面的喷水池可以做它们的容身之所，于是，人们把那十几条鱼放了进去。

两个月后，一个新的鱼缸被抬了回来。人们都跑到喷水池边来捞鱼，捞上一条，人们大吃一惊，又捞上一条，人们又大吃一惊，等十几条鱼都捞出来的时候，人们简直有点手足无措了。2 个月，仅仅是 2 个月的时间，那些鱼竟然都由 10 厘米长疯长到30 厘米长。

人们七嘴八舌，众说纷纭，有人说可能是因为喷水池的水是活水，鱼才长得这么快；有人说喷水池里可能含有某种矿物质；也有人说那些鱼可能吃了某种特殊的食物；但无论如何，都有共同的前提，那就是喷水池要比鱼缸大得多。

> **心 灵 感 悟 ·**
>
> 要想使自己长得更快，就不要拘泥于一个小小的空间，而应寻找更广阔的发展领域。走得远，世界将属于你；走得近，世界将离你越来越远。

坚持自己的选择

汤姆成长于环境复杂的纽约市劳工区切尔西。时值嬉皮士时代，汤姆身穿大喇叭裤，头顶阿福柔犬蓬蓬头，脸上涂满五颜六色的彩妆，为此，常遭到住家附近各式人士的批评。

有一天晚上，汤姆跟邻居友人约好一起去看电影。时间到了，汤姆身穿扯烂的吊带裤，一件绑染衬衫，头顶阿福柔犬蓬蓬头。当汤姆出现在朋友面前时，朋友看了汤姆一眼，然后说："你应该换一套衣服。"

"为什么？"汤姆很困惑。

"你扮成这个样子，我才不要跟你出门。"

汤姆怔住了："要换你换。"于是朋友走了。

当汤姆跟朋友说话时，母亲正好站在一旁。这时，她走向汤姆："你可以去换一套衣服，然后变得跟其他人一样。但你如果不想这么做，而且坚强到可以承受外界嘲笑，那就坚持你的想法。不过，你必须知道，你会因此引来批评，你的情况会很糟糕，因为与大众不同本来就不容易。"

汤姆受到极大的震撼。因为汤姆明白，当他探索另类存在的方式时，没有人有必要鼓励他，甚至支持他。当他的朋友说"你得去换一套衣服"时，他陷入两难抉择：倘若我今天为你换衣服，日后还得为多少人换多少次衣服？母亲是看出了汤姆的决心，她看出他在向这类同化压力说"不"，看出他不愿为别人改变自己。

人们总喜欢评判一个人的外形，却不重视其内在。要想成为一个独立的个体，就要能承受这些批评。汤姆的母亲告诉他，拒绝改变并没有错，但她也警告他，拒绝与大众一致是一条漫长的路。

汤姆一生都始终摆脱不了与大众一致的议题。当汤姆成名后，他也总听到人们说："他在这些场合为什么不穿皮鞋，反而要穿红黄相间的快跑运动鞋？他为什么不穿西装？他为什么跟我们不一样？"到头来，人们之所以受到他的吸引，学他的样子，又恰恰因为他与众不同。

心 灵 感 悟 ·

每个人都有自己的个性，而且都有权利去保护自己的个性。与此同时，就要受到外界的批评甚至隔离，但是只要你坚持自己的选择，你就是独一无二的。

做好你自己

一位诗人说过："不可能每个人都当船长，必须有人来当水手，问题不在于你干什么，重要的是能够做一个最好的你。"把身边的工作做好，就是成功。

一大早，格尔开着小型运货汽车来了，车后扬起一股尘土。

他卸下工具后就干起活来。格尔会刷油漆，也会修修补补，能干木匠活，也能干电工活，修理管道，整理花园；他会铺路，还会修理电视机，他是个心灵手巧的人。

格尔已经上了年纪，走起路来步子缓慢、沉重，头发理得短短的，裤腿留得很长，他给别人干活。

他的主人有几间草舍，其中有一间，格尔在夏天租用。每年春天格尔把自来水打开，到了冬天再关上。他把洗碗机安置好，把床架安置好，还整修了路边的牲口棚。

格尔摆弄起东西来就像雕刻家那样有权威，那种用自己的双手工作的人才有的权威。木料就是他的大理石，他的手指在上边摸来摸去，摸索什么，别人不太清楚。一位朋友认为这是他自己的问候方式，接近木头就像骑手接近马一样，安抚它，使它平静下来。而且，他的手指能"看到"眼睛看不到的东西。

有一天，格尔在路那头为邻居们盖了一个小垃圾棚。垃圾棚被隔成3间，每间放一个垃圾桶。棚子可以从上边打开，把垃圾袋放进去，也可以从前边打开，把垃圾桶挪出来。小棚子的每个盖子都很好使，门上的合叶也安得严丝合缝。

格尔把垃圾棚漆成绿色，晾干。一位邻居走过去一看，为这竟是一个人做的而不是在什么地方买的而感到惊异。邻居用手抚摩着光滑的油漆，心想，完工了。不料第2天，格尔带着一台机器回来了。他把油漆磨毛了，不时地用手摸一摸。他说，他要再涂一层油漆。尽管照别人看来这已经够好了，但这不是格尔干活的方式。经他的手做出来的东西，都看上去不像是自己家做的。

在格尔的天地中，没有什么神秘的东西，因为那都是他在某个时候制作的、修理的，或者拆卸过的。保险盒、牲口棚、村舍全出自格尔的手。

格尔的主人们从事着复杂的商业性工作。他们发行债券，签订合同。格尔不懂如何买卖证券，也不懂怎样办一家公司。但是当做这些事时，他们就去找格尔，或找像格尔这样的人。他们明白格尔所做的是实实在在的、很有价值的工作。

当一天结束的时候，格尔收拾工具放进小卡车，然后把车开走了。他留下的是一股尘土，以至还有一个想不通的小伙伴。这个人纳闷，为什么格尔做的这样多，可得到的报酬却这样少。

然而，格尔又回来干活儿了，默默无语，独自一人，没有会议，也没有备忘录，只有自己的想法。他认为该干什么活就干什么活，自己的活自己干，也许这就是自由的一个很好的定义。

心 灵 感 悟 ·

如果你能心无旁骛、专心致志地做好自己的事，做最好的自己，你就能在不知不觉中超越他人，跨越平庸的鸿沟，脱颖而出。

盲从的束缚

生活中，不少人将权威、专家、学者的所有作品、言行举止，甚至某句话奉为终身的准则，任何时候都坚信不疑。其实，这极有可能让自己陷入盲从的误区。

一次，宋代大文豪苏东坡去拜访济南监镇宋保国。宋保国将王安石写的《华严经注解》拿出来展示。

苏东坡说："《华严经》本来有 81 卷，现在却只有 1 卷，这是怎么回事呀？"宋保国说："荆公注解的这一卷才是佛语，非常精妙，其他卷都是菩萨语！"

苏东坡见他这么推崇王安石，就说："我从经书中，取出几句佛语，夹杂在菩萨语中，再找出几句菩萨语，夹杂到佛语中，你能分辨清楚吗？"宋保国说："不能。"

苏东坡又说："我以前曾住在岐下这个地方，听说附近河阳县的猪肉味道很好，就叫人去买。这人回来的路上喝醉了酒，于是猪夜间逃走了，他就另买了一头普通的猪来顶替。客人们尝了这猪肉后，都赞不绝口，连说好吃，认为非一般的猪肉可比。后来，这件用假猪顶替的事情败露了，客人们知道后，都为自己当初的表态感到惭愧。今天荆公写的假话就如同那头假猪一样，只是没有败露罢了。如果你用心去体会，就会发现墙壁瓦砾，都昭示着很精妙的佛法。至于说什么佛语很精妙，不是菩萨语能比得上的，这难道不是梦话吗？"

宋保国一脸惭愧，之后大悟。

心 灵 感 悟·
盲从者是可笑、可悲的。盲从者的悲哀在于，前面即使是万丈深渊，也会跟着别人一齐掉下去。

第六辑

给你的心灵洗个澡

战争中的人性

这是发生在美国南北战争时期的故事。

北方军上尉指挥官龙德在一次战斗中与两名敌军短兵相接，经过半小时的搏斗，终于解决了对手。可就在他包扎好准备离开时，一个声音却从刚刚倒下的士兵那儿发出来。

"不要走……请等一下！"说话者嘴角仍在滴着血。

龙德猛转过身，两眼死盯着尚未死亡的士兵，一声不响。

"你当然不知道被你杀死的两人是兄弟了，他是我哥哥罗杰，我想他已不行了。"

他看了看另一个士兵，喘着气又说："本来我们无冤无仇！可战争……我不恨你，何况是二对一，不过你的确太早一点送一对兄弟去地狱！看在上帝的分上，帮帮我们！"

"你要我做什么？"龙德问。

"我叫厄尔。萨莉·布罗克曼是罗杰的妻子。他们结婚快两年了，不久前罗杰错怪了萨莉，她一气之下跑回了父亲的农庄。对此，罗杰后悔不已，那次未得谅解，他心里很难过，就在半小时前，我们还在谈论她。罗杰刚为她雕了一个……一个小像……"

这个自称厄尔的士兵还未说完便昏了过去。

"喂喂……"龙德上前扶起厄尔喊道。

厄尔吃力地抬起眼睑说："请告诉萨莉，罗杰爱她，我也爱……"

说着，厄尔又昏了过去。

龙德放下厄尔，迅速收拾了罗杰的遗物：一张兵卡，一块金表，上有一行小字："ONLY MY LOVE！ S.L."

当后来厄尔见到萨莉时，两人满眼盈泪。

萨莉说："罗杰牺牲了，你受伤被俘。当时我也不想活了，是龙德救了我。他好几天也不离我左右，待我有点信心时，他留下这张字条：'上帝知道我是无罪的，但我决心死后接受炼狱的烈火。'便默默地走了。别太悲伤了，厄尔，上帝会原谅我们！"

后来厄尔和萨莉从没放弃过打听龙德消息的机会。

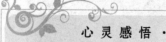

心灵感悟·

战争是残酷的，但人性的光辉不会被战争所遮蔽，它总会露出些许的光芒照亮我们的心灵。

好人与坏人

有位商人和邻居的一位老人聊天，商人对老人说："假如有人愿意出10万美元买你的心脏，你卖不卖？"

老人毫不犹豫地回答："不卖！"

商人又问："如果有人出100万美元呢？"

老人仍然说："不卖。"

"要是1000万美元你卖不卖？"商人再问。

这时候，老人犹豫了一下，说："也许我可以考虑一下。"

商人笑着说："没有了心脏，你要1000万美元还有什么用处呢？"

老人认真地说："我的老伴和子女有了这笔钱，就可以从此过上比较富裕的生活了。"

"可是，你的老伴和子女即使得到了1000万美元却失去了你，他们会快乐吗？"商人说。

老人笑了笑，说只有回去问问才能答复这个问题。

第2天，二人再次相遇。老人十分不快地说："无论谁愿意出多少钱，我也不卖心脏了！"

商人肯定地说："一定是因为你的老伴和子女都反对，所以你就不愿意卖了。"

不料，老人的回答却是："我回家跟他们一说这件事，他们还以为是真的，并问我打算怎样分配那一大笔钱。我想，要是我真的卖了心脏，他们也不会太伤心的。所以，我决定多少钱也不卖了！"

心 灵 感 悟·

在利益面前，往往没有绝对的好人与坏人之分。

心疼的底线

有一次，韩峰去国家图书馆，公交车开到西单的时候，上来一个乞丐，一脸的疲惫与沧桑，背着又大又沉的包裹。他只坐一站地，售票员和司机呵斥他下去，而乞丐就是不下去——他的眼里流露出的是一种无奈的渴求。就在售票员把他往下推的时候，全车人——包括韩峰自己——没一个想帮他打一张票，尽管只需区区的1块钱。最后，那个年老的乞丐还是被推下车了，司机像躲避瘟疫似的，迅速关上了车门。

不久前，几个文友开车到郊区，吃肥牛火锅。远远地，只见一头漂亮的小黄牛拴在那家饭店的门口，常在这家吃的一个文友说，诸位过来看看，想吃哪一块肉，尽管说。他把手指向这头小黄牛。韩峰知道，朋友的热情是发自内心的，不然他就不会接着这样说了：你们来一次不容易，今天我请你们吃顿活肉。韩峰问什么叫活肉？他说就是这头牛身上的任一块肉，只要是看中，马上就活割……太恐怖了，当时就想走，但又怕扫朋友的兴，最后，还是坐进了包间。但当各种各样的牛肉片一端上来，韩峰比谁都涮得欢。当韩峰打着酒嗝从饭店出来时，他是这样安慰自己的，这有什么，不是还有活吃猴脑的嘛。

自有这种想法，韩峰就知道自己的心，不知何时已变硬了。以前他可是一个连青蛙都不敢捉的人。记得小时候，为了一只小兔子不吃草他会心疼好几天。而现在，他却可以吃"活肉"了。更为可怕的是，心硬也就罢了，却总要找冠冕堂皇的理由。平时，在编杂志的过程中，他也接到许多诸如妹妹卖肾为哥哥治病，几岁小女孩为瘫痪的母亲撑起一片亮丽晴空之类的稿子……但，看过了也就看过了，也许会有瞬间的感动，但却不会为某一件具体的事而心疼不已。现在，他不是怕流泪，而是怕自己流不出泪：他是写诗的，他知道，如果双眼成了断流的干河，那将是一件多么可怕的事情。

除了辣椒水之外，以后还有什么事、什么人能让他流泪？如果他的心，连疼的感觉都没有，那不是死了吗？也许，他的心还没有死，既然如此，那么让他心疼的那根底线在哪里——在得出答案之前，他把自己的那颗心，想象成一只有刻度的量杯。进一步的比喻是这样的，总有些事，会像最后冲刺的运动员，撞了某条刻度线，使自己的心为之一颤两颤三颤……

有时回来晚了，坐地铁一直要坐到终点站。在穿过那段幽静而晦暗的通道时，韩峰总是不由地想，如果这时候，前面有一个歹徒正在对一个弱者实施抢劫，他会偷偷地溜走还是冲上前去？如果他遇到有人不讲道理地打人，他的心能否因那个被打的人而疼上一会儿，并且走上前去制止？面对身外的事，假设我们都事不关己，高高挂起，都丧失了心疼的能力，那么，最后的情况肯定是这样的——没一个人能明哲保身。

朱学勤先生在美国做访问学者时，对一个叫马丁的神父所写的一首忏悔诗深有感触。那首诗是这样的：起初他们追杀共产主义者，我不是共产主义者，我不说话；看着他们追杀犹太人，我不是犹太人，我不说话；后来他们追杀工会成员，我不是工会成员，我继续不说话；再后来他们追杀天主教徒，我不是天主教徒，我还是不说话；最后，他们奔我而来，再也没有人为我说话了。

心灵感悟

面对社会上的不公与残忍，我们漠视，我们已经不再有心疼的感觉。而当不公落到自己头上时，我们也没有理由控诉别人的冷漠。

生命中不能承受之重

生活就是一杯水，杯子的华丽与否显示不出一个人的贫与富。杯子里的水，清澈透明，无色无味，对任何人都一样，接下来你有权力加盐、加糖，只要你喜欢。

生活当中，该有多少人为了让自己的这杯水色香味俱佳而无谓地往里面加着各种各样的作料，诸如爱情、友情、金钱、喜、怒、哀、乐，等等，所以他们都感到活得非常"累"。然而，却有许多人在自愿地承担着这种重量，各式各样的诱惑接踵而至，欲望的雪球越滚越大，最终这无法承受之重把每个人压垮，使整个社会陷入混乱。

听说过这样一则寓言：

有一只狐狸，看围墙里有一株葡萄树，枝上结满了诱人的葡萄。狐狸垂涎欲滴，它四处寻找入口，终于发现一个小洞，可是洞太小了，它的身体无法进入。于是，它在围墙外绝食6天，饿瘦了自己，终于穿过了小洞，幸福地吃上了葡萄。可是后来它又发现，吃得饱饱的身体无法钻到围墙外，于是，又绝食六天，再次饿瘦了身体。结果，回到围墙外的狐狸仍旧是原来那只狐狸。

生活中，有多少人也像这只钻进钻出的狐狸，为了自己心中的"葡萄"透支着自己的身体与精力，最后终于因这串葡萄而失去了人生的整片田野。

在人的一生中，有些重量是你心甘情愿要承受的，比如爱情、亲情；有些重量是你不得不承受的，比如责任、义务；而有些重量则是你无论如何都不能承受的，比如私欲。人活着应该让别人因为你活着而得到快乐，而不是只为了满足自己的私欲。每当你往欲望的篓子里多扔一块小石子，你的脊背就不得不因此弯曲一次，最终欲望的重量让你只能匍匐于地，过完庸俗的甚至可鄙的一生，此时私欲就成了你唯一能为自己写下的墓志铭。

> **心灵感悟·**
>
> 生活就像一杯水，适当地添加调味品才能变得美味。私欲会成为你人生中难以承受的重担，也会使你的生活之水变得苦涩、浑浊。

严格要求自己

　　高尔基是前苏联的大文学家。他处处严格要求自己，以人品和文品为世人作出表率，越发受到人们的尊敬。

　　有一年冬天，莫斯科远郊的一个小镇上，冰天雪地，寒气逼人。一个阴冷的下午，小镇上唯一的一家剧院门口排起了长长的队伍。镇民穿着厚厚的大衣、高高的皮靴，又长又宽的围巾绕在头颈上，连同嘴巴一块儿裹住了。妇女头上扎着羊毛头巾，男人则戴着毛茸茸的皮帽。看不清每个人的五官，只看见一双双眼睛和一只只鼻子。他们在排队买票，城里话剧院这次到镇上演出的是高尔基的戏剧《底层》。恰巧，高尔基外出开一个文代会，回来时遇冰雪封住了铁路，火车停开，所以就在这个小镇临时住了下来。这天他散步经过小镇戏院门口时，发现镇民正排队购买《底层》的票，心想：不知道镇民对《底层》反映如何？趁着回不了城，不如也坐进戏院，观察观察镇民对该剧的褒贬意见。心里想着，脚就移向戏院门口的队伍，高尔基也排队买了票。他刚回身走出没多远，只听身后有追上来的脚步声，回头一看，是一位男子跑了过来。那男子跑到高尔基跟前，打量着，谨慎地问道："您是阿列克塞·马克西莫维奇·彼什科夫同志吧？"

　　"是，我就是。您——"高尔基好奇地问道。"我是戏院售票组的组长。刚才您买票时，我正在售票房里，我看着您面熟，但您戴着围巾和帽子，我一下子不敢确认是您。您走路的背影，使我越发感到您可能就是高尔基，所以我跑过来问问您。"

　　"噢，"高尔基和蔼地笑了。他握住售票组组长的手说："现在，您认出我了。有什么事要我帮忙吗？""嗯，没什么。只是，这钱请您收回。"售票组长从衣兜里掏出钱递给高尔基。

　　"这是为什么？"高尔基奇怪地问。"实在对不起，售票员刚才没看清是您，所以让您花钱买了自己的票，现在我来退回给您。请您多包涵！"

　　"怎么，我不能看这场戏？"高尔基愈发奇怪了。

　　"不，不，不，不是这个意思。这个戏本来就是您写的，您看就不用花钱买票了。"组长解释道。"噢，是这样。"高尔基明白了。他想了想，问售票组长道："那布是纺织工人织的，他们要穿衣服就可以不花钱，到服装店去随便拿吗？面包是面粉厂工人把小麦加工制成面粉后做成的，工人们要吃面包就可以不花钱，到食品仓库里去随便取吗？我想您一定会说，这不行吧。那么，我写的剧本一旦上演，我就可以不论何时何地地到处白看戏吗？"

"这——"售票组长一时无话以对。"告诉您吧，同志，我们写戏的人，除领导上规定的观摩活动以外，自己看戏看电影，一律都要像普通人一样地照章办事。就像现在，我要看戏，就得买票。"说完，高尔基乐呵呵地笑了起来。

"您真是的，一点也没有大文豪的架子。"售票组长也笑了起来。说着，他们愉快地道别了。

心灵的缺口

一个日本人在海上救起了一个溺水的人，记者闻讯后便去采访这位舍己救人的英雄，不想英雄却对着镜头无奈地摇头。记者让他讲出自己起初的想法，他说："现在我想起来可真后怕呀！海水那么深、那么凉，那个人又那么重，有一刻我以为自己是必死无疑了。我多么不愿意就这么死了呀，所以，我想在这里告诉你们，我再也不愿意重复这样的人生体验了。从今以后，至少10年间，我绝不再下海营救溺水的人。"

日本教授金井肇先生是这样评价这件事的：对生命的崇敬使这个人毅然去救助生命；对生命的崇敬又使这个人毅然决定不再去救助生命。这是两种真实。一个人的道德价值体系是不可能也不应该建成空中楼阁的，如果心灵有了缺口，那也不要怕，"美好"的种子常常会从"丑恶"的土壤中萌生胚芽。

生命的征服

　　有一劫犯在抢劫银行时被警察包围，无路可退。情急之下，劫犯顺手从人群中拉过一人当人质。他用枪顶着人质的头部，威胁警察不要走近，并且喝令人质要听从他的命令。警察四散包围，劫犯挟持人质向外突围。突然，人质大声呻吟起来。劫犯忙喝令人质住口，但人质的呻吟声越来越大，最后竟然成了痛苦的叫喊。

　　劫犯慌乱之中才注意到人质原来是一个孕妇，她痛苦的声音和表情证明她在极度惊吓之下马上要生产。鲜血已经染红了孕妇的衣服，情况十分危急。

　　一边是漫长无期的牢狱之灾，一边是一个即将出生的生命。劫犯犹豫了，选择一个便意味放弃另一个，而每一个选择都是无比艰难的。四周的人们，包括警察在内都注视着劫犯的一举一动，因为劫犯目前的选择是一场良心、道德与金钱、罪恶的较量。

　　终于，他将枪扔在了地上，随即举起了双手。警察一拥而上。围观者竟然响起了掌声。

　　孕妇不能自持，众人要送她去医院。已戴上手铐的劫犯忽然说："请等一等好吗？我是医生！"警察迟疑了一下，劫犯继续说："孕妇已无法坚持到医院，随时会有生命危险，请相信我！"警察终于打开了劫犯的手铐。

　　一声洪亮的啼哭声惊动了所有听到它的人，人们高呼万岁，相互拥抱。劫犯双手沾满鲜血——是一个崭新生命的鲜血，而不是罪恶的鲜血。他的脸上挂着职业的满足和微笑。人们向他致意，竟忘了他是一个劫犯。

　　警察将手铐戴在他手上，他说："谢谢你们让我尽了一个医生的职责。这个小生命是我从医以来第一个在我枪口下出生的婴儿，他的勇敢征服了我。我现在希望自己不是劫犯，而是一名救死扶伤的医生！"

心 灵 感 悟·

　　无论怎样险恶的人，都有他善良的一面。一件小小的事情都能够激发他的恻隐之心，更何况是一个即将诞生的生命呢？

自私会毁了幸福

一个年轻的美国战士刚刚从越战的战场上回到了国内，从旧金山给父母打了一个电话。

"爸爸，妈妈，我要回家了！但我想请你们帮我一个忙，我要带我的一位朋友回来。"

"当然可以。"父母回答道，"我们见到他会很高兴的。"

"有些事必须告诉你们，"儿子继续说，"他在战斗中受了重伤，他踩到一个地雷，失去了一只胳膊和一条腿。他无处可去，我希望他能来我们家和我们一起生活。"

"我们听到这件事也感到很伤心，孩子，但也许我们可以帮他另找一个地方住下。"

"不，我希望他和我们住在一起。"儿子坚持。

"孩子，"父亲说，"你不知道你在说些什么，这样一个残疾人将会给我们带来沉重的负担，我们不能让这种事干扰我们的生活。我想你还是赶快回家来，把这个人给忘掉，他自己会找到活路的。"就在这个时候，儿子挂上了电话。

父母再也没有得到他们儿子的消息。几天后，他们接到旧金山警察局打来的一个电话，被告知，他们的儿子从高楼上坠地而亡，警方认为是自杀。

悲痛欲绝的父母飞往旧金山。在陈尸间里，他们惊愕地发现，他们的儿子只有一只胳膊和一条腿。

心 灵 感 悟·

自私是人类灵魂深处的陷阱，它不但会伤害到别人，也会让自己在不经意间落入其中，难以自拔。

解除痛苦的紧箍咒

一个小镇商人有一对双胞胎儿子，当这对兄弟长大后，就留在父亲经营的店里帮忙，直到父亲过世，兄弟俩接手共同经营这家商店。

一切都很顺利，兄弟俩齐心协力把小店打理得井井有条。可是，有一天1美元丢失了，然后，一切都发生了变化。

哥哥将1美元放进收银机后，就与顾客外出办事。当他回到店里时，突然发现收银机里面的钱不见了！

他问弟弟："你有没有看到收银机里面的钱？"弟弟回答："我没看到。"

但是哥哥却咄咄逼人地追问，不愿就此罢休。哥哥说："钱不会长了腿跑掉的，我认为你一定看见过那 1 元钱。"语气中隐约地带有强烈的质疑意味。弟弟委屈万分："哥哥你怎么那么不信任我？"怨恨油然而生，手足之情出现了裂隙，兄弟俩内心产生了严重的隔阂。

双方都对此事耿耿于怀，开始不愿再交谈，后来决定不再在一起生活。他们在商店中间砌起了一道砖墙，从此分居而立。

20 年过去了，敌意与痛苦与日俱增，这样的气氛也感染了双方的家庭与整个社区。一天，有位开着外地车牌汽车的男子在哥哥的店门口停下来。他走进店里问道："您在这个店里工作多久了？"哥哥回答说他这辈子都在这店里服务。

这位客人说："我必须要告诉您一件往事。20 年前我还是个不务正业的流浪汉，一天流浪到你们这个镇上，已经好几天没有进食了。我偷偷地从您这家店的后门溜进来，并且将收银机里面的 1 元钱取走。虽然时过境迁，但我对这件事情一直无法忘怀。1 元钱虽然是个小数目，但是我深受良心的谴责，必须回到这里来请求您的原谅。"

说完原委后，这位访客很惊讶地发现店主已经泪流满面，从该店门前路过的弟弟也听到了他们的对话。他流着泪，快步走进哥哥的商店，与同样泪流满面的哥哥抱在了一起。哥哥抽噎着说："原谅我吧！对不起！我不该怀疑你！"弟弟含着泪长叹道："20 年啊，只为了 1 美元！"

心灵感悟·

亲情，只因 1 美元而出现了 20 年的断层。多些宽容，少些怀疑吧！痛苦的紧箍咒需要用相互的理解来解除。

零善良反应

报上忽然充斥着关于诚信危机的探讨，从球场到商场，到考场、情场甚至讲坛、法庭、手术台……总之一切名利场，似乎都有诚信沙化的阴影。

人们总算开始明白，曾经被讥为"几钿一斤"的道德一旦沙化是可以真正"要我们的命"——首先是经济秩序的"命"的。

更要命的是，也许久处"鲍鱼之肆"，也许是近朱近墨的缘故，我们对自己的人格沙化早已是浑然不觉，以至于突然换个环境后，才猛然发觉除了饮食不习惯之外，已经不习惯人们对我们的善举了。

那是 9 月一个美好的夜晚，从许程下榻的酒店看下去，维也纳有那么多金碧辉煌的宫殿通体明亮，但街上的行人却是寥寥无几。

许程走出饭店，按地图所示，准备坐有轨电车去欣赏夜幕下的伟大的"圣·斯捷潘"大教堂。他上车发觉没有售票员，也没有投币机，又不通奥地利语，而许程又是坚决不肯逃票的。正尴尬时，一位穿着非常大胆的少妇指着他拿钱的手，摇手示意。

难道是鼓励他逃票吗？或者认为他钱不够？许程疑惑着。

少妇见状，干脆走上来，指着他的手要他把钱塞回上衣口袋里去，又指指车，双手抱胸，闭眼，仰头，做一个若无其事状。

啊，许程明白了，这环城的电车大概是免票的。

到站了，她又示意许程七拐八拐地跟她走，街上行人还是很少，许程脚步迟疑着，心里又开始七上八下：她是干什么的？"维也纳流莺"吗？看她那么坦然又不像，否则那揽活的眼光也太不职业了。难道看不出像自己这样坐电车的游客身上只有100多先令吗……要不，是个"托儿"？绑了肉票，向代表团勒取赎金？

而且"圣·斯捷潘"大教堂真那么远吗？安静的巷子里只有她很重的皮鞋声，她比自己高出整整一头，看上去像北欧种马一样壮实，结实的背阔肌将衬衣胀得像藕节或素鸡一样，真要动手，她的摆拳一定可以把自己的左腮打得像"汤婆子"一样瘪进去……

正这么全力将她妖魔化时，小巷一拐，立即一片流光溢彩，大教堂如同一座琉璃山耸立在广场上，她回过头来，对许程阳光一笑：拜拜！随后迅速消失在夜幕里，许程歉疚地看着她的背影，不禁又想起几天前的"挪威雨伞"。

8月的卑尔根什么都好，就是雨多不好。那天也是晚上，许程独自在雨夜中行走，没带伞，十分狼狈。只听得背后始终有人不紧不慢地跟着他，他走快，那人也走快，他走慢，那人也走慢，心里发毛的许程头发根根竖起。

走到著名挪威音乐家格里格铜像前，那人忽然"哈啰"一声，紧上一步，把伞递过来，而许程居然像被剥猪猡一样下意识地大吼一声（上海话）："侬做啥！"

完全是"沙化"的下意识，本能的"零善良反应"。

那是一个高个的挪威老头，路灯下歪着头傻了半天，像瞅怪物似的瞅许程，嘴里挪威语叽叽呱呱几句，指指对面的房子，把伞往许程手里一塞，就奔进对街的门洞里去了。

原来挪威老头只是执意要把伞送给许程这个"巴子"罢了。

圣·斯捷潘教堂巨大的管风琴响了。许程胸中突然涌满一种陌生的热流——自己本善良，为什么如今却处处怀疑善良……

心灵感悟·

世事总是如此玄妙，自己本是善良之人却处处怀疑别人的善良。多一些沟通，多一些理解，你会发现这个世界很美好。

尊重别人的回报

又是红灯！这已经是在这条街道遇到的第 3 个红灯了。车流仍旧是那么拥挤，他不禁有些不耐烦了。这时，一个衣服褴褛的小男孩，敲着车窗问他要不要买花，只要 2 美元一束。他看这个孩子可怜，便掏出 2 美元递出去，绿灯已亮，而后面的人正猛按喇叭催着，他情急之下粗暴地对正问他要什么花的男孩说："什么颜色都可以，你只要快一点就好。"

那男孩赶快递给他一束红色的花，并十分礼貌地说："谢谢你，先生。"

在开了一小段路后，他为自己粗暴无礼的态度而良心不安。他没想到那个小男孩会一直如此有礼地回应。他把车停在路边，回头走向孩子表示歉意，并且又再给了 2 美元，告诉他："你自己买一束花送给喜欢的人吧。"这个孩子笑了笑并道谢接受。

当他回去发动车子时，发现车子发生故障，动也动不了，在一阵忙乱后，他决定步行到 10 米远处，找拖吊车帮忙。他刚要下车，一辆拖吊车已经迎面驶来，他大为惊讶，司机笑着对他说："有一个小孩给了我 2 美元，要我开过来帮你，并且还写了一张纸条。"他打开一看，上面写着："这代表一束花"。

心 灵 感 悟 ·

　　对别人粗暴的态度却能换来对方善意的微笑，这一幕能否唤醒我们内心深处的一份良知，一份对他人的尊重和关爱？

良心是最后一面镜子

有一个灵魂即将投胎转世，但听其他灵魂说，人世是一个苦海，那里的情形好像炼狱。人自一生下来，就匆匆加入争名逐利、尔虞我诈的行列，并且终生对此津津乐道，至死不悔。灵魂听了感到十分恐惧，就暗暗地祷告，央求上帝不要让他转世做人，上帝听到后，就派了一名天使来。

天使将灵魂带到一间宽敞的屋子，屋里摆着长长的一排镜子。天使把灵魂推到一面镜子跟前，灵魂朝镜子里一看，被吓了一跳，几乎想立刻逃走，但被天使拉住了，原来，镜子里不是他的影像，而是一只极其丑陋的怪物。

灵魂很奇怪，他知道自己虽算不上英俊，但也绝不会丑到这种地步。他心中好奇，刚想问天使是怎么回事，天使却打手势止住了他的发问，示意他看下一面镜子。于是，灵魂战战兢兢地来到下一面镜子面前，果然不出其所料，里面又是一只丑陋的令人恶心的怪物。这样灵魂一直照过了几十面镜子，每次看到的，无一不是比地狱里最丑陋的恶鬼还要丑陋的怪物。等剩下最后一面镜子时，天使忽然一拉灵魂，站住了，然后指着刚才照过的镜子说：

"假设这间屋子是人间，那么，你刚才照过的第1面镜子就叫贪婪，第2面叫妒忌……"天使依次说出了那些镜子的名字，有的叫骄横，有的叫自卑，有的叫凶残，甚至有的叫刚愎自用，等等，名字都十分奇怪。

天使的话说完后，灵魂深思了很久，天使又把他带到最后一面镜子跟前。

灵魂立在镜子面前，怔住了，这次里面再也没有怪物，只是平常真实的自己。在目睹了那么多的变形之后，此时此刻，才能够面对真实的自己。虽然真实的自己极其平常，但却感到了一种从来没有过的亲切和贴近，感到了一种从来没有过的平静和幸福。

这时天使的声音由背后响起："这只是一面平常的镜子，它的名字叫良心。"

不久，灵魂转世了，天使闻讯后叹息道："每一个转世的灵魂都把全部镜子带走了，但转世之后，所运用的又多是前面的镜子，但愿你是一个还记得有最后一面镜子的灵魂。"

你还记得自己的最后一面镜子吗？别忘了，要常常擦拭它，否则它将蒙满灰尘。

心灵感悟·

贪婪、自私、阴险、毒辣、卑鄙……这些东西都是令人厌恶的，其实，做一个好人很简单，记住自己的最后一面镜子，让你的良心不要沾上灰尘。

净化灵魂的污点

在意大利瓦耶里市的一个居民区里，35岁的玛尔达是个备受人们议论的女人。她和丈夫比特斯都是白皮肤，但她的两个孩子中却有一个是黑色的皮肤。这个奇怪的现象引起周围邻居的好奇和猜疑，玛尔达总是微笑着告诉他们，由于自己的祖母是黑人，祖父是白人，所以女儿莫妮卡出现了返祖现象。

2002年秋，黑皮肤的莫妮卡接连不断地发高烧。后经安德烈医生诊断说莫妮卡患的是白血病，唯一的治疗办法是做骨髓移植手术。玛尔达让全家人都做了骨髓配型实验，结果没一个合适的。医生又告诉他们，像莫妮卡这种情况，寻找合适骨髓的概率是非常小的。还有一个行之有效的办法，就是玛尔达与丈夫再生一个孩子，把这个孩子的脐血输给莫妮卡。这个建议让玛尔达怔住了，她失声说："天哪，为什么会这样？"

她望着丈夫，眼里弥漫着惊恐和绝望。比特斯也眉头紧锁。

第 2 天晚上，安德烈医生正在值班，突然值班室的门被推开了，是玛尔达夫妇。他们神色肃穆地对医生说："我们有一件事要告诉您，但您必须保证为我们保密。"医生郑重地点点头。

"1992 年 5 月，我们的大女儿伊莲娜已两岁，玛尔达在一家快餐店里上班，每晚10 点才下班。那晚下着很大的雨，玛尔达下班时街上已空无一人。经过一个废弃的停车场时，玛尔达听到身后有脚步声，惊恐地转头看，一个黑人男青年正站在她身后，手里拿着一根木棒，将她打昏，并强奸了她。等到玛尔达从昏迷中醒来，跟跄地回到家时，已是一点多了。我当时发了疯一样冲出去，可罪犯早已没影了。"说到这里，比特斯的眼里已经蓄满了泪水。

他接着说："不久后，玛尔达发现自己怀孕了。我们感到非常的害怕，担心这个孩子是那个黑人的。玛尔达想打掉胎儿，但我还是心存侥幸，也许这孩子是我们的。我们惶恐地等待了几个月。1993 年 3 月，玛尔达生下了一个女婴，是黑色的皮肤。我们绝望了。曾经想过把孩子送给孤儿院，可是一听到她的哭声，我们就舍不得了。毕竟玛尔达孕育了她，她也是条生命啊。我和玛尔达都是虔诚的基督徒，我们最后决定养育她，给她取名莫妮卡。"

安德烈医生终于明白这对夫妻为什么这么惧怕再生个孩子。良久，他试探着说："看来你们必须找到莫妮卡的亲生父亲，也许他的骨髓，或者他孩子的骨髓能适合莫妮卡。但是，你们愿意让他再出现在你们的生活中吗？"玛尔达说："为了孩子，我愿意宽恕他。如果他肯出来救孩子，我是不会起诉他的。"安德烈医生被这份深沉的母爱深深地震撼了。

人海茫茫，况且事隔多年，到哪里去找这个强奸犯呢？玛尔达和比特斯考虑再三，决定以匿名的形式，在报纸上刊登一则寻人启事。2002 年 11 月，在瓦耶里市的各家报纸上，都刊登着一则特殊的寻人启事，恳求那位强奸者能站出来，为那个可怜的白血病女孩子做最后的拯救。

启事一经刊出，引起了社会的强烈反响。安德烈医生的信箱和电话都被打爆了，人们纷纷询问这个女人是谁，他们很想见见她，希望能给她提供帮助。但玛尔达拒绝了人们的关心，她不愿意透露自己的姓名，更不愿意让别人知道莫妮卡就是那个强奸犯的女儿。

当地的监狱也积极帮助玛尔达。但罪犯都不是当年强奸她的那个黑人。

这则特殊的寻人启事出现在那不勒斯市的报纸上后，一个30多岁的酒店老板的心里起了波澜。他是个黑人，叫阿里奇。由于父母早逝，没有读多少书的他很早就工作了。聪明能干的他希望用自己的勤劳换取金钱以及别人的尊重，但他的老板是个种族歧视者，不论他如何努力，总是对他非打即骂。1992年5月17日，那天是阿里奇20岁生日，他打算早点下班庆贺一下生日，哪知忙乱中打碎了一个盘子，老板居然按住他的头逼他把盘子碎片吞掉。阿里奇愤怒地给了老板一拳，冲出餐馆。怒气未消的他决定报复白人，雨夜的路上几乎没有行人，他在停车场里遇到玛尔达，出于对种族歧视的报复，他无情地强奸了那个无辜的女人。

当晚他用过生日的钱买了一张开往那不勒斯市的火车票，逃离了这座城市。在那不勒斯，阿里奇顺利地在一个美国人开的餐馆里找到工作，那对夫妇很欣赏勤劳肯干的他，还把女儿丽娜嫁给了他，甚至把整个餐馆委托他经营。几年下来，他不但把餐馆发展成了一个生意兴隆的大酒店，还有了3个可爱的孩子。

这些天，阿里奇几次想拨通安德烈医生的电话，但每次电话号码还未拨完，他就挂断了。

那天晚上吃饭的时候，全家人和往常一样议论着报纸上的有关玛尔达的新闻。妻子丽娜说："我非常敬佩这个女人。如果换了我，是没有勇气将一个因被强奸而生下的女儿养大的。我更佩服她的丈夫，他真是个值得尊重的男人，竟然能够接受一个这样的孩子。"

阿里奇默默地听着妻子的谈论，突然问道："那你怎么看待那个强奸犯呢？"

"我绝不能宽恕他，当年他就已经做错了，现在关键时刻他又缩着头。他实在是太卑鄙，太自私了，太胆怯了！他是个胆小鬼！"妻子义愤填膺地说。

一夜未眠的阿里奇觉得自己仿佛在地狱里煎熬，眼前总是不断地出现那个罪恶的雨夜和那个女人的影子。

几天后，阿里奇无法沉默了，他在公共电话亭里给安德烈医生打了个匿名电话。他极力让自己的声音显得平静："我很想知道那个不幸女孩的病情。"安德烈医生告诉他，女孩病情严重，还不知道她能不能等到亲生父亲出现的那一天。

这话深深地触动了阿里奇，一种父爱在灵魂深处苏醒了，他决定站出来拯救莫妮卡。那天晚上他鼓起勇气，把一切都告诉了妻子。

丽娜听完了这一切气愤地说："你这个骗子！"当她把阿里奇的一切都告诉父母时，这对老夫妇在盛怒之后，很快就平静下来了。他们告诉女儿："是的，我们应该对阿里奇过去的行为愤怒，但是你有没有想过，他能够挺身而出，需要多么大的勇气？

这证明他的良心并未泯灭。你是希望要一个曾经犯过错误，但现在能改正的丈夫，还是要一个永远把邪恶埋在内心的丈夫呢？"

2003年2月3日，阿里奇夫妇与安德烈医生取得联系，2月8日，阿里奇夫妇赶到伊丽莎白医院，医院为阿里奇做了DNA检测，结果证明阿里奇的确就是莫妮卡的生父。当玛尔达得知那个黑人强奸犯终于勇敢地站出来时，她热泪横流。她对阿里奇整整仇恨了10年，但这一刻她充满了感动。

2月19日，医生为阿里奇做了骨髓配型实验，幸运的是他的骨髓完全适合莫妮卡，医生激动地说："这真是奇迹！"

2003年2月22日，阿里奇的骨髓输入了莫妮卡的身体，很快，莫妮卡就度过了危险期。1周后，莫妮卡就健康地出院了。

玛尔达夫妇完全原谅了阿里奇，盛情邀请他和安德烈医生到家里做客。但那一天阿里奇却没有来，他托安德烈医生带来了一封信。在信中他愧疚万分地说："我不能再去打扰你们平静的生活了。我只希望莫妮卡和你们幸福地生活在一起，如果你们有什么困难，请告诉我，我会帮助你们！同时，我也非常感激莫妮卡，从某种意义上说，是她给了我一次赎罪的机会，是她让我拥有了一个快乐的后半生，是她送给我一份最宝贵的礼物！"

· 心 灵 感 悟 ·

在生命面前，一切罪恶都会被人性中的善良所取代，而它所发挥的作用，却远远不止挽救一个生命那么简单，它能够净化一个原本存有污点的灵魂。

第七辑

阳光总在风雨后

路就在自己脚下

在人的一生中，每个人都不能保证一切顺利，然而人们在面对失败时大可不必灰心丧气，用心发现，其实路就在你脚下。

达尼是一个很有事业心的人，他在一家销售公司跟着老板一干就是5年，从一个刚毕业的大学生一直做到了分公司的总经理职位。在这5年里，公司逐渐成为同行业中的佼佼者，达尼也为公司付出了许多，他很希望通过自己的努力将企业带入一个更加成功的境地。然而就在他兢兢业业拼命工作的时候，达尼发现老板变了，变得不思进取、"牛"气十足，对自己渐渐地不信任，许多做法都让人难以理解。而达尼自己也找不到昔日干事业的感觉。

同样，老板也看达尼不顺眼，说达尼的举动使公司的工作进展不顺利，有点碍手碍脚。不久，老板把达尼解雇了。

从公司出来后，达尼并没有气馁，他对自己的工作能力还是充满了信心。不久，达尼发现有一家大型企业正在招聘一名业务经理，于是将自己的简历寄给了这家企业，没过几天他就接到面试通知，然后便是和老总面谈，最终顺利得到这份工作。工作大约一个月时间，达尼觉得自己十分欣赏该公司总经理的气魄和工作能力。同时，他也感到总经理同样十分赏识他的才华与能力。在工作之余，总经理经常约他一起去游泳、打保龄球或者参加一些商务酒会。

在工作中，达尼发现公司的企业图标设计相当繁琐，虽然有美感，但却缺乏应有的视觉冲击力，便大胆地向总经理提出更换图标的建议。没想到其实总经理也早有此意，总经理把这件事安排给他去完成。

为了把这项工作做好，达尼亲自求助于图标设计方面的专业人士，从他们设计的作品中选出了比较满意的一件。当他把设计方案交给总经理的时候，总经理大加赞赏，立马升达尼为公司副总，薪水增加一倍。

是的，被解雇并不是一件坏事，达尼面对无情的解雇，凭借着才能找到了更适合自己的工作，而且得到了一位真正"伯乐"的赏识。

其实路就在脚下，被解雇了，我们并不用去计较，走过去，前面也许有更光明的一片天空在等着我们。

美国著名作家海明威在《老人与海》中，阐述了这么一个关于人的尊严的道理——

"人可以被消灭，但不能被打败！"因此，我们才要不断地自我激励，不能因为一时的挫折就把自己的一生永远地困在困境的泥淖中。人的可贵之处在于，无论我们要跌倒多少次，都能从失败的废墟上站起来！站立的人方显得高大，人生也会因此而显得绚丽多彩。作为一个现代人，应具有迎接挑战的心理准备。世界充满了机遇，也充满了风险。要不断提高自我应付挫折的能力，调整自己，增强社会适应力，坚信挫折中蕴含着机遇。

也许在人生低谷的你正在为自己失业了而烦恼不堪。其实这于事无补，相信上帝在关上一扇门的同时会打开另一扇窗户，机遇的诞生可能就在这一切发生之时。

心 灵 感 悟 ·

人必须要活在希望之中，而这种希望和光明是自己为自己设置的。如果心中有路，你脚下的路也会越走越宽。

失败也是一次机会

我们谁都不愿意失败，因为失败意味着以前的努力将付诸东流，意味着一次机会的丧失。不过，一生平顺，没遇到失败的人，恐怕是少之又少。所有人都存在谈败色变的心理，然而，若从不同的角度来看，失败其实是一种必要的过程，而且也是一种必要的投资。数学家习惯称失败为"或然率"，科学家则称之为"实验"，如果没有前面一次又一次的"失败"，哪里有后面所谓的"成功"？

全世界著名的快递公司 DIL 创办人之一的李奇先生，对曾经有过失败经历的员工则是情有独钟。每次李奇在面试即将走进公司的人时，必定会先问对方过去是否有失败的例子，如果对方回答"不曾失败过"，李奇认为对方不是在说谎，就是不愿意冒险尝试挑战。李奇说："失败是人之常情，而且我深信它是成功的一部分，有很多的成功都是由于失败的累积而产生的。"

李奇深信，人不犯点错，就永远不会有机会，从错误中学到的东西，远比在成功中学到的多得多。

另一家被誉为全美最有革新精神的 3M 公司，也非常赞成并鼓励员工冒险，只要有任何新的创意都可以尝试，即使在尝试后是失败的，每次失败的发生率是预料中的60%，3M 公司仍视此为员工不断尝试与学习的最佳机会。

3M 坚持的理由很简单，失败可以帮助人再思考、再判断与重新修正计划，而且经验显示，通常重新检讨过的意见会比原来的更好。

美国人做过一个有趣的调查，发现在所有企业家中平均有三次破产的记录。即使是世界顶尖的一流选手，失败的次数都毫不比成功的次数"逊色"。例如，著名的全垒打王贝比路斯，同时也是被三振出局最多的纪录保持人。

其实，失败并不可耻，不失败才是反常，重要的是面对失败的态度，是能反败为胜，还是就此一蹶不振？杰出的企业领导者，绝不会因为失败而怀忧丧志，而是回过头来分析、检讨、改正，并从中发掘重生的契机。

沮特·菲力说："失败，是走上更高地位的开始。"许多人之所以获得最后的胜利，只是受惠于他们的屡败屡战。对于没有遇见过大失败的人，他有时反而不知道什么是大胜利。其实，若能把失败当成人生必修的功课，你会发现，大部分的失败都会给你带来一些意想不到的好处呢！

心灵感悟·

失败给成功创造了机会，当你再度回到起点时，谨慎为之，并将注意力集中在过程上。利用这一方法，可使自己得到训练，当你再次出发时，能有长足的进步。

给自己加油

每个人都希望，也都需要得到别人的鼓励。日本有句格言："如果给猪戴高帽，猪也会爬树。"这句话听起来似乎不雅，但说明了这样的一个道理：当一个人的才能得到他人的认可、赞扬和鼓励的时候，他就会产生一种发挥更大才能的欲望和力量。

但是，光靠别人的赞扬还不够——因为生活不光是赞扬，你碰到更多的可能是责难、讥讽、嘲笑。在这时候，你一定要学会从自我激励中激发自信心，学会自己给自己加油。

刘讯参加工作后，他爱上了"小发明"，一下班，常常一头钻进自己的房间，看呀，写呀，试验呀，常常连饭也忘了吃。为此，全家人都对他有看法。妈妈整天絮絮叨叨地没完没了骂他"是个油瓶倒了都不扶的懒鬼"，"将来连个媳妇都找不上"；他大哥就更过分了，一看到他写写画画，摆弄这摆弄那就来气，甚至拍着胸脯发誓："这辈子，你要能搞出一个发明来，我头朝下走路……"

值得赞叹的是，刘讯在这种难堪的境遇中，始终不泄气、不自卑，而且经常自我鼓励。厂报上每登出有关他的"革新成果"，哪怕只有一个"豆腐块"、"火柴盒"那么大，他都要高兴地细细品味，然后把这些介绍精心地剪贴起来，一有空闲就翻出来自我欣赏一番。每当这时，他就特有成就感，他也就对自己更有信心。

在自己给自己的掌声中，刘讯通过实验搞成功的"小发明"慢慢多起来，"级别"也慢慢高起来了。几年后，他的"小发明"竟然在世界上获得了大奖。

给自己加油的做法，促成了刘讯的成功。

美国的一位心理学家说过："不会赞美自己的成功，人就激发不起向上的愿望。"是的，别小看这种"自我赞美"，它往往能给你带来欢乐和信心；信心增强了，又会鼓励你获得更大的成功，自信心也就会再度增强。试想，当初刘讯要是不会"给自己鼓掌"，一听到"你要是……我就……"之类的讥笑，就垂头丧气，就看不到灿烂的前景，哪里还会有今天的成功呢？

唐代诗人李白在《将进酒》中写道："天生我才必有用，千金散尽还复来。"字字展示着无比的自信。坚信自己的价值，学会为自己加油，学会为自己喝彩，才会拥有一个精彩而有意义的人生。

心 灵 感 悟 ·

能为自己加油的人一定是强者，因为他敢于接受任何挑战，自强不息。正是这种加油和喝彩给他们带来源源不断的动力，使他无悔地追求自己的理想，最终实现自己的目标。

愿望与现实之间

每个人都有一大堆的愿望，但他们却很难踏上实现的征程，影响他们作出选择的因素有时候很简单，那就是勇气。他们因为恐惧而害怕选择自己认为不可能的愿望，因此也错过了成功的机会。

1865 年，美国南北战争结束了。一名记者去采访林肯，他们有这么一段对话：

记者：据我所知，上两届总统都曾想过废除农奴制，《解放黑奴宣言》也早在他们那个时期就已草就，可是他们都没拿起笔签署它。请问总统先生，他们是不是想把这一伟业留下来，让您去成就英名？

林肯：可能有这个意思吧。不过，如果他们知道拿起笔需要的仅是一点勇气，我想他们一定非常懊丧。

记者还没来得及问下去，林肯的马车就出发了，因此，他一直都没弄明白林肯的这句话到底是什么意思。

直到 1914 年，林肯去世 50 年了，记者才在林肯致朋友的一封信中找到答案。在信里，林肯谈到幼年的一段经历：

"我父亲在西雅图有一处农场，农场里有许多石头。正因如此，父亲才得以用较低价格买下它。有一天，母亲建议把上面的石头搬走。父亲说，如果可以搬走的话，主人就不会卖给我们了，它们是一座座小山头，都与大山连着。

"有一年，父亲去城里买马，母亲带我们到农场劳动。母亲说，让我们把这些碍事的东西搬走，好吗？于是我们开始挖那一块块石头。不长时间，就把它们弄走了，因为它们并不是父亲想象的山头，而是一块块孤零零的石块，只要往下挖一英尺，就可以把它们晃动。"

林肯在信的末尾说，有些事情人们之所以不去做，只是他们认为不可能。而许多不可能，只存在于人们的想象之中。

那些成功的人们，如果当初都在一个个"不可能"的面前因恐惧失败而退却，而放弃尝试的机会，则不可能有所谓成功的降临，他们也将平凡。没有勇敢的尝试，就无从得知事物的深刻内涵，而勇敢作出决断了，即使失败，也由于对实际的痛苦亲身经历，而获得宝贵的体验，从而在命运的挣扎中，愈发坚强，愈发有力，愈接近成功。

心灵感悟·

有人或许要说，已经失败了多次，所以再试也是徒劳无益。这种想法真是太自暴自弃了！其实，只要你在失意时，依然坚持再"往下挖一英尺"，你就可以获得成功了。

不拒绝命运的雕琢

自古英雄多磨难，不拒绝命运的雕琢，才能有所作为。

深山里有两块石头，第一块石头对第二块石头说："去经一经路途的艰险坎坷和世事的磕磕碰碰吧，能够搏一搏，也不枉来此世一遭。"

"不，何苦呢，"第二块石头嗤之以鼻，"安坐高处一览众山小，周围花团锦簇，谁会那么愚蠢地在享乐和磨难之间选择后者，再说，那路途的艰险磨难会让我粉身碎骨的！"

于是，第一块石头随山溪滚涌而下，历尽了风雨和大自然的磨难，它依然义无反顾、执著地在自己的路途上奔波。第二块石头讥讽地笑了，它在高山上享受着安逸和幸福，享受着周围花草簇拥的畅意抒怀，享受着盘古开天辟地时留下的那些美好的景观。

在许多年以后，饱经风霜、历尽尘世之千锤百炼的第一块石头和它的家族已经成了世间的珍品、石艺的奇葩，并且被千万人赞美称颂，享尽了人间的富贵荣华。第二块石头知道后，有些后悔当初，现在它想投入到世间风尘的洗礼中，然后得到像第一块石头那样拥有的成功和高贵，可是一想到要经历那么多的坎坷和磨难，甚至疮痍满目、伤痕累累，还有粉身碎骨的危险，便又退缩了。

一天，人们为了更好地保存那石艺的奇葩，准备为它修建一座精美别致、气势雄伟的博物馆，建造材料全部用石头。于是，他们来到高山上，把第二块石头粉了身、碎了骨，给第一块石头盖起了房子。

第一块石头，选择了艰难坎坷，懂得放弃享乐，所以它成了珍品，成了石艺的奇葩。只可惜第二块石头，不仅最后落得粉身碎骨的下场，而且成了废物。

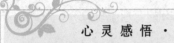

心灵感悟·

痛苦并非坏事，除非痛苦征服了我们。在困难面前，如果你放弃了，那你永远也不会品尝到成功的甘甜。

给自己一个悬崖

给自己一个悬崖，其实就是给自己一片蔚蓝的天空。

有一个老人在山里打柴时，拾到一只样子怪怪的鸟，那只怪鸟和出生刚满月的小鸡一样大小，也许因为它实在太小了，还不会飞，老人就把这只怪鸟带回家给小孙子玩耍。老人的孙子很调皮，他将怪鸟放在小鸡群里，充当母鸡的孩子，让母鸡养育。母鸡没有发现这个异类，全权负起一个母亲的责任。怪鸟一天天长大了，后来人们发现那只怪鸟竟是一只鹰，人们担心鹰再长大一些会吃鸡。为了保护鸡，人们一致强烈要求：要么杀了那只鹰，要么将它放生，让它永远也别回来。因为和鹰相处的时间长了，有了感情，这一家人自然舍不得杀它，他们决定将鹰放生，让它回归大自然。然而他们用了许多办法都无法让鹰重返大自然。他们把鹰带到很远的地方放生，过不了几天那只鹰又回来了，他们驱赶它，不让它进家门，他们甚至将它打得遍体鳞伤……许多办法试过了都不奏效。最后他们终于明白：原来鹰是眷恋它从小长大的家园，舍不得那个温暖舒适的窝。

后来村里的一位老人说："把鹰交给我吧，我会让它重返蓝天，永远不再回来。"老人将鹰带到附近一个最陡峭的悬崖绝壁旁，然后将鹰狠狠向悬崖下的深涧扔去。那只鹰开始也如石头般向下坠去，然而快要到涧底时它终于展开双翅托住了身体，开始缓缓滑翔，然后轻轻拍了拍翅膀，飞向蔚蓝的天空，它越飞越自由舒展，越飞动作越漂亮。它越飞越高，越飞越远，渐渐变成了一个小黑点，飞出了人们的视野，永远地飞走了，再也没有回来。

其实我们每个人又何尝不像那只鹰一样，总是对现有的东西不忍放弃，对舒适安稳的生活恋恋不舍。

人在面对压力时会激发出巨大的潜能，因此，我们不必因惧怕逆境和挫折而去当温室里的花朵。温室里的花朵固然可以安全舒适地生活，但人生不可能一帆风顺，一旦逆境来临，首先被摧毁的就是失去意志力和行动能力的温室花朵，经常接受磨炼的人却能创造出崭新的天地，这就是所谓的"置之死地而后生"。

一个人要想让自己的人生有所转机，就必须懂得在关键时刻把自己带到人生的悬崖。给自己一个悬崖，其实就是给自己一片蔚蓝的天空。

心灵感悟·

人要为梦想去奋斗。你有信心获得成功，你就能成功，因为，你体内有一股巨大的潜能。你勇敢，困难便退却；你懦弱，困难就变本加厉地欺负你。你勇敢，就可能成功；你懦弱，则肯定会失败。

希望之灯永不灭

在人生的旅途中，我们常常会遭遇各种挫折和失败，会身陷某些意想不到的困境。这时，不要轻易地说自己什么都没了，其实只要心灵不熄灭信念的圣火，努力地去寻找，总会找到能渡过难关的方法。

一队人马在渺无人烟的沙漠中跋涉，他们已经在沙漠中走了好多天，都渴望找到生命的绿色。

太阳热辣辣的，他们口干舌燥。随身带的水已经不多了，他们随时都有生命危险。大家也都走不动了。

这时候，领队的老者从背上解下一只水壶，对大家说："现在只剩这一壶水了，我们要等到最后一刻再喝，不然我们都会没命的。"

他们继续着艰难的行程，那壶水成了他们唯一的希望，看着沉甸甸的水壶，每个人心中都有了一种对生命的渴望。但天气太炎热了，有的人实在支撑不住了。"老伯，让我喝口水吧。"一个小伙子乞求着。"不行，这水要等到最艰难的时候才能喝，你现在还可以坚持一下。"老者生气地说。就这样，他坚决地回绝着每个想喝水的人。

在一个大家再也难以支撑下去的黄昏，他们发现老者不见了，只有那只水壶孤零零地立在前面的沙漠里，沙地上写着一行字：我不行了，你们带上这壶水走吧，要记住，在走出沙漠之前，谁也不能喝这壶水，这是我最后的命令。

老者为了大家的生存，把仅有的一壶水留了下来，每个人都抑制着内心的巨大悲痛。他们继续出发了，那只沉甸甸的水壶在他们每个人手里依次传递着，但谁也不舍得打开喝一口，因为他们明白这是老者用自己的生命换来的。

终于，他们一步步挣脱了死亡线，顽强地穿越了茫茫沙漠。他们喜极而泣，这时他们想到了老者留下的那壶水。他们慌忙打开壶盖，里面慢慢流出的却是一缕缕沙子。

同样是一个穿行沙漠的故事：有两个人结伴穿越沙漠。走到半途，水喝完了，其中一人也因中暑而不能行动。同伴把一支枪递给中暑者，再三吩咐："枪里有5颗子弹，我走后，每隔两小时你就对空中鸣放一枪，枪声会指引我前来与你会合。"说完，同伴满怀信心找水去了。

躺在沙漠里的中暑者却满腹狐疑：同伴能找到水吗？能听到枪声吗？他会不会丢下自己这个"包袱"独自离去？

暮色降临的时候，枪里只剩下一颗子弹，而同伴还没有回来。中暑者确信同伴早已离去，自己只能等待死亡。想象中，沙漠里的秃鹰飞来，狠狠地啄瞎他的眼睛，啄食他的身体……终于，中暑者彻底崩溃了，把最后一颗子弹送进了自己的太阳穴。

枪声响过不久，同伴提着满壶清水，领着一队骆驼商旅赶来，找到了中暑者温热的尸体。

中暑者不是被沙漠的恶劣环境吞没的，而是被自己的恶劣心境毁灭的。面对友情，他用猜疑代替了信任；身处困境，他用绝望驱散了希望。

所以，一个人无论面对怎样的环境，面对再大的困难，都不能放弃自己的信念，放弃对生活的热爱。因为很多时候，打败自己的不是外部环境，而是你自己本身。信念和希望是生命的维系。因为很多时候，打败自己的不是外部环境，而是你自己本身。只要一息尚存，就要追求，就要奋斗。

心 灵 感 悟·

朋友，在任何时候，无论处在什么样的境遇，请不要放弃希望和信念，如果你的心灵已太久不曾有过渴望的涌动，请你将它激活，让它焕发健康的亮色。

别让心态老去

世间最可怕的衰老是心态的衰老，如果你有一个年轻的体魄，却有一颗衰老的心，那会比你有一个衰老的身体还要可悲。没有什么可以挡得住你前进的脚步，擦亮你的眼睛，就会看到生活的希望，一切还皆有可能。时刻保持年轻的心态，你的生命也会常保绿色。

一天夜里，一场雷电引发的山火烧毁了美丽的"万木庄园"，这座庄园的主人迈克陷入了一筹莫展的境地。面对如此大的打击，他痛苦万分，闭门不出、茶饭不思、夜不能寐。

转眼间，一个多月过去了，年已古稀的外祖母见他还陷入悲痛之中不能自拔，就意味深长地对他说："孩子，庄园成了废墟并不可怕，可怕的是，你的眼睛失去了光泽，一天一天地老去。一双老去的眼睛，怎么能看得见希望……"

迈克在外祖母的说服下，决定出去转转。他一个人走出庄园，漫无目的地闲逛。在一条街道的拐弯处，他看到一家店铺门前人头攒动。原来是一些家庭主妇正在排队购买木炭。那一块块躺在纸箱里的木炭让迈克的眼睛一亮，他看到了一线希望，急忙兴冲冲地向家中走去。

在接下来的两个星期里，迈克雇了几名烧炭工，将庄园里烧焦的树木加工成优质的木炭，然后送到集市上的木炭经销店里。

很快，木炭就被抢购一空，他因此得到了一笔不菲的收入。他用这笔收入购买了一大批新树苗，一个新的庄园初见规模了。

几年以后，"万木庄园"再度绿意盎然。

庄园废了并不可怕，可怕的是心灵成了废墟，在困境来临的时候，不被困境吓倒，而是保持积极的心态，困难就会被你击倒。

心灵感悟·

很多时候，一个人的苦乐成败，不在于外物的左右，而在于自己的心态和看待世界的角度，如果你用悲伤的眼光看待生活，那么你的生活就会暗无天日；如果你用乐观的眼光看待世界，那么你就会发现，生活到处充满成功的喜悦。

"不可能"的成功

科尔刚到报社当广告业务员时，经理对他说，你要在一个月内完成20个版面的销售。

20个版面，一个月内？科尔认为不可能完成。因为他了解到报社最好的业务员一个月最多才销售15个版面。

但是，他不相信有什么是"不可能"的。他列出一份名单，准备去拜访别人以前招揽不成功的客户。去拜访这些客户前，科尔把自己关在屋里，把名单上的客户念了10遍，然后对自己说："在本月结束之前，你们将向我购买广告版面。"

第1个星期，他一无所获；第2个星期，他和这些"不可能的"客户中的5个达成了交易；第3个星期他又成交了10笔交易；月底，他成功地完成了20个版面的销售。

在月度的业务总结会上，经理让科尔与大家分享经验。科尔只说了一句："不要恐惧被拒绝，尤其是不要恐惧被第1次、第10次、第100次甚至上千次的拒绝。只有这样，才能将不可能变成可能。"

报社同事给予他最热烈的掌声。

在生活中，我们时常碰到这样的情况：当你准备尽力做成某项看起来很困难的事情时，就会有人走过来告诉你，你不可能完成。其实，"不可能完成"只是别人下的结论，能否完成还要看你自己是否去尝试，是否去尽力。是否去尝试，需要你克服恐惧失败的心理；是否尽力，需要你克服一切障碍，获得力量。以"必须完成"或者"一定能做到"的心态去拼搏奋斗，你一定会做出令人仰慕的成绩的。

心灵感悟·

人最怕的就是胡思乱想、自我设置障碍，这不仅会让你失去理智，还往往会误入歧途。如果你常在心中对自己说：这样做可能不对，万一失败了怎么办。结果还没去做，就失去信心了，而结局肯定会比你想象的还要糟。

找到自己的优势

布朗是美国一位最成功的电影制片人，然而在其职业生涯中先后被3家公司革职。他曾经是好莱坞20世纪福克斯公司的第2号人物，建议摄制《埃及艳后》，不料该影片卖座情况奇惨。紧接着公司大裁员，他也被裁掉了。

在纽约，他在新阿美利坚文库任副总裁，但是几位股东又聘请了一位局外人，而他与此人意见不合，以至于被开除。

回到加州，他又进了20世纪福克斯公司，在高层任职6年，由于董事局不喜欢他所建议拍摄的几部影片，他又一次被革职。

布朗开始仔细检讨自己的工作方式。他在大机构做事一向敢言、肯冒险，喜欢凭直觉处事，这些都是老板的作风。他痛恨以委员会的方式统筹管理。

分析了失败的原因之后，布朗自立门户，摄制《大白鲨》、《裁决》、《天茧》等影片，获得了巨大的成功。布朗并不是一位失败的公司行政人员，他天生是一名企业家，只不过是一时没有发挥其巨大的潜力而已。

道不同不相为谋。"我之所以多年来没有固定的工作，原因很简单，那是因为我和那些能够提供给我工作的绅士们的想法完全不同。"凡·高这样说，也许你就是这样的人。

一个人没有认清自己的真面目、不能看明自己的优势所在，就不能把命运掌握在自己手中，也就不可能取得成功。

我们首先要意识到，自己就是一个蕴含着无尽宝藏的世界，每个人都有自己的个性和长处，每个人都可以选择自己的目标，并通过不懈的努力去争取属于自己的成功。

心灵感悟

当我们面对困境时，不要小视自己的力量，调整好自己的心态，别悲观。当前景不太光明的时候，试着向上看——阳光总是那么灿烂，这样你一定会获得成功的。

永不放弃

在前进的道路上，如果我们因为一时的困难就将梦想搁浅，那只能收获失败的种子，我们将永远不能品尝到成功这杯芬芳美酒的味道。

"肯德基"创始人，美军退役上校桑德斯的创业史是对永不放弃的最佳诠释。桑德斯从军队退役时，妻子带着幼小的女儿离他而去。家里只有他一个人，这使得他时常觉得时间的漫长与人生的寂寞。他总想做点事情。但戎马生涯大半生，除了操枪弄炮，实在没有什么别的特长可供开发。

年过花甲的他想到了自己曾经试验出的炸鸡秘方，想到马上做到，于是他便找了几家餐馆要求合作，但都遭到了拒绝。于是，他开着自己那辆破旧的"老爷车"，从美国的东海岸到西海岸，历时两年多时间，推开过 1008 家餐馆的大门，都没有成功。年老的桑德斯为此感到非常沮丧，也曾想到过放弃，但很快他就会说服自己再试一次，于是幸运之神开始注意到这个坚韧的老人。当他试着推开第 1009 家餐馆的大门，这家老板被他的精神打动，买下了炸鸡的秘方。桑德斯以秘方作为投资，得到了这家餐馆的股份。由于经营得法，从此，"肯德基"炸鸡遍布美国，遍布世界。

成功的路上总是荆棘与鲜花交相辉映，我们在为理想奋斗的时候难免会遇到一点阻碍、挫折，但我们不能因此就放弃奋斗。如果是在这样的困境中，我们或许可以学一下丘吉尔的人生秘诀。

丘吉尔下台之后，有一回应邀在牛津大学的毕业典礼上演讲。那天他坐在主席台上，打扮一如平常，还是一顶高帽，手持雪茄。

经过主持人隆重冗长的介绍之后，丘吉尔走上讲台，注视观众，沉默片刻。然后他用那种特别的丘吉尔式的眼神凝视着观众，足足有 30 秒之久。终于他开口说话了，他说的第一句话是："永不放弃。"然后又凝视观众足足 30 秒。他说的第二句话是："永远，永远，不要放弃！"接着又是长长的沉默。然后他说的第三句话是："永远，永远，永远，不要放弃！"他又注视观众片刻，然后迅速离开讲台。当台下数千名观众明白过来的时候，立即响起了雷鸣般的掌声。

心灵感悟·

人生始终在考验我们战胜困难的毅力，唯有那些能够坚持不懈的人，才能得到最大的奖赏。毅力可以移山，也可以填海，更可以从芸芸众生中筛出成功的人。

失败时善于变通

犹太人说，这世界上卖豆子的人应该是最快乐的，因为他们永远不必担心豆子卖不完。

犹太人为什么不怕豆子卖不完？

假如他们的豆子卖不完，可以拿回家去磨成豆浆，再拿出来卖给行人。如果豆浆卖不完，可以制成豆腐，豆腐卖不成，变硬了，就当作豆腐干来卖。而豆腐干卖不出去的话，就把这些豆腐干腌起来，变成腐乳。

还有一种选择是：卖豆人把卖不出去的豆子拿回家，加上水让豆子发芽，几天后就可改卖豆芽。豆芽如卖不动，就让它长大些，变成豆苗。如豆苗还是卖不动，再让它长大些，移植到花盆里，当作盆景来卖。如果盆景卖不出去，那么再把它移植到泥土中去，让它生长。几个月后，它结出了许多新豆子。一颗豆子现在变成了上百颗豆子，想想那是多划算的事！

一颗豆子在遭遇冷落的时候，可以有无数种精彩的选择，一个人更是如此。人生总免不了要遭遇这样或者那样的失败。确切地说，我们每天都在经受和体验各种失败。有时候，我们甚至会在毫不经意和不知不觉之间与失败不期而遇。面对失败，我们又往往会采取习惯的对待失败的措施和办法——或以紧急救火的方式扑救失败，或以被动补漏的办法延缓失败，或以收拾残局的方法打扫失败，或以引以为戒的思维总结失败……虽然这些都是失败之后十分需要，甚至必不可少的，但却是在眼睁睁看着失败发生而又无法抢救的情况下采取的无奈之举。任凭失败一路前行而无力改变，实在是更大的失败和遗憾。

> **心灵感悟·**
> 条条大路通罗马。当我们失败时，如果能够静下心来，坦然面对，换一个角度去思考，那么在我们从另一个出口走出去时，就有可能看到另一番天地。

耐得住等待，苦尽甘来

从前，在一个小山村里，传说有两兄弟在一次上山的途中，偶然与神仙邂逅，神仙传授他们酿酒之法，叫他们把在端午那天收割的米，与冰雪初融时高山流泉的水来调和，注入千年紫砂土铸成的陶瓮中，再用初夏第一个看见朝阳的新荷覆紧，密封七七四十九天，直到鸡叫三遍后方可启封。

他们历尽千辛万苦，跋涉过千山万水，终于找齐了所有的材料，一起调和密封，然后潜心等待那注定的时刻。多么漫长的等待，终于第四十九天到了。两人整夜都没有睡，等着鸡鸣的声音。

远远地，传来了第一遍鸡鸣。过了很久很久，才响起了第二遍。第三遍鸡鸣到底什么时候才会来呢？其中一个再也等不下去了，他迫不及待地打开陶瓷品尝，却惊呆了——里面的水，像醋一样酸，又像中药一般苦，他把所有的后悔加起来也不可挽回。他失望地把它洒在了地上。而另外一个，虽然欲望如同一把野火在他心里燃烧，让他按捺不住想要伸手，但他却还是咬着牙，坚持到了三遍鸡鸣响彻了天空。

"多么甘甜清澈的酒啊！"他终于品尝到了自己亲自酿制的美酒。

心灵感悟·

　　追求理想，就像做饭煲汤，火候到了，味道才会鲜美。耐得住性子，静观其变，就一定能等到一个很完美的质变。

相信自己的梦想

　　1863 年冬天的一个上午，凡尔纳刚吃过早饭，正准备到邮局去，突然听到一阵敲门声。凡尔纳开门一看，原来是一个邮政工人。工人把一包鼓囊囊的邮件递到了凡尔纳的手里。一看到这样的邮件，凡尔纳就预感到不妙。自从他几个月前把他的第一部科幻小说《乘气球 5 周记》寄到各出版社后，收到这样的邮件已经是第 14 次了。他怀着忐忑不安的心情拆开一看，上面写道："凡尔纳先生：尊稿经我们审读后，不拟刊用，特此奉还。某某出版社。"每次看到退稿信，凡尔纳都是心里一阵绞痛。这已经是第 15 次了，还是未被采用。

　　凡尔纳此时已深知，那些出版社的"老爷"们是如何看不起无名作者。他愤怒地发誓，从此再也不写了。他拿起手稿向壁炉走去，准备把这些稿子付之一炬。凡尔纳的妻子赶过来，一把抢过手稿紧紧抱在胸前。此时的凡尔纳余怒未息，说什么也要把稿子烧掉。他妻子急中生智，以满怀关切的口气安慰丈夫："亲爱的，不要灰心，再试一次吧，也许这次能交上好运的。"听了这句话以后，凡尔纳抢夺手稿的手慢慢放下了。他沉默了好一会儿，然后接受了妻子的劝告，又抱起这一大包手稿到第 16 家出版社去碰运气。

　　这一次没有落空，读完手稿后，这家出版社立即决定出版此书。并与凡尔纳签订了 20 年的出书合同。

没有他妻子的疏导，没有为梦想持之以恒的勇气，我们也许根本无法读到凡尔纳笔下那些脍炙人口的科幻故事，人类就会失去一笔极其珍贵的精神财富。

世界上的事情就是这样，成功需要坚持梦想。这种素质的人常常创造出人间奇迹。弗洛伊德、拿破仑、贝多芬、凡·高，还有《吉尼斯世界大全》一书中所记载的诸多人物，不能不承认，是所有这些大大小小的人物使我们这个世界变得有声有色。他们的性格中明显有着共同的一点，即执著。他们执著地将他们热爱的某项事业推向极致，什么也阻止不了他们——除了自身的死亡。

心 灵 感 悟·

通向成功的路绝不止一条，不同的人可以选择不同的路，成功与否，往往不在于对道路的选择，而在于一旦选定了自己的路，便不再彷徨，而是坚定地走下去。所以，能否到达心中的目标，首先取决于对脚下道路的信任。

失败时不找任何借口

一个人做错了一件事，老老实实地认错是最明智的做法，而不是找几个理由为自己辩护。我们知道，借口是我们做不成事、做错事的挡箭牌；是我们敷衍别人、原谅自己的护身符；是我们无处不在、如影随形的掩饰弱点，逃避责任的百验灵丹。一个人，做不好一件事，完不成一项任务，若想找借口，就可以有成千上万条站在那儿响应你、声援你、支持你。结果呢？过失是掩盖了，责任是推卸了，心理是暂时平衡了，但长此以往，便是大事做不了，小事做不好，最终一事无成。

日本最著名的首相伊藤博文的人生座右铭就是"永不向人讲'因为'"。这是一种做人的美德，也是为人处世、办事做事的最高深的学问。

借口往往让你不思进取、止步不前。只有打消你的借口，你才能从失败中吸取教训，迈向成功。

心 灵 感 悟·

秉持"没有任何借口"这样的信念，尽管看似对自己冷酷无情，却犹如破釜沉舟，可以激起一个人无比的毅力，促使其全力以赴，埋头苦干，尽善尽美地完成手头的每件事情。

经验帮你少走弯路

威廉·赛姆儿是美国著名投资大师。他的事业如日中天，在全球金融领域里，"威廉·赛姆儿"这几个字如雷贯耳。在一次十拿九稳的投资中，他由于分析错误而损失了一大笔资产。朋友与家人都对他很不满，可威廉·赛姆儿却异常沉着，将这次投资的整个分析过程一一回想，找到了其中产生错误的主要原因。紧接着，他又有了一次投资机会，家人与朋友都非常担心，害怕他不能从上一次的失败中解脱出来。但是威廉·赛姆儿本人毫不动摇，坚持要投资，并获得了成功。

在人漫长的一生中，谁也不能保证自己永远不犯错，但我们应该从错误中积累经验教训，而并非永远消沉。

有个渔人有着一流的捕鱼技术，被人们尊称为"渔王"。然而"渔王"年老的时候非常苦恼，因为他的 3 个儿子的渔技都很平庸。

于是他经常向人诉说心中的苦恼："我真不明白，我捕鱼的技术这么好，儿子们的技术为什么这么差？我从他们懂事起就传授捕鱼技术给他们，从最基本的东西教起，告诉他们怎样织网最容易捕捉到鱼，怎样划船最不会惊动鱼，怎样下网最容易请鱼入瓮。他们长大了，我又教他们怎样识潮汐、辨鱼汛……凡是我长年辛辛苦苦总结出来的经验，我都毫无保留地传授给了他们，可他们的捕鱼技术竟然赶不上技术比我差的渔民的儿子！"

一位路人听了他的诉说后，问："你一直手把手地教他们吗？"

"是的，为了让他们得到一流的捕鱼技术，我教得很仔细、很耐心。"

"他们一直跟随着你吗？"

"是的，为了让他们少走弯路，我一直让他们跟着我学。"

路人说："这样说来，你的错误就很明显了。你只传授给了他们技术，却没传授给他们教训，对于才能来说，没有教训与没有经验一样，都不能使人成大器。"

不经历风雨怎能见彩虹？孩子是在摔倒了无数次之后才学会走路的，伟人的发明创造更是经历了无数次失败之后才成功的。可口可乐董事长罗伯特·高兹耶达说："过去是迈向未来的踏脚石，若不知道踏脚石在何处，必然会被绊倒。"教训和失败是人生历练不可缺少的财富。

我们在学习、工作过程中，要及时总结经验教训，只有吸取了经验教训，才能避免在以后的人生中犯类似的错误。

· 心 灵 感 悟 ·

学会及时总结得失，我们才会有个良好的心态，宠辱不惊，面对生活反馈给人们的一切。学会及时总结得失，我们自己才会不断完善，一步一步迈向成功。

生命在，希望就在

人要主宰自己，做自己的主人。沮丧的面容、苦闷的表情、恐惧的思想和焦虑的态度是你缺乏自制力的表现，是你弱点的表现，是你不能控制环境的表现。它们是你的敌人，要把它们抛到九霄云外。

有一个阿拉伯的富翁，在一次大生意中亏光了所有的钱，并且欠下了债，他卖掉房子、汽车，还清了债务。

此刻，他孤独一人，无儿无女，穷困潦倒，唯有一条心爱的猎狗和一本书与他相依为命，相依相随。在一个大雪纷飞的夜晚，他来到一座荒僻的村庄，找到一个避风的茅棚。他看到里面有一盏油灯，于是用身上仅存的一根火柴点燃了油灯，拿出书来准备读书。但是一阵风忽然把灯吹灭了，四周立刻漆黑一片。这位孤独的老人陷入了黑暗之中，对人生感到深彻的绝望，他甚至想到了结束自己的生命。但是，站在身边的猎狗给了他一丝慰藉，他无奈地叹了一口气沉沉睡去。

第二天醒来，他忽然发现心爱的猎狗也被人杀死在门外。抚摸着这只相依为命的猎狗，他突然决定要结束自己的生命，世间再没有什么值得留恋的了。于是，他最后扫视了一眼周围的一切。这时，他不由发现整个村庄都陷入一片可怕的寂静之中。他不由急步向前，啊，太可怕了，尸体，到处是尸体，一片狼藉。显然，这个村庄昨夜遭到了匪徒的洗劫，连一个活口也没留下来。

看到这可怕的场面，老人不由心念急转，啊！我是这里唯一幸存的人，我一定要坚强地活下去。此时，一轮红日冉冉升起，照得四周一片光亮，老人欣慰地想，我是这个世界上唯一的幸存者，我没有理由不珍惜自己。虽然我失去了心爱的猎狗，但是，我得到了生命，这才是人生最宝贵的。

老人怀着坚定的信念，迎着灿烂的太阳又出发。

人生总有得意和失意的时候，一时的得意并不代表永久的得意；然而，在一时失意的情况下，如果你不能把心态调整过来，就很难再有得意之时。

故事中的老人，在失意甚至绝望的状态下，重新寻回了希望，赶走了悲伤。这不能不说是他人生中的又一大转折。

联想到我们日常的生活和学习，如果遇到失意或悲伤的事情时，我们一样要学会调整自己的心态。

如果你的演讲、你的考试和你的愿望没有获得成功；如果你曾经尴尬；如果你曾经失足；如果你被训斥和谩骂，请不要耿耿于怀。对这些事念念不忘，不但于事无补，还会占据你的快乐时光。抛弃它吧！走出阴影，沐浴在明媚的阳光中，把它们彻底赶出你的心灵。如果你曾经因为鲁莽而犯过错误；如果你被人咒骂；如果你的声誉遭到了毁坏，不要以为你永远得不到清白，勇敢地走出失败的阴影吧！

让那担忧和焦虑、沉重和自私远离你；更要避免与愚蠢、虚假、错误、虚荣和肤浅为伍；还要勇敢地抵制使你失败的恶习和使你堕落的念头，你会惊奇地发现，你人生的旅途是多么的轻松、自由，你是多么自信！

心 灵 感 悟 ·

不管过去的一切多么痛苦，多么顽固，把它们抛到九霄云外。不要让担忧、恐惧、焦虑和遗憾消耗你的精力。把你的精力投入到未来的创造中去吧。

请记住：生命在，希望就在！

换个角度看人生

记得有位哲人曾说："我们的痛苦不是问题的本身带来的，而是我们对这些问题的看法而产生的。"这句话很经典，它引导我们学会解脱，而解脱的最好方式是面对不同的情况，用不同的思路去多角度地分析问题。因为事物都是多面性的，视角不同，所得的结果就不同。

相信一句话：要解决一切困难是一个美丽的梦想，但任何一个困难都是可以解决的。一个问题就是一个矛盾的存在，而每一个矛盾只要找到合适的介点，都可以把矛盾的双方统一。这个介点在不停地变幻，它总是在与那些处在痛苦中的人玩游戏。转换看问题的视角，就是不能用一种方式去看所有的问题和问题的所有方面。如果那样，你肯定会钻进一个死胡同，离问题的解决越来越远，处在混乱的矛盾中而不能自拔。

活着是需要睿智的。如果你不够睿智，那至少可以豁达。以乐观、豁达、体谅的心态看问题，就会看出事物美好的一面；以悲观、狭隘、苛刻的心态去看问题，你会觉得世界一片灰暗。两个被关在同一间牢房里的人，透过铁栏杆看外面的世界，一个看到的是美丽神秘的星空，一个看到的是地上的垃圾和烂泥，这就是区别。

换个视角看人生，你就会从容坦然地面对生活。当痛苦向你袭来的时候，不要悲观气馁，要寻找痛苦的原因、教训及战胜痛苦的方法，勇敢地面对这多舛的人生。

换个视角看人生，你就不会为战场失败、商场失手、情场失意而颓废，也不会为名利加身、赞誉四起而得意忘形。

换个视角看人生，是一种突破、一种解脱、一种超越、一种高层次的淡泊宁静，从而获得自由自在的乐趣。转一个视角看待世界，世界无限宽大；换一种立场对待人事，人事无不畅通。

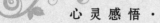

心 灵 感 悟·

活着需要睿智，需要洒脱，如果这些你做不到，至少还可以勇敢。生活也许到处都是障碍，同时也到处都是通途，只需大胆地向前走。

像斗士一样生活

岩石长年累月地经受风侵雨蚀，裂开了一道缝。

一粒草的种子落到岩缝里来。

岩石说："孩子，你怎么到这儿来了？我们太贫瘠了，养不活你啊！"

种子说："老妈妈，别担心，我会长得很好的。"

经过阵阵春雨的滋润，种子从岩缝里冒出了嫩芽。

阳光爱抚地照耀着它，春风柔和地轻拂着它，雨露更不断地给这不平凡的幼芽以最慈爱的关怀和哺育。

小草渐渐长大了，长得很健康、很结实。

岩石高兴地说："孩子，你真不错！你是倔强的，是值得我们骄傲的！"它用自己风化了的尘泥，把小草的根拥抱得更紧。

一个诗人走过，看见了从岩缝里长出来的小草，不禁欣喜地吟咏道："啊！小草的生命多么顽强，我要千百遍地赞美它。"

小草谦逊地说："值得赞美的不是我，而是阳光和雨露，还有紧抱着我的根的岩石妈妈。"

小草生活在岩缝，生长很艰难，可是它却没有抱怨命运的不公，而是依靠自己的力量顽强地生长着，小草的这种精神值得我们学习。

我们的命运是不容谈判、不可改变的，也是不会妥协的，它虽具有绝对的"特定性"，但同时我们具有反抗命运的绝对自由。这有如我们发纸牌。一旦我们得到了这手牌，我们就有随意支配它们的自由。

为了支配自己的命运，我们就要做一个精神上的强者，一个坚忍不拔、威武不屈的人。人的精神力量是无穷无尽的。世间不存在人无法克服的艰难困苦。人对于这些艰难困苦不是默默地承受，而是去克服它们，使自己变得更加坚强。当你感到困难无法克服，头脑中出现退却的念头，想走捷径的时候，你可别怜悯自己。怜悯自己是意志薄弱的表现，它能使强者变成弱者。而做一个弱者，其命运是不能令人羡慕的。弱者的乐趣既渺小又贫乏，他不懂得生活的真正幸福，理想对于他来说是不可思议的，也是无法达到的，因为懦弱会发展成为自私和胆小。你越觉得自己是强人，你心中藏着"努力奋进"的动力就越强大。要是你让你身上那种怜悯自己的感情滋长的话，那么你心中的渴望进取的动力就会永远保持沉默。对于无病呻吟和灰心丧气，对于软弱和绝望，你要毫不妥协，毫不留情。要记住：人有时会出现体力完全耗尽的情况，可是精神力量会在他的身上激发新的体力，使得他继续像斗士一样生活。

心 灵 感 悟 ·

当你感觉生活太苦，遭遇太多曲折时，你不妨想想岩缝里不屈不挠的小草。记住，命运掌握在自己手中，你能支配自己的命运。

比别人更努力

美国《商业周刊》的记者采访某名企业家："你成功的首要秘诀是什么？"

"比别人更努力！"

"其次呢？"

"比别人更努力！"

"最后呢？"

"比别人更努力！"

由此，你也得到成功的答案了吧——比别人更努力！

努力是成功的捷径之一，而且是成功必须付出的代价。你要想成功，要想做得更好、更出色，那么你就必须比别人付出更多，更努力，否则，成功不一定属于你。

有些人总是很羡慕他人突然像彗星一样闪亮，却忽视了他人在能够发光之前所下的工夫，所忍受的寂寞，所挨过的苦难。这些人之所以能跑得快一些，是因为他们所付出的努力比别人更多。

心 灵 感 悟 ·

成功的人永远比他人做得更多，当一般人放弃的时候，他们还在努力，当别人享受休闲的乐趣时，他还在努力；当别人正躺在床上呼呼大睡时，他还在努力。

一个永远值得我们记住的哲理是：成功永远不在于一个人知道了多少，而在于他努力了多少。

再坚持一下就成功

　　旱季来了，河床就要干涸了，曾经湍急的河流已经变成了一个个小水洼，烈日下，龟裂的河床在急速扩展，远处，却隐隐传来了大江的涛声，鱼儿们从一个水洼跳到另一个水洼，奔涛声而去。

　　"还有多远呢？"一个不大的水洼里，一条大鱼喘着粗气，问躺着歇息的一尾小鱼。

　　"远着呢！别费劲了，到不了大江的。"小鱼悠然地在水洼里游了一圈说，"做什么大江的梦啊，现实点，就在这儿待着吧！"

　　"可用不了多久，这水洼里的水就会干的。"

　　"那又怎样？长路漫漫，你又能走多远？离大江五十步和离大江一百步有什么区别？结局都是一样的，要看结局，懂吗？"

　　"即便真的到不了大江，只要我已经尽力了，也不后悔。"

　　"你已经遍体鳞伤了，老兄！"小鱼自如地扭动着自己保养得很好的身体，嘲弄着在小水洼里已经转不开身的大鱼："像你这样笨重的身材，不老老实实在原处待着，还奔什么大江啊？你以为自己还年轻啊？就算真的有鱼能到达大江，也轮不到你！"

　　小鱼戳到了大鱼的痛处，它望着小鱼说："真的很羡慕你们有如此娇小的身材，在越来越浅的水洼里，只有你们才能自如地呼吸，可是，再苦再难，我们大鱼也得朝前奔啊，我们也得把握自己的命运。"大鱼说完，一个纵身，跳入了下一个水洼，它听见了小鱼抑制不住的笑声。它知道，自己的动作很笨拙，它看见自己的鱼鳞又脱落了几片，而肚皮已渗出斑斑血迹，但它对自己说："此时此刻，除了向前，已别无选择。"

　　水洼的面积越来越小，大鱼知道，前面的路将越发艰难，它已很难再喝到水了，偶尔滋润干唇的是自己的泪。沿途，它看见大片大片的鱼变成了鱼干，其中，有许多是比它灵活得多的小鱼。

　　每一个水洼里都躺着懒得再动的伙伴，它们大口大口地喘着粗气，对大鱼说："别跳了，省点力气吧！没用的。"而大鱼却分明听见了越来越近的涛声。"坚持，"它对自己说，"唯有坚持，才有希望。"

　　不知跳了多久，大鱼终于看见了大江的波涛，可是，它的体力已经在长途跋涉中消耗殆尽，通向大江的路上，最后的一个水洼也干涸了，虽然，只有一步之遥，可大鱼想，它是到不了大江了。就在这时，它听见了水声，接着，便看见一股小小的水流缓缓流来，这是行将干涸的河床在这个夏季最后的一股水流吧？！大鱼抓住了这个机会，在水流的帮助下，一鼓作气奔向大江。而那些留在水洼里的鱼儿，却只是让这股水流稍稍往前带出了一小步而已，大江离它们依旧遥不可及。而干旱却以无法阻挡的步伐占领了这片土地。

在这个世界上，只有强者才能掌握自己的命运，就像故事中的大鱼一样，以一种永不屈服的斗志、昂扬的精神和毅力，克服了种种困难，奔入大海，拥有自由，延展生命。

心灵感悟·

做一个强者，首先是做一个精神上的强者，一个坚忍不拔、威武不屈的人。世间不存在人无法克服的艰难和困苦，在你面临绝境行将没顶时，在你气喘吁吁甚至筋疲力尽时，你只要再坚持一下，奋力拼搏一下，困难就会被你征服了，你就坚强了许多。

不懈追求才能羽化成蝶

有一条毛毛虫，它一缩一伸，一伸一缩，终于爬上了一片树叶，从这里它能观望四周昆虫们的活动。它好奇地看着它们唱呀、跳呀、跑呀、飞呀，一个比一个来劲儿。在它的身边，一切生命都痛快地表现出它们的活力。可就只有它，可怜巴巴的，没有脆亮的歌喉，天生不会跑、不会飞。它只能蠕蠕爬动，连这样一点点往前移动都深感不易。当毛毛虫艰难地从一片叶子爬到另一片叶子上，它觉得它似乎是走完了漫漫征程，周游了整个世界。它过得虽然是这样艰难，可它倒是从来不抱怨自己命运不好，也从不嫉妒那些活蹦乱跳的昆虫们。它知道，昆虫各有各的不同。它呢，只是一条毛毛虫，当务之急是学会吐出细细亮亮的柔丝，好用这些细丝编织起一幢结结实实的茧子来。

毛毛虫没有时间胡思乱想，它得下劲儿干，在有限的时间里把自己从头到脚严密地包裹在一个温暖的茧子里。

"那么接着我该做什么呢？"它在与世隔绝的全封闭的小茧屋里自问道。

"该做的事会一件一件来的！"它仿佛听到有人在回答它，"耐着点儿性子吧，马上就会知道下一步该做什么了！"

终于，它熬到了清醒的时候，发现自己已经不再是从前那条行动笨拙的毛毛虫。它灵活地从小茧屋中爬出来，摆脱了那个狭小的天地，此时，它惊喜地看到自己已经长出了一对轻盈的翅膀，五色斑斓，鲜丽可爱。它快活地扇了扇，这身子简直像羽毛一样轻盈。它于是翩翩地从这片叶子上飞起，在那片叶子上落下，飘飘逸逸，融入了蔚蓝的雾霭之中。

在现实生活中，很多人企图不劳而获、坐享其成，结果都为此付出了惨重的代价，或越来越贫穷或走上了邪路。天上不会掉下馅饼，想要收获，就必须付出自己的努力。天下没有白吃的午餐，这是一个千古不变的真理。

当我们看到美丽的蝴蝶时，不要忘记这是可爱的毛毛虫付出了努力的结果！

心 灵 感 悟 ·

我们应当为毛毛虫竖起大拇指！它那种对生活的执著，对理想的追求以及对生命的热爱，时时在激励着我们的心灵。正因为它具有这些美德，所以它最后才能变成一只美丽的蝴蝶！

最难战胜的敌人是你自己

这个世上最大的敌人就是我们自己。我们往往不是被别人打败，而是被自己打败。

世界著名的游泳健将弗洛伦丝·查德威克，依次从卡得林那岛游向加利福尼亚海湾，在海水中泡了16小时，只剩下一海里时，她看见前面大雾茫茫，潜意识发出了"何时才能游到彼岸"的信号，她顿时浑身困乏，失去了信心。于是她被拉上小艇休息，失去了一次创造纪录的机会。事后，弗洛伦丝·查德威克才知道，她已经快要登上了成功的彼岸，阻碍她成功的不是大雾，而是她内心的疑惑。是她自己在大雾挡住视线之后，对创造新的纪录失去了信心，然后才被大雾所俘虏。

过了两个多月，弗洛伦丝·查德威克又一次重游加利福尼亚海湾，游到最后，她不停地对自己说："离彼岸越来越近了！"潜意识发出了"我这次一定能打破纪录！"的信号，她顿时浑身来劲，最后弗洛伦丝·查德威克终于实现了目标。

心 灵 感 悟 ·

人生最大的挑战就是挑战自己，这是因为其他敌人都容易战胜，唯独自己是最难战胜的。这正如一位作家说得好："自己把自己说服了，是一种理智的胜利；自己被自己感动了，是一种心灵的升华；自己把自己征服了，是一种人生的成熟。大凡说服了、感动了、征服了自己的人，就有力量征服一切挫折、痛苦和不幸。"

第八辑

感谢折磨你的人

生命的光华在磨砺中释放

据生物学家说，在鸟类中，寿命最长的是老鹰，它的寿命可达70年。但是如果想活那么长的寿命，就必须在它40岁的时候做出困难而重要的抉择。

当老鹰活到40岁时，它的爪子开始老化，不能够牢牢地抓住猎物，并且它的喙会变得又长又弯，几乎能够碰到胸膛；同时，它的翅膀也会变得十分沉重，使它在飞翔的时候感到吃力。在这个阶段，它只有两种选择：要么就是等死，要么经历在它一生之中十分痛苦的过程来蜕变和更新，这样才能够继续活下去。

这是一个漫长的过程，它需要150天的漫长锤炼，而且必须很努力地飞到山顶，在悬崖的顶端筑巢，然后停留在那里不能飞翔。

首先，它要做的就是用它的喙不断击打岩石，直到旧喙完全脱落，然后经过一个较漫长的过程，静静地等候新的喙长出来，之后，还要经历更为痛苦的过程——用新长出的喙把旧趾甲一根一根地拔出来，当新的趾甲长出来后，老鹰再把旧的羽毛一根一根地拔掉，等150天后长出新羽毛，这时候，老鹰才能重新飞翔，从此得以再过30年的岁月。

同鹰一般，璞玉只有经过粗粝环境的雕琢，才能闪烁高贵的光芒；河蚌只有历经沙砾的顽固折磨，才孕育出华美的珍珠。人的生命亦是如此。怯于磨砺，生命将永远平庸而无奇。

心灵感悟·

　　污泥中常盛开最美丽、最纯净的花，人只有经过命运的雕琢与磨砺才能够放射出耀眼的光芒。在人生的岔道口面前，若你选择了一条平坦的大道，你可能会有一个舒适而享乐的青春，但你会失去一个很好的历练机会；若你选择了坎坷的小路，你的青春也许会充满痛苦，但人生的真谛也许就此被你打开。

改变生命的视角

1941 年，美国洛杉矶。

深夜，在一间宽敞的摄影棚内，一群人正在忙着拍摄一部电影。

"停！"刚开拍几分钟，年轻的导演就大喊起来，一边做动作一边对着摄影师大声说："我要的是一个大仰角，大仰角，明白吗？"

又是大仰角！这个镜头已经反复拍摄了十几次，演员、录音师……所有的工作人员都已累得筋疲力尽。可是这位年轻的导演总是不满意，一次次地大声喊："停！"一遍遍地向摄影师大叫"大仰角"！

此时，扛着摄影机趴在地板上的摄影师再也无法忍受这个初出茅庐的小伙子，就站起来大声吼道："我趴得已经够低了，你难道不明白吗！"

周围的工作人员都停下了手中的工作，有些幸灾乐祸地看着他们。年轻的导演镇定地盯着摄影师，一句话也没有说，突然，他转身走到道具旁，捡起一把斧子，向着摄影师快步走了过去。

人们不知道这位年轻的导演会做出怎样的蠢事。就在目瞪口呆的人们的注视下，在周围人的惊呼声中，只见年轻的导演抡起斧子，向着摄影师刚才趴过的木制地板猛烈地砍去，1 下、2 下、3 下……把地板砸出一个窟窿。

导演让摄影师站到洞中，平静地对他说："这就是我要的角度。"就这样，摄影师蹲在地板洞中，无限压低镜头，拍出了一个前所未有的大仰角，一个从未有人拍出的镜头。

这位年轻的导演名叫奥逊·威尔斯。这部电影是《公民凯恩》。电影因大仰拍、大景深、阴影逆光等摄影创新技术及新颖的叙事方式，被誉为美国有史以来最伟大的电影之一，至今仍是美国电影学院必备的教学影片。

心灵感悟·

按照自己的视角看生活，才能看到最真实的美丽；按照自己的视角演绎生活，才能得到最丰硕的成果。

没有 "不可能"

想一想，别人提到一件新奇的事时，你是否有过这样的反应："不可能！"很多人都有这样的经历。人在生活中打磨得太久，思维变得僵化，目光变得浑浊，则只会亦步亦趋，平庸一世。

在自然界中，有一种十分有趣的动物，叫做大黄蜂。曾经有许多生物学家、物理学家、社会行为学家联合起来研究这种生物。

根据生物学的观点，所有会飞的动物，必然是体态轻盈、翅膀十分宽大的，而大黄蜂这种生物，却正好跟这个理论反其道而行。大黄蜂的身躯十分笨重，而翅膀却是出奇的短小。依照生物学的理论来说，大黄蜂是绝对飞不起来的。而物理学家的论调则是，大黄蜂的身体与翅膀比例的这种设计，从流体力学的观点，同样是绝对没有飞行的可能。简单地说，大黄蜂这种生物，根本是不可能飞得起来的。

可是，在大自然中，只要是正常的大黄蜂，却没有一只是不能飞的，甚至于它飞行的速度，也并不比其他能飞的动物差。这种现象，仿佛是大自然正在和科学家们开一个很大的玩笑。最后，社会行为学家找到了这个问题的解答。答案很简单，那就是——大黄蜂根本不懂"生物学"与"流体力学"。每一只大黄蜂在它成熟之后，就很清楚地知道，它一定要飞起来去觅食，否则就必定会活活饿死！这正是大黄蜂能飞的奥秘。

如果你的思维凝滞了，不妨去看看大自然，人在伟大的事物面前才能体会到人生的深邃和世界的神奇。在这个世界上，一切皆有可能，只要你始终坚信这样的信念，你就能创造奇迹！

心灵感悟·

没有什么不可能，这是大自然给我们的启示。坚信这一点，你就能创造奇迹。

黑暗和光明只在一线间

莎士比亚在他的名著《哈姆雷特》中有这样一句经典台词："光明和黑暗只在一线间。"一个人虽身处黑暗之中，但心灵千万不要因黑暗而熄灭，而是要充满希望，因为黑暗，只是光明来临的前兆而已。

一个年轻书生，自幼勤奋好学。无奈贫瘠的小村里没有一个好老师。书生的父母决定变卖家产，让孩子外出求学。

这天，天色已晚，书生饥肠辘辘准备翻过山那头找户人家借住一宿。走着走着，树林里忽然窜出一个拦路抢劫的山匪。书生立即拼命往前逃跑，无奈体力不支再加上山匪的穷追不舍，眼看着书生就要被追上了，正在走投无路时，书生一急钻进了一个山洞里。山匪见状，哪肯罢手，他也追进山洞里。洞里一片漆黑，在洞的深处，书生终究未能逃过山匪的追逐，他被山匪逮住了。一顿毒打自然不能免掉，身上的所有钱财及衣物，甚至包括一把准备为夜间照明用的火把，都被山匪一掳而去。山匪给他留下的只有一条薄命。

后来，书生和山匪两个人各自分头寻找着洞的出口，这山洞极深极黑，且洞中有洞，纵横交错。

山匪将抢来的火把点燃，他能轻而易举地看清脚下的石块，能看清周围的石壁，因而他不会碰壁，不会被石块绊倒，但是，他走来走去，就是走不出这个洞，最终，恶人有恶报，他迷失在山洞之中，力竭而死。

书生失去了火把，没有了照明工具，他在黑暗中摸索行走得十分艰辛，他不时碰壁，不时被石块绊倒，跌得鼻青脸肿，但是，正因为他置身于一片黑暗之中，所以他的眼睛能够敏锐地感受到洞里透进来的一点点微光，他迎着这缕微光摸索爬行，最终逃离了山洞。

如果没有黑暗，怎么可能发现光明呢？

心灵感悟·

黑暗并不可怕，它只是光明到来之前的预兆。充满光明的渴望，才是最良好的心态。如果你害怕黑暗，因黑暗而绝望，那么你将被无边的黑暗所淹没。相反，若你一直在心中放一盏长明灯，则光明很快就会降临。

一次突破自我的机会

禅宗典籍《五灯会元》上曾记载这样一则故事：德山禅师在尚未得道之前曾跟着龙潭大师学习，日复一日地诵经苦读让德山有些忍耐不住。一天，他跑来问师父："我就是师父翼下正在孵化的一只小鸡，真希望师父能从外面尽快地啄破蛋壳，让我早日破壳而出啊！"

龙潭笑着说："被别人剥开蛋壳而出的小鸡，没有一个能活下来的。母鸡的羽翼只能提供让小鸡成长和有破壳力的环境，你突破不了自我，最后只能胎死腹中。不要指望师父能给你什么帮助。"

德山听后，满脸迷惑，还想开口说些什么，龙潭说："天不早了，你也该回去休息了。"德山撩开门帘走出去时，看到外面非常黑，就说："师父，天太黑了。"龙潭便给了他一支点燃的蜡烛，他刚接过来，龙潭就把蜡烛熄灭，并对德山说："如果你心头一片黑暗，那么，什么样的蜡烛都无法将其照亮啊！即使我不把蜡烛吹灭，说不定哪阵风也要将其吹灭啊！只有点亮心灯一盏，天地自然成了一片光明。"德山听后，如醍醐灌顶，后来果然青出于蓝，成了一代大师。

心灵感悟·

在面临生活中这样那样的不如意时，不妨将这些不如意当做一次突破自我的机会，勇敢地超越自我的极限，生命就会更上一层楼。

生命不会贬值

在一次讨论会上，一位著名的演说家没讲一句开场白，手里却高举着一张50美元的钞票。

面对会议室里的200个人，他问："谁要这50美元？"一只只手举了起来。他接着说："我打算把这50美元送给你们中的一位，但在这之前，请准许我做一件事。"他说着将钞票揉成一团，然后问："谁还要。"仍有人举起手来。

他又说："那么，假如我这样做又会怎么样呢？"他把钞票扔到地上，又踏上一只脚，并且用脚碾它。然后他拾起钞票，钞票已变得又脏又皱。

"现在谁还要？"还是有人举起手来。

"朋友们，你们已经上了一堂很有意义的课。无论我如何对待那张钞票，你们还是想要它，因为它并没贬值。它依旧值 50 美元。"

> **心 灵 感 悟 ·**
>
> 生命的价值不依赖我们的所作所为，也不仰仗我们结交的人物，而是取决于我们本身！我们是独特的，在上帝眼中，生命永远不会贬值。

笑对苦难

蔡耀星，台湾花莲泰雅族人，因家境贫穷，国小毕业即当了学徒。16 岁时，他在工作中误触高压电，伤势非常严重，好几家医院都拒收，医生都摇头说"没救了"。后来他辗转进入了一家医院，才从死神手中抢回一条命，但是他双手全被截去，这注定他往后一辈子都是"无臂残障者"。

由四肢健全，一下子变成"无臂人"，真是晴天霹雳啊！然而祸不单行，父亲车祸过世，母亲改嫁，妹妹也远嫁，他一人独居多年，但"人还是要活下去啊"！

没有手，怎么吃饭？蔡耀星看狗儿如何吃，就学狗儿一样"直接用嘴吃饭"！

没有手，怎么穿衣服？他学会用嘴巴、用脚趾头，慢慢将衣服套上！

穿裤子呢？他利用树木分叉出的枝杈来钩住裤子，以方便他顺势起身，将裤子套上……

所以，在他家中，姐姐、姐夫为他钉了好多钉子及其他"暗器"，来协助他完成每一件事情。

别人都是"双手万能"，可他却是"双脚万能"，凡是洗头、洗脸、刷牙、写字、拿书、拿电话、梳头、擦屁股……全都靠双脚来完成！连洗米、煮饭、切菜、切肉，也都用双脚来操作，一"脚"的好功夫，真是已经"神乎其技"了。

而今天的成就，却是 10 年来，他辛酸走来的血与泪啊！

"我相信'意念的力量'，我要坚定目标！虽然以前我靠养鸡鸭、捡蜗牛为生，但我还是天天训练体力，在水中游、在路上走、在沙滩上跑，我不管别人怎么看我，但我要为自己而活！希望有一天，我还能参加残疾人奥运会，这是我最大的梦想！"蔡耀星看着来访的记者，眼中也闪耀着期盼与梦想！

而这番豪言壮语，蔡耀星并不是随便说说而已，因为，无师自通的他，早已在前些年参加台湾区运动会，成为蛙式 50 米、100 米，仰式 50 米的金牌得主；以后几年又获得蛙式、仰式等多项金牌，被好多人敬称为"无臂蛙王"。

取得各种成就的蔡耀星一直有着接受教育的梦想。后来，在花莲县教育局陈素婴

老师的协助下，蔡耀星进入花岗国中就读夜校。每天，他都坚持上学，风雨无阻，用脚打计算机，用脚捧书，用脚写考卷，也用脚挺住自己多舛的人生。而在多场的学校演讲中，蔡耀星告诉年轻学子们："人生充满希望，去做就对了！""每天愁眉苦脸也是一天，还不如快快乐乐地过每一天！"

蔡耀星的命运是悲惨的，但他却将生命中一副极差的牌，打得令人刮目相看！这样"用脚改写人生，游出生命金牌"的无臂蛙王，岂不教人又敬又佩？"不要看失去什么，只看还拥有什么！"蔡耀星的这句话，值得我们每一个肢体健全的人去深思。

> **心灵感悟·**
>
> 每一个人都无法避免苦难的降临。懦弱者、愚者面对苦难，垂头丧气，甚至丧失了生活的勇气；勇敢者、智者面对苦难，能够坦然接受，然后想方设法化解苦难，把它看做是对人生的一次挑战，去演绎精彩的人生。

苦难是成长的殿堂

从前古希腊国王有一个儿子，这孩子却爱上了一个牧羊女。他对他的父亲说："父王，我爱上了一个牧羊人的女儿，我要娶她为妻。"

国王说："我贵为国王，而你是我的儿子，我去世以后你便是一国之君了，你怎么可以娶一个牧羊女呢？"王子回答说："父王，我不知道可以不可以，我只知道我爱这个女子，我要她做我的皇后。"

国王感到他儿子的爱情是神的安排，于是他说道："我将传谕给她。"他召来了使者告诉他说："你去对牧羊女说，我的儿子爱上了她并且要娶她为妻。"那使者到女子那里对她说道："国王的儿子爱上了你并且要娶你为妻呢。"牧羊女却问道："他做什么工啊？"使者回答说："哎呀！他是国王之子，他不做工。"那女子说："他一定要学一个行当。"那使者回到国王那里，把牧羊女的话一字一句地报告给他。

国王对王子说："那牧羊女要你学一点手艺呢！你是否仍要娶她为妻？"王子坚决地说："是的，我要学习编织草席。"于是王子就学习编织草席——各式各样、各

种颜色和装饰图案的席子。过了3年他已经能够编织很好的草席了。使者又回到牧羊女那里去对她说这些草席都是王子自己编织的。

牧羊女跟着使者来到王宫，嫁给王子为妻。

有一天，王子走过一家食物店。这店看上去非常清静雅致，于是他便走进去，选了一张桌子坐下，那原来是一个窃贼和杀人凶手开的黑店。他们抓了王子，把他丢在地牢里。城里很多达官贵人都被囚在那里。这些杀人越货的强盗，把俘虏中的胖子宰了用来喂养瘦子，以此寻开心。王子最为瘦弱，强盗们也不知道他是希腊国王的太子，所以没有杀他。王子对强盗们说："我是编草席的，我所织的席子非常宝贵！"他们便拿了些草让他编织。他3天编了3张席子，他对那些强盗说："把这几张席子拿到希腊王的宫廷里去，每张席子你们会得到100块金子。"他们便把那3张席子送进王宫，国王一看就知道那是他儿子的作品。他把草席带到牧羊女那里，说道，"有人把这几张席子送进宫来，这是我失踪了的儿子的手艺。"牧羊女把这些席子逐一拿起仔细端详。她在这些席子的图案里看到她丈夫用希腊文编下的求救信息，她把这个信息告诉了国王。

于是国王派了很多士兵到贼窝去，救出了所有的俘虏，并杀掉了所有的强盗。王子因此得以平安地回到王宫里，并回到他妻子——那个牧羊女的身旁。王子回到宫中和妻子重逢时，他俯伏在她跟前，抱着她的双足。他说："我的妻子啊！完全是因为你，我才能够活着！"国王因此也非常疼爱这牧羊女了。

心灵感悟·

造就伟人的不是顺境，而是困境。在生活的任一驿站，要想取得成就，就必须面对和征服重重苦难。

人生需滚烂泥巴

我国少数民族侗族人有一种奇特的成年礼仪式。一生要滚3次泥巴，一次是5岁，一次是10岁，一次是15岁。侗族人有句俗语："从母亲那里学到善良，从父亲那里学到勤劳，从祖父那里学到耐性。"这种仪式可能就是跟这句俗语相呼应的。5岁的侗族人，就要脱离母亲的怀抱，开始跟着父亲学习劳动，接受艰苦的磨炼了，所以让母亲领到田边，由父亲在田坝彼岸接着。到10岁，则由父亲把他领到田边，由祖父在田坝彼岸接着(没有祖父则请寨里德高望重的老人)。这种做法的意思是孩子初步养成了劳动的习惯，下一步要向祖父学习和锻炼意志、培养耐性了。到了15岁，则由祖父把他带到田边，对面田坝上没人接，意思是从这时起，你即将长大成人，需要自己去体味人间的艰辛，闯出一条自己的生活道路。

祖先一代一代的智慧累积起来，则形成一个个独特的仪式，侗族人的成年礼仪式具有深刻的内涵——滚过烂泥巴，才能有成功的人生。

心 灵 感 悟·

人生的苦难并不可怕，可怕的是我们沉浸于挫折的阴影中而不能走出来。在哪里跌倒，就从哪里爬起来。拍拍身上的灰尘，说声"没有什么了不起"，昂起头，向前走。

用歌声燃起希望

1920年10月，一个漆黑的夜晚，在英国斯特兰腊尔西岸的布里斯托尔湾的洋面上，发生了一起船只相撞事件。一艘名叫"洛瓦号"的小汽船跟一艘比它大十多倍的航班船相撞后沉没了，104名搭乘者中有11名乘务员和14名旅客下落不明。

艾利森国际保险公司的督察官弗朗哥·马金纳从下沉的船身中被抛了出来，他在黑色的波浪中挣扎着。救生船这会儿为什么还不来？他觉得自己已经奄奄一息了。渐渐地，附近的呼救声、哭喊声低了下来，似乎所有的生命都被浪头吞没，死一般的沉寂在周围扩散开去。就在这令人毛骨悚然的寂静中，突然——完全出人意料的，传来了一阵优美的歌声。那是一个女人的声音，歌曲丝毫也没有走调，而且也不带一点哆嗦。那歌唱者简直像在面对着客厅里众多的来宾进行表演一样。

马金纳静下心来倾听着，一会儿就听得入了神。教堂里的赞美诗从没有这么高雅，大声乐家的独唱也从没有这般优美，寒冷、疲劳刹那间不知飞向了何处，他的心完全复苏了。他循着歌声，朝那个方向游去。

靠近一看，那儿浮着一根很大的圆木头，可能是汽船下沉的时候漂出来的。几个女人正抱住它，唱歌的人就在其中，她是个很年轻的姑娘。大浪劈头盖脸地打下来，她却仍然镇定自若地唱着。在等待救生船到来的时候，为了让其他妇女不丧失力气，为了使她们不致因寒冷和失神而放开那根圆木头，她用自己的歌声给她们增添着精神和力量。

就像马金纳借助姑娘的歌声游靠过去一样，一艘小艇也以那优美的歌声为导航，终于穿过黑暗驶了过来。于是，很多人得救了。

心 灵 感 悟·

当你被黑暗或危险吞没时，不要绝望，给自己一个快乐的借口，用歌声驱逐恐惧，用歌声重新燃起希望，一定会带来意想不到的结果。

感谢折磨你的人

　　有位老人经不住海里的风吹浪颠，就守候着海滩，窝在泥铺子里熻鹰。等鹰熬足了月，他就能获取钱财了。他住在海边一座新搭的泥铺子里。泥铺的苇席顶上，立着一黑一灰两只雏鹰。疲惫无奈的日子孕育着老人的希望。黑鹰和灰鹰在屋顶待腻了，就钻进泥铺里来了。老人左手托黑鹰，右手托灰鹰，说不清到底最喜欢哪一个。

　　熬鹰的时候，老人很狠毒，对两只鹰没有一点感情。他想将它们熬成鱼鹰。他用两根布条分别把两只鹰的脖子扎起来，饿得鹰嗷嗷叫了，他就端出一只盛满鲜鱼的盘子。鹰们扑过去，吞了鱼，喉咙处便鼓出一个疙瘩。鹰叼了鱼吞不进肚里又舍不得吐出来，憋得咕咕惨叫。老人脸上毫无表情。他先用一只手攥了鹰的脖子将它拎起来，另一只大手捏紧鹰的双腿，头朝下，一抖，再把攥了鹰的脖子的那只手腾出来，狠拍鹰的后背。鹰不舍地吐出鱼来。

　　海边天气说变就变。海狂到了谁也想不到的地步，老人住的泥铺被风摇塌了，等老人明白过来时已被重重地压在废墟里。黑鹰和灰鹰抖落一身的厚土，钻出来，嘎嘎叫着。黑鹰如得到了大赦似的钻进夜空里去了。灰鹰没去追黑鹰，嗖嗖地围着废墟转圈，悲哀地叫着。

　　老人被压在废墟里，喉咙里塞满了泥团子，喊不出话来，只能拿身子一拱一拱。聪明的灰鹰瞧见老人的动静了，便俯冲下来，立在破席片上，忽闪着双翅，刮动着浮土。不久后，老人便看到铜钱大的光亮。他凭灰鹰翅膀刮拉出来的小洞呼吸活了下来。后来又是灰鹰引来村人救出了老人。老人看着灰鹰，泪流满面。

　　大半天后，黑鹰皮沓沓地飞回来了。老人重搭泥铺，继续熬鹰。看见灰鹰饿得咕咕叫的样子，老人开始心疼了。他开始对灰鹰手下留情，关键时解开灰鹰脖子上的红布带子，小鱼就滑进灰鹰肚里去了。对于黑鹰，老人没气没恼，依然用原来的熬法，而到了关口却比先前还狠。一次，他给黑鹰脖子上的绳子扎松了，小鱼缓缓在黑鹰脖子里下滑，他发现了，便狠狠拽起黑鹰，一只手顺着黑鹰脖子往下撸，一直撸出鱼才停手，黑鹰惨叫着。灰鹰瞅着，吓得不住地颤抖。

　　半年后鹰熬成了。老人很神气地划着一条旧船出征了。到了海汊子里，灰鹰孤傲地跳到最高的船木上，黑鹰有些恼，也跟着跳上去，却被灰鹰挤下去。不仅如此，灰鹰还用嘴啄黑鹰的脑袋。黑鹰反抗却被老人打了一顿。

　　可是，到了真正逮鱼的时候，灰鹰就蔫了。黑鹰真行，不断逮上鱼来。黑鹰眼睛毒，按照主人的唿哨儿扎进水里，又叼上鱼来，喜得老人扭歪了脸相。可灰鹰半晌也逮不上鱼，只是围着老人抓挠。老人很烦地骂了一句，挥手将它扫到一边去了。灰鹰气得咕咕叫，很羞愧。老人开始并不轻视灰鹰，但慢慢地就对灰鹰态度冷淡了。灰鹰逮不上鱼，生存靠黑鹰，于是黑鹰在主人面前占据了灰鹰的地位。

　　后来，灰鹰受不住了，在老人脸色难看时飞离了泥铺子。老人不明白灰鹰为何出走。

从黄昏到黑夜，他都带着黑鹰找灰鹰，招魂的口哨声在野洼里起起伏伏，可是仍没找到灰鹰。老人胸腔里像塞了块东西般堵得慌，他知道灰鹰不会打野食儿。

不久，老人在村里一片苇帐子里找到了灰鹰。灰鹰死了，是饿死的，身上的羽毛几乎秃光了，肚里被黑黑的蚂蚁盗空了。老人的手抖抖地抚摸着灰鹰的骨架，默默地落下了老泪。他一直认为自己对黑鹰的要求近乎苛刻，却没想到自己的不忍却害了灰鹰。

> **心 灵 感 悟·**
>
> 把命运的折磨当做人生的考验，忍受今天的苦楚寄希望于明天的甘甜，这样的人，即便是上帝对他也无能为力。感谢折磨你的人吧，正是他的严苛要求才促成了你的成长。

麻烦是朋友

一位成功人士曾向朋友讲述了他的经历。

我 20 岁那年，任职的公司突然倒闭，我失业了。经理对我说："你很幸运。"

"幸运！"我叫道，"我浪费了两年的光阴，还有 1600 元的欠薪没有拿到。"

"是的，你很幸运。"他继续说，"凡在早年受挫的人都是很幸运的，可以学到鼓起勇气从头做起，学到不忧不惧。运气一直很好，到了四五十岁忽然灾祸临头的人才真可怜，这样的人没有学过如何重新做起，这时候来学年纪又已太大了。"

我 35 岁时，一位商业顾问对我说："不要因为事情麻烦而抱怨；你的收入多就是因为工作麻烦。一般人不需要负什么责任，没有什么麻烦，报酬也少。只有困难的工作，才有丰厚的报酬。"

我 40 岁时，一位哲学家告诉我："再过 5 年，你就会有重大的发现。就是：麻烦不是偶然出现的，而是经常存在的。麻烦就是人生。"

今天，我 50 岁了，回想这 3 位朋友的启示，真是至理名言。

有位知名作家说："人生中不幸的事如同一把刀，它可以为我们所用，也可以把我们割伤。只要看你握住的是刀刃还是刀柄。"

>
> **心 灵 感 悟·**
>
> 不要感叹命运多舛不公。命运向来都是公正的，在这方面失去了，就会在那方面得到补偿。当你感到遗憾失去的同时，可能会有另一种意想不到的收获。但是，前提是你必须有正视现实、改变现实的毅力与勇气。

对冷遇说声感谢

美国人常开玩笑说，是一位布朗小姐的厚此非彼，才"造就"了一位美国总统。原来故事是这样的。

在读高中毕业班时，查理·罗斯是最受老师宠爱的学生。他的英文老师布朗小姐，年轻漂亮，富有吸引力，是校园里最受学生欢迎的老师。同学们都知道查理深得布朗小姐的青睐，他们在背后笑他说，查理将来若不成为一个人物，布朗小姐是不会原谅他的。

在毕业典礼上，当查理走上台去领取毕业证书时，受人爱戴的布朗小姐站起身来，当众吻了一下查理，向他表达了一个出人意料的祝贺。

当时，人们本以为会发生哄笑、骚动，结果却是一片静默和沮丧。许多毕业生，尤其是男孩子们，对布朗小姐这样不怕难为情地公开表示自己的偏爱感到愤恨。不错，查理作为学生代表在毕业典礼上致告别词，也曾担任过学生年刊的主编，还曾是"老师的宝贝"，但这就足以使他获得如此之高的荣耀吗？典礼过后，有几个男生包围了布朗小姐，为首的一个质问她为什么如此明显地冷落别的学生。布朗小姐微笑着说，查理是靠自己的努力赢得了她特别的赏识，如果其他人有出色的表现，她也会吻他们的。

这番话使别的男孩得到了些安慰，却使查理感到了更大的压力。他已经引起了别人的嫉妒，并成为少数学生攻击的目标。他决心毕业后一定要用自己的行动证明自己值得布朗小姐报之一吻。毕业之后的几年内，他异常勤奋，先进入了报界，后来终于大有作为，被杜鲁门总统亲自任命为白宫负责出版事务的首席秘书。

当然，查理被挑选担任这一职务也并非偶然。原来，在毕业典礼后带领男生包围布朗小姐，并告诉她自己感到受冷落的那个男孩子正是杜鲁门本人。布朗小姐也正是对他说过："去干一番事业，你也会得到我的吻的。"

查理就职后的第1项使命，就是接通布朗小姐的电话，向她转述美国总统的问话：您还记得我未曾获得的那个吻吗？我现在所做的能够得到您的评价吗？

生活中，当我们遭到冷遇时，不必沮丧，不必愤恨，唯有尽全力赢得成功，才是最好的答复与反击。

心灵感悟·

有时候，白眼、冷遇、嘲讽会让弱者低头走开，但对强者而言，这也是另一种幸运和动力。对冷遇说声感谢吧，是它"逼迫"你竭尽全力的。

别让自己成"破窗"

美国斯坦福大学心理学家詹巴斗曾做过这样一项实验：他找来两辆一模一样的汽车，一辆停在比较杂乱的街区，一辆停在中产阶级社区。他把停在杂乱街区的那辆车的车牌摘掉，顶棚打开，结果一天之内就被人偷走了。而摆在中产阶级社区的那一辆过了一个星期仍安然无恙。后来，詹巴斗用锤子把这辆车的玻璃敲了个大洞，结果，仅仅过了几个小时，它就不见了。

以这项试验为基础，政治学家威尔逊和犯罪学家凯琳提出了破窗理论：如果有人打破了一个建筑物的窗户玻璃，而这扇窗户又得不到及时的维修，别人就可能受到某些暗示性的纵容去打烂更多的窗户玻璃。久而久之，这些破窗户就给人造成一种无序的感觉。结果在这种公众麻木不仁的氛围中，犯罪就会滋生、增长。破窗理论给我们的启示是：必须及时修好"第一个被打碎的窗户玻璃"。

因此，若你成为那扇破窗，那么最先被淘汰出局的人就是你。

心灵感悟·

人都要准确地把握自己的人生行程，无论何时，都要记住，你千万不要让自己成为那扇"破窗"，否则，最先被淘汰出局的就是你。

对手的"呵护"

一位名叫朗凯宁的作家曾写过一篇名叫《对手》的小说。

志和文成为对手，其缘来自一个女同学。那是在读大学 2 年级的时候，他俩同时爱上了一个叫颖的女同学。颖是中共党员。她对他俩的条件要求非常明朗：谁成为一名中共党员，她就嫁给谁。

于是，志和文同时向党组织交了入党申请书。一年后，志成为一名党员。当文第 2 次向党组织递交申请时，志在讨论会上说文动机不纯，他是为了爱情。许是命运注定，他俩成为一生的对手的机缘就这样开始了，毕业后，他俩被分配在同一部门工作。他俩的争斗让颖生厌，结果谁也没有得到颖的爱情，得到的，只是彼此的怨恨。这怨恨使他俩留一个心眼去盯对方，一旦发现对方有什么纰漏，就毫不留情地捅出去。他俩的目标很明确。

志当上股长的时候，文无可厚非地加入了中国共产党。志当上科长的时候，文也同样当上了股长。他俩就这么相互盯着，相互攀升。当志当上了处长时，文也当上了科长。

志当处长，有许多人送钱送礼物给他，他不敢要，他觉得文的一双眼睛盯着他。有一回，他实在忍不住，心动了，收了人家送来的3000元。夜里，他做了个梦，梦见文高兴得哈哈大笑，说："这回你完了，3000元已经够处罚条件了，你完了。"他吓出一身冷汗，第2天就把钱送到纪检部门去了。

文的机会也同样多。

文虽是科长，请他去吃喝玩乐的人也不少。一回去吃一餐饭，他喝了几杯酒，醉意朦胧中，他被人扶到包房中，一个三陪女对他百般温情，他也动了念头，就在他要失去理智的时候，黑暗中觉得志在笑："玩吧，你玩吧，不玩你怎么会完？"他当即酒醒：险啊！

…………

就这样，他们以有口皆碑的清廉和才干，升上了更高的职位，且得到了人们的尊敬。

眼下，他俩都到了要退休的年龄。一天，两人相见，互望着对方，竟忍不住紧紧拥抱，且激动得热泪盈眶。是的，没有这样的对手，谁敢说途中不会怎样？！

一生平安，得益于对手的"呵护"。

他们都深深地感激对方。

心 灵 感 悟 ·

其实我们无论何时都应该感激对手，只有对手才能让我们有危机感，我们才会不断地进取，以获取最大的成功。没有对手，我们就不会有进步；没有对手，我们就不会有今天的成就；没有对手，我们就不会走向成功的道路。

欣赏对手

　　乔治和马克是一对十分要好的朋友，在一家公司的同一部门工作。因为部门主管升迁，公司准备在部门里选拔一个新的主管。消息传开后，大家都闻风而动，都希望自己入选。后来，传来内部消息，老板主要在考察乔治和马克，他们俩的能力都很突出，尤其是乔治，办事能力强，为人也不错。

　　马克得知乔治就是自己的竞争对手，便暗下决心，想着一定要把乔治挤掉。但他也明白，如果堂堂正正地竞争，自己不是乔治的对手。于是，他四处活动，在上司面前极尽献媚之能事，除夸大自己的能力外，还时时给老板一个暗示——乔治有许多缺点，他不适合这个职位。在马克的阴谋活动下，他终于把乔治挤了下去。但是，当他坐到那个梦寐以求的位子上时，他才发现，他根本就不是胜利者，多数人对他嗤之以鼻，他的工作无法顺利开展，而且每次面对乔治，他都心怀愧疚。仅仅过了半年，由于工作没有成效，他就被免职了。

　　现代社会，不可避免地存在竞争。生活中几乎每个人都有对手，对手可能是你的同学，你的朋友，你的敌人。采用什么样的态度去对待你的竞争对手，看起来是一件小事，但却决定一个人的成败。换句话说，适当的竞争能够促进一个人快速成长，并促进一个人各方面不断成熟起来。这一切的关键是你对竞争对手持什么样的态度。

　　有了竞争对手，不是整天盘算着要如何打击对方，而是从欣赏的角度，处处向对手学习，并以对手的标准来要求自己，你才能成为真正的胜者。事实上，欣赏对方比打击对方更有效。

　　心 灵 感 悟 ·

　　懂得欣赏别人需要宽广的心怀，嫉妒心极强的人是不会用欣赏的眼光看身边的人的。学会欣赏别人就是给自己提供机遇，不懂得欣赏别人，你就不懂得怎样才能更好地发展自己。

第九辑

别跟自己过不去

不能改变就接受

珍子家世代采珠，她有一颗珍珠是她母亲在她离开家赴美求学时给她的。

在她离家前，珍子整日都在担心能否融入那个陌生的环境中，她母亲郑重地把她叫到一旁，给她这颗珍珠，告诉她说："当女工把沙子放进蚌的壳内时，蚌觉得非常的不舒服，但是又无力把沙子吐出去，所以蚌面临两个选择，一是抱怨，让自己的日子很不好过，另一个是想办法把这粒沙子同化，使它跟自己和平共处。于是蚌开始把它的精力营养分一部分去把沙子包起来。"

"当沙子裹上蚌的外衣时，蚌就觉得它是自己的一部分，不再是异物了。沙子裹上的蚌的成分越多，蚌越把它当做自己，就越能心平气和地和沙子相处。"

母亲启发她道："蚌并没有大脑，它是无脊椎动物，在演化的层次上很低，但是连一个没有大脑的低等动物都知道要想办法去适应一个自己无法改变的环境，把一个令自己不愉快的异己，转变为可以忍受的自己的一部分，人的智能怎么会连蚌都不如呢？"

心灵感悟·

　　如果你不能改变环境，就试着改变自己。总能找到方法适应新的环境，并与新环境中的人和谐相处。

别把栅栏门带上

赖莎的丈夫去世了，同时也带走了她所有的快乐，她感觉生活越发苦闷。

赖沙每次上街都要经过一幢老房子，房子前面有一个小得不能再小的院子。不过，那泥地院子总是被扫得干干净净，坚实的地上摆满了一盆盆争妍斗奇的鲜花。

有个身材纤小的女人经常身系围裙，在院子里扫地、修花、剪草。她甚至把那些从无数飞驰而过的汽车上抛下的废物也捡走。

这个院子正在修筑新的栅栏。那栅栏筑得很快，赖莎每次驾车经过那房子时，都会留意它的进展。那位老木匠在它上面加了个玫瑰花棚架和一个凉亭。他把栅栏漆成乳白色，然后给那房子四周也涂上了同样颜色，使它重又光彩照人。

有一天，赖莎把车子停在路旁，对那道栅栏凝望了很久。那木匠把它造得太好了，她有点舍不得离开，于是把发动机关掉，走下车去摸摸那道白色的栅栏。栅栏上的油漆味尚未消散。她听见那女人在里面转动割草机的曲柄，想发动机器。

"你好！"赖莎挥手喊她。

"啊，你好！"那女人站起来，用围裙擦擦手。

"我很喜欢你的栅栏。"赖莎告诉她。

她朝赖莎看了看，微微一笑道："来前廊坐坐，我把这栅栏的故事讲给你听。"

她们走上后面的楼梯，跨过磨旧了的地毯，越过木板地，走到了前廊。

"请坐在这里，"女主人热情地说。

赖莎坐在门廊上喝着香浓的咖啡，看着那道漂亮的白栅栏，心里突然欣喜万分。

"这白栅栏不是为我自己做的，"女主人开始述说这栅栏的故事，"这房子现在只有我一个人住，丈夫早已去世，儿女们也都搬走独自生活去了。但我看到每天有那么多人经过这里，我想，如果我让他们看到一些真正好看的东西，他们一定会很开心。现在大家都看我的栅栏，向我挥手。有些人像你一样，甚至还停下车来，到门廊上坐下聊天。"

"但路在不断地拓宽，这里在不断地改变，你的院子也越变越小，这一切你难道一点都不在乎吗？"赖莎忍不住问道。

"改变是人生不可避免的，是生活中常有的事，它能陶冶你的性格，培养毅力。当你遇到不如意的事时，你有两个选择：怨天尤人，或者生活得更潇洒。"

赖莎离开时，女主人大声喊道："欢迎你随时再来。别把栅栏门带上，那样看起来更友善些。"

"别把栅栏门带上"，赖莎永远记住了这句话。

心 灵 感 悟 ·

不要把自己埋在陈旧的记忆里，也不要让自己陷入痛苦的泥潭中。改变是人生所不可避免的，你所能做的最佳选择就是接受它。

活出自己的本色

"我想按照自己的定义生活。"梅格莱恩说,"我绝对不要活在别人定义的形象底下。我不在乎遗忘,人们总是会变得贪婪、太自我。我希望能不断成长,活出既有的框架。也许我会再拍一部或两部电影,也许不会。虽然我会怀念这个工作,不过我对其他事情也很有兴趣。"

"我希望能活得踏实。"她说,"我不想过得飘飘然,脱离现实。"

你想要的自我方式是什么样?这是一个永远没有标准答案的问题。只要那是你要的方式,便是最好的方法。

最可怕的人生,便是活了一辈子之后,却发现这不是自己要的一辈子!

做着自己不喜欢的工作、念着不想念的科系、过着自己不想要的生活……这种人即使活了200岁也是白活,因为他根本没有自己、没有思想,只像张复印纸,不断地复印别人的想法和意见,以这些东西再来复印生活!

活出自己,还必须要克服的是:别太在乎别人的想法和眼光。

相信世界上不会有人比你自己更懂自己要什么!

每个人的价值观和对生活的认同感都并不尽然相同,他们当然可以给你意见,为你分析,你也可以去参考、去思维,但绝对不可以一个口令一个动作,人家说好的便去做,人家不认同的便去抗拒,这样只是对自己不尊重而已。而不懂得尊重自己的人,别人又怎么会懂得去尊重你?把自己生命中该思考的问题丢给别人负责,根本就是不负责任的行为!

任何人都有自我的方式:有人用唱歌活出自己、有人通过画画、有人用舞蹈、有人用种田、有人用煮饭、有人靠买卖……方式各异但唯一相同的是:这都是自我的选择。

生命是自己的,生活是个人的,方式更是自己选的。每个人都有不同的天分,只要将自己最擅长、最喜欢的部分去延伸发展,就可以发展精彩的自我人生。

不要再犹豫了,你当然可以决定要活出自己。生命的原色原本就该这样,将那些杂质滤掉,快快乐乐地活出自己吧!

心灵感悟·

生命是自己的,生活是自己的,不要在乎别人的看法和眼光,按自己的定义生活,快乐地活出自己的本色吧!

学会认输

赵大爷在院门口摆了一个棋摊，他立下一个规矩，凡输了的，不输金不输银，但必须说一句"我输了"。不说也可以，但必须从他那1米来高的棋桌下钻过去，以示惩罚。既然是楚河汉界，就要分个胜负，这不奇怪。奇怪的是有些人宁愿钻桌子，也不愿认输。

赵大爷嗜棋如命，棋艺也高，只有别人向他拱手认输，他却从未开口说过"输"字。一日，有一位棋友，慕赵大爷高名，前来对弈。赵大爷第1次遇到了对手，一连三局，赵大爷都输了。每次输后，他总是黑着脸，一句话也不说，就从棋桌下钻过去。

后来有人问赵大爷："你这是何苦呢？说一声输了，不就得了，为什么要钻桌子。"

赵大爷把脖子一拧："这'输'字能轻易说的么？你就是砍了我的头，我也不会说的。"

这正应了那句老话："宁输一坨田，不输一句言。"我们生活中的很多人都像赵大爷一样，只知道一味追求要赢，从来不知道认输。其实认输，也是人生的必修课。

学会认输，就是承认失误，承认差距，目的是为了扬长避短。人与人之间，智力的差距、体力的差距、技艺和知识的差距，总是存在的。明知自己臂力不如人，却要与人家硬拼，不知后退，那就只有彻底输掉自己。所谓"明知山有虎，偏向虎山行"，这是一种误导，是盲目的执拗，除了以身饲虎，并不能证明你的勇敢，只能说明你的偏激和愚蠢。

人非圣贤，在生活中搭错车的事，总是难免。当我们发现自己搭的车与自己的目的地走向不对时，就应马上下车。如果你不承认错误，硬要一条道儿走到底，那只能南辕北辙，距你的目的地更远，吃的苦更多。像赵大爷那样，不肯认输，那就只有钻桌子。

学会认输，就是清醒地审读自己，避免更大的损失，也就是纠正错误，重新开始，踏上正确的人生之旅。

心灵感悟·

认输是人生的必修课。人的生命有限，知识有限，输是必然，赢是偶然。学会认输，就是面对生活的真实，承认挫折，明智地绕过暗礁，避凶趋吉，让自己抵达成功的彼岸。

人人都会犯错

任何所谓获得幸福生活的"公式"，都注定要失败，因为我们都是平凡的人，无法遵守一成不变的规定，如果硬要我们去遵循"公式"生活，一定会使我们过度紧张。我们都会犯错，我们必须了解这一点，不要自怨自艾。

人无法按照绝对完美的标准去生活，而且也无此必要。尽管我们也有一些缺点，但我们仍然能够生活得很好。

《圣经》说："经过弱点的磨炼，我的力量获得完美的发展。"

请注意"获得完美的发展"这句话并未提到容忍弱点，而只是承认弱点在发展个人力量上所扮演的角色。

我们以往都犯过错，将来也会犯错。

如果你是一名推销员，有时也会使用错误的方法去推销。

如果你是一个母亲，也可能因为无法随时替宝贝女儿添加衣物，而使她感冒。

如果你是学生，你可能会在英语及历史两科上拿到高分，但物理成绩却很糟。

如果你是投资顾问，有时候你也会向顾客提出不合理的建议。

错误是生活中的一部分，根本无法完全避免。

悲哀的是有许多人为了自己的错误而责备自己——连续好几天、好几个星期，甚至一辈子也不肯原谅自己。

他们往往会这样说："如果我不把钱花在那上面就好了……"或是说："如果我能稍微注意一点，就不会发生那件意外了……"

这些人在他们的脑子中一再重复他们所犯的错误，这等于提醒他们自己如何愚蠢、如何无能。他们无情地惩罚自己，无休无止，然而这对他们没有任何好处。

这种自我批评不仅令他们感到悲哀，而且也会造成神经紧张，将使他们犯更多的错误，形成一种永无止境的恶性循环。

某些女性永远也忘不了她们外表上的缺点，她们对这些缺点耿耿于怀，仿佛在这个世界上，只有这些缺点才是真实的。如果她们的胸部不丰满，或她们的鼻子不够挺直，她们就要怨天尤人。她们会严厉地责备自己，仿佛这些不算缺点的缺点，是她们自己造成的。

她们这样有何好处？没有！她们这样又有何损失呢？失去了健全自我心灵的伟大力量。不要再虐待自己了。

第九辑
别跟自己过不去

心 灵 感 悟·

世上没有完美之人，每一个人都会犯错误。只要不是原则性的大错误，我们大可不必纠结住不放。为什么非要用那一点点错误和缺点来虐待自己呢？

学会自我安慰

吃了亏的人说："吃亏是福。"

丢了东西的人说："破财免灾。"

胆子小的人说："出头的椽子先烂。"

侥幸逃过一劫的人说："大难不死，必有后福。"

受欺压的人说："不是不报，时候未到。"

卸任官员说："无官一身轻。"

官场失意者说："塞翁失马，焉知非福。"

生了女孩的父母说："养女儿是福气，养儿子是名气。"

没钱人的太太说："男人有钱就变坏。"

惧内的丈夫说："有人管着好呀，啥事都不用操心。"

夫不下厨，妻跟人说："整天围着锅台转的男人没出息。"

住在顶楼的人说："顶楼好呀，上下楼锻炼身体，空气新鲜，还不会有人骚扰。"

住在一楼的人说："一楼好呀，出入方便，省得爬楼梯，怪累的。"

某人被老板炒了鱿鱼，他对人说："我把老板给炒了。"

中国人的确有些"阿Q"精神，既要面子，又要自我解嘲。然而这又没什么不好，达观地处理嘛！

我们每一个人所拥有的财物，无论是房子、车子、金子……无论是有形的，还是无形的，没有一样是属于自己的。那些东西不过是暂时寄托于你，有的让你暂时使用，有的让你暂时保管而已，到了最后，物归何主，都未可知。所以智者把这些财富统统视为身外之物。

卡耐基说："要是我们得不到我们希望的东西，最好不要让忧虑和悔恨来苦恼我们的生活。"且让我们原谅自己，学得豁达一点。根据古希腊哲学家艾皮科蒂塔的说法，哲学的精华就是：一个人生活上的快乐，应该来自尽可能减少对外在事物的依赖。罗马政治学家及哲学家塞涅卡也说："如果你一直觉得不满，那么即使你拥有了整个世界，也会觉得伤心。"且让我们记住，即使我们拥有整个世界，我们一天也只能吃3餐，一次也只能睡1张床，即使是一个挖水沟的工人也可如此享受，而且他们可能比洛克菲勒吃得更津津有味，睡得更安稳。

"身外物，不眷恋"是思悟后的清醒。它不但是超越世俗的大智大勇，也是放眼未来的豁达襟怀。谁能做到这一点，谁就会活得轻松，过得自在，遇事想得开，放得下。

> **心灵感悟·**
>
> 生活中不免会有失意之时，不免会遇到不公之事，用"阿Q"精神胜利法来安慰自己，用豁达的胸襟来包容，才会活得更加轻松自在。

学会说"不"

罗恩刚参加工作不久，姑妈来到这个城市看他。罗恩陪着姑妈把这个小城转了转，就到了吃饭的时间。

罗恩身上只有50美元，这已是他所能拿出招待对他很好的姑妈的全部资金，他很想找个小餐馆随便吃一点，可姑妈却偏偏相中了一家很体面的餐厅。罗恩没办法，只得硬着头皮随她走了进去。

俩人坐下来后，姑妈开始点菜，当她征询罗恩意见时，罗恩只是含混地说："随便，随便。"此时，他的心中七上八下，放在衣袋中的手里紧紧抓着那仅有的50美元。这钱显然是不够的，怎么办？

可是姑妈一点也没注意到罗恩的不安，她不住口地夸赞着这儿可口的饭菜，中途姑妈看到邻桌有一杯很诱人的香草冰淇淋，便将侍者叫来询问价格，侍者说那是本店

推出的新品，特价 15 美元一杯。姑妈问罗恩要不要来一杯，罗恩多么想说"不"啊，但他看到姑妈那么喜欢的样子，便"鬼使神差"般地说了句："来两杯吧！"

姑妈吃得很高兴，不时发出赞叹声，可罗恩却什么味道都没吃出来。

最后的时刻终于来了，彬彬有礼的侍者拿来了账单，径直向罗恩走来，罗恩张开嘴，却什么也没说出来。

姑妈温和地笑了，她拿过账单，把钱给了侍者，然后盯着罗恩说："小伙子，我知道你的感觉，我一直在等你说不，可你为什么不说呢？要知道，有些时候一定要勇敢坚决地把这个字说出来，这是最好的选择。我来这里，就是想要让你知道这个道理。不过，还是感谢你请姑妈吃了一顿大餐，今天好像的确吃得太多了一些，平时我只吃两片面包、一杯牛奶就够了。"

这一课对所有的人都很重要：在你力不能及的时候要勇敢地把"不"说出来，否则你将陷入更加难堪的境地。

学会说"不"，是种自我尊重，尊重了自己之后，别人才懂得如何尊重我们。一味的好心，不只加重了别人的依赖，也加重了自我的负担。

这种好心，不但害了自己，也害了别人。

心灵感悟·

在力所不能及的时候勇敢地说"不"，这不是懦弱的表现，而是一种保护自己、尊重别人的手段。

原谅生活

"人有悲欢离合，月有阴晴圆缺，此事古难全。"古人有古人的悲哀，可古人很看得开，他们把人世间的悲欢离合比做月的阴晴圆缺，一切全出于自然，其中有永恒不变的真理，它像一只无形的手在那里翻云覆雨，演绎着多色多味的世界。今人也有今人的苦恼，因为"此事古难全"。

苦恼和悲哀常常引起人们对生活的报怨，哀自己的命运苦，怨生活的不公。其实生活仍然是生活，关键看你取什么角度。我见过几位"麻将专家"，真正意义上的赌徒，他们无限沉溺于这种游戏之中，自然应该受到道德谴责，可是人生又是什么？从某种意义上说，难道不也是一场赌局吗？用你的青春去赌事业，用你的痛苦去赌欢乐，用你的爱去赌别人的爱。要不怎么有人说："如果你觉得活得没意思了，那就该死了。"

有沮丧失落的时候，我们对一切感到乏味，生活的天空阴云密布，看什么都不顺眼，像 T 恤衫上印着的：别理我，烦着呢！生活中有很多时候令我们心情不好。面对高考落榜，面对失恋，面对解释不清的误会，我们的确不易很快地超脱。但是人有逆反心理，更多的时候是"多云转晴"，忧郁被生气勃勃的憧憬所取代。烦些什么？你的敌人就是你自己，战胜不了自己，没法不失败；想不开、钻死胡同，全是自己自寻烦恼。

沮丧的时候，退归你生活的角落，去充电、打气。选一盒录音带，京剧、越剧、歌曲、乐曲什么都成，边听边练毛笔字，书写龚自珍的诗"霜豪掷罢倚天寒"，多带劲！"不是逢人苦誉君，亦狂亦侠亦温文"，多亲切！你还是发泄一下，那就大声唱出来："我站在冽冽风中，恨不能荡尽绵绵心痛；看苍天，四方云动，剑在手，问天下谁是英雄……"渐渐地排遣了沮丧，焕发了新的振奋激情，环视四周，发现一切正常，你的消沉、你的低落、你的怨愤没有任何意义，既然如此，何不让自己回归正常？凭什么总跟自己过不去呢？试试看，每天吃一颗糖，然后告诉自己——今天的日子，果然是甜的！

有时候，我们要对自己残忍一点，不必过分纵容自己的哀怜，"不识庐山真面目，只缘身在此山中"。走出去或登到顶上去，你会看到另一番景象："日照香炉生紫烟，遥看瀑布挂前川，飞流直下三千尺，疑是银河落九天。"

我们看清了自己，再来看生活，也许多了几分宽容在里面，生活本身，并不是可以实现所有幻想的万花筒，生活和我们是相互选择的，不该过分计较生活的失言，生活本来就没有承诺过什么。它所给予的，并不总是你应当得到的，而你所能取得的，是凭你不懈的真诚和执著所能得到的。

原谅生活是一种积极有效的方式，原谅生活，不是可以淡漠所有的不公，不是为了超脱凡世的恩怨，而是要正视生活的全部，以缓解和慰藉深深的不幸。相信生活，才能原谅生活，如果你的桅杆折断，不论是你自己的错，还是生活的错，都不该再悲哀地守着荡舟的孤独。

请重新支起新的桅杆！

原谅生活，是为了更好地生活。

心灵感悟·

生活并非一位温文尔雅的智者，它会给我们带来快乐与欢笑，也会带来烦恼与痛苦。我们不应怨生活，人不能完美，何况生活？感恩生活、原谅生活，才是人生的明智选择。

学会弯曲

加拿大的魁北克有一条南北走向的山谷。山谷没有什么特别之处，唯一能引人注意的，是它的西坡长满松、柏、女贞等树，而东坡只有雪松。

这一奇异景观是个谜，许多人想探究个所以，但一直没有找到令人满意的结论。最后揭开这个谜的，竟是一对夫妇。

那是1983年的冬天，这对夫妇的婚姻正濒于破裂的边沿。为了重新找回昔日的爱情，他们打算做一次浪漫之旅，如果能找回就继续生活，如果不能就友好分手。他们选择的地点正是这个山谷。他们刚到这里，天空便下起了大雪。他们支起帐篷，望着满天飞舞的大雪，发现由于风向的缘故，东坡的雪总比西坡的雪来得大，来得密。不一会儿，雪松上就落了厚厚的一层雪。不过当雪积到一定的程度，雪松那富有弹性的枝丫就会向下弯曲，直到雪从枝上滑落。这样反复地积，反复地弯，反复地落，雪松完好无损。西坡由于雪小，总有些树挺了过来，所以西坡除了雪松，还有柘、柏和女贞之类。

帐篷中的妻子发现了这一景观，对丈夫说："东坡肯定也长过杂树，只是不会弯曲才被大雪摧毁了。"

丈夫点头称是。少顷，两人像突然明白了什么似的相互吻着拥抱在一起。

丈夫兴奋地说："我们揭开了一个谜——对于外界的压力要尽可能地去承受，在承受不了的时候，学会弯曲一下，像雪松一样让一步，这样就不会被压垮。"

确实，他们不只揭开了山谷雪松之谜，更揭开了一个人生之谜。

心灵感悟·
弯曲不是退缩的怯懦，而是一种逆境求生的智慧与获得和谐生活的人生艺术。

人生的三重境界

一位禅师认为，人生有三重境界，这三重境界可以用一段充满禅机的语言来说明：看山是山，看水是水；看山不是山，看水不是水；看山还是山，看水还是水。

人生之初，纯洁无瑕，初识世界，一切都是新鲜的，眼睛看见什么就是什么，人家告诉他这是山，他就认识了山，告诉他这是水，他就认识了水。

随着年龄渐长，经历的世事渐多，就发现这个世界的问题了。这个世界问题越来越多，越来越复杂，经常是黑白颠倒、是非混淆，无理走遍天下，有理寸步难行，好人无好报，恶人活千年。进入这个阶段，人是激情的、不平的、忧虑的、疑问的、复杂的，人不愿意再轻易地相信什么。人在这个时候看山也感慨，看水也叹息，借古讽今，指桑骂槐。山自然不再是单纯的山，水自然不再是单纯的水。一切的一切都是人的主观意志的载体。倘若留在人生的这一阶段，那就苦了这条性命了。人就会这山望着那山高，不停地攀登，争强好胜，与人比较，怎么做人，如何处世，绞尽脑汁，机关算尽，永无满足的一天，因为这个世界原本就是一个圆，人外还有人，天外还有天，循环往复，绿水长流。而人的生命是短暂的，有限的，哪里能够去与永恒和无限比较呢？

在生活中，不少人到了人生的第二重境界就到了人生的终点。追求一生，劳碌一生，心高气傲一生，最后发现自己并没有达到自己的理想，于是抱恨终生。但是有一些人通过自己的修炼，终于把自己提升到了第三重人生境界，茅塞顿开，回归自然。人在这时候便会专心致志做自己应该做的事情，不与旁人有任何计较。任你红尘滚滚，自有清风朗月。面对芜杂世俗之事，一笑了之，了了有何不了。这个时候的人看山又是山，看水又是水了。

"人本是人，不必刻意去做人；世本是世，无须精心去处世"，这才是真正的做人与处世。

心灵感悟·

人生须专心地做自己应做的事，任你红尘滚滚，自有清风朗月。

别做金钱的奴隶

利奥·罗斯顿是美国最胖的好莱坞影星。1936 年，他在英国演出时，因心肌衰竭被送进汤普森急救中心。抢救人员用了最好的药，动用了最先进的设备，仍没挽回他的生命。临终前，罗斯顿曾绝望地喃喃自语："你的身躯很庞大，但你的生命需要的仅仅是一颗心脏！"

罗斯顿的这句话，深深触动了在场的哈登院长，作为心外科专家，他流下了泪。为了表达对罗斯顿的敬意，同时也为了提醒体重超常的人，他让人把罗斯顿的遗言刻在了医院的大楼上。

1983 年，一位叫默尔的美国人也因心肌衰竭住了进来。他是位石油大亨，两伊战争使他在美洲的 10 家公司陷入危机。为了摆脱困境，他不停地往来于欧、亚、美之间，最后旧病复发，不得不住进医院。

他在汤普森医院包了一层楼，增设了 5 部电话和 2 部传真机。当时的《泰晤士报》是这样渲染的：汤普森——美洲的石油中心。

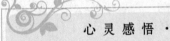

默尔的心脏手术很成功，他在这儿住了 1 个月就出院了。不过他没回美国。苏格兰乡下有一栋别墅，是他 10 年前买下的，他在那儿住了下来。1998 年，汤普森医院百年庆典，邀请他参加。记者问他为什么卖掉自己的公司，他指了指医院大楼上的那一行金字。不知记者是否理解了他的意思，总之，在当时的媒体上没找到与此有关的报道。后来人们在默尔的一本传记中发现这么一句话："富裕和肥胖没什么两样，也不过是获得超过自己需要的东西罢了。"

要有合乎时代的"金钱感觉"，说来容易，实际做来却有困难。因为对事情的想法和创意，多多少少会受限于生长的环境，所以虽然知道，却不容易做到。

因此，我们要把一个真理铭记于心："不要做金钱的奴隶！"

换句话说，就是不要被金钱所束缚，单是这个基本的想法，就值得跨越任何时代而铭记于心。

心灵感悟·

金钱只是使我们生活便利的工具，我们绝不能沦为金钱的奴隶。只有这样，你才能在面对金钱时不丧失良心，不做违背道德的事情。

不必完美

美国心理学家纳撒尼雨·布兰登举过一个他亲身经历的例子。

许多年前，一位叫洛蕾丝的 24 岁的年轻妇女无意中读了他的一本书，便找他来进行心理治疗。洛蕾丝有一副天使般的面孔，可骂起街来却粗俗不堪，她曾吸毒、卖淫。

布兰登说，她做的一切都使我讨厌，可我又喜欢她，不仅因为她的外表相当漂亮，而且因为我确信在堕落的表象下她是个出色的人。起初，我用催眠术使她回忆她在初中是个什么样的女孩子。她当时很聪明，但是不敢表现自己，怕引起同学的嫉妒。她在体育上比男孩强，招惹来一些人的讽刺挖苦，连她哥哥也怨恨她。我让她做真空练习，她哭泣着写了这样一段话：你信任我，你没有把我看成坏人！你使我感到痛苦，也感到了希望！你把我带到了真实的生活，我恨你！

　　一年半后，洛蕾丝考取洛杉矶大学学习写作，几年后成为一名记者，并结了婚。10年后的一天，我和她在大街上相遇，我几乎认不出她了：衣着华丽，神态自若，生机勃勃，丝毫不见过去的创伤。寒暄后，她说："你是没有把我当成坏人看待的那个人，你把我看做一个特殊的人，也使我看到了这一点。那时我非常恨你！承认我是谁，我到底是什么人，这是我一生中从未遇到的事。人们常说承认自己的缺点是多么不容易的事，其实承认自己的美德更难。"

　　真正面对成功，就必须要学会放弃完美，不求完美，因为我们的确不是完美无缺的。这是一个令人宽慰的事实，我们越早接受这一事实，就越能及早地向新的目标迈进，这是人生的真谛。

　　没有自我接受、自我肯定这个先决条件，我们怎么会改进和提高呢？

　　你站在一面穿衣镜前，观察自己的面孔和全身。你可能喜欢某些部分，而不喜欢另外某些部分。有些地方可能不怎么耐看，使你感到不安，但如果你看自己不喜欢的样子，请你不要逃避，不要抵触，不要否认自己的容貌。这个时候你就需要放弃完美，放弃"公有化"的标准，而用自己的标准来看待自己。否则你就无法自我接受、自我肯定。法国大思想家卢梭说得好："大自然塑造了我，然后把模子打碎了。"这话听起来似乎有点深奥，其实说的是实在话，可惜的是，许多人不肯接受这个已经失去了模子的自我，于是就用自以为完美的标准，即公共模子，把自己重新塑造一遍，结果彼此就变得如此相似，都失去了自我。

　　"成为你自己！"这句格言之所以知易行难，道理就在于此。失去了自我，失去了个性与自我意识，你还谈什么改进和提高呢？

　　应当怎么办？你要用自己的眼光注视镜子里边的自我形象，并试着对自己说："无论我的什么缺陷，我都无条件地完全接受，并尽可能喜欢我自己的模样。"你可能想不通：我明明不喜欢我身上的某些东西，我为什么要无条件地完全接受呢？

　　接受意味着接受事实，是承认镜子里的面孔和身体就是自己的模样。接受自己承认事实，你会觉得轻松一点，感到真实和舒服了。时间不长，你就会体会到自我接受与自信自爱之间相辅相成的关系。我们学会接受自我，才会构建属于自己的头脑。

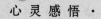

心灵感悟·

　　每个人都有或多或少的缺陷，正是这些缺陷才使我们更加真实、更加可爱。我们本不必为追求完美而迷失了自己，学会接受真实的自我，才会使你的生活更轻松、更充实。

第十辑

越过心灵的低谷

不碎的是意志

有这样一个人，生长在农村，初中只读了两年，家里就没钱继续供他上学了。他辍学回家，帮父亲耕种三亩薄田。

在他19岁那年，父亲去世了，家庭的重担全部压在了他的肩上。他要照顾身体不好的母亲，还有一位瘫痪在床的祖母。

20世纪80年代，农田承包到户。他把一块水洼挖成池塘，想养鱼。但乡里的干部告诉他，水田不能养鱼，只能种庄稼，他只好把水塘填平。这件事成了一个笑话，在别人的眼里，他是一个想发财但非常愚蠢的人。

后来，听说养鸡能赚钱，他向亲戚借了1000元钱，养起了鸡。但是一场洪水后，鸡得了鸡瘟，几天内全部死光了。1000元对别人来说可能不算什么，对一个只靠三亩薄田生活的家庭而言，不亚于天文数字。他母亲受不了这个刺激，竟然忧郁而死。

他后来酿过酒、捕过鱼，甚至还在采矿的悬崖上帮人打过炮眼……可都没有赚到钱。35岁的时候，他还没有娶到媳妇。即使是死了男人拖儿带女的寡妇也看不上他。因为他家的那一间土房已经成为村里有名的危房，一场大雨就有可能使它倒塌。娶不上老婆的男人，在农村是没有人看得起的。

但他还想搏一搏，就四处借钱买了一辆手扶拖拉机。不料，上路不到半个月，这辆拖拉机就载着他冲入河里。他断了一条腿，成了瘸子。而那拖拉机，被人捞起来时，已经支离破碎，他只能拆开它，当做废铁卖。在别人看来，他这辈子算是完了。

但是后来他却成了城里一家公司的老总，拥有2亿元的资产。现在，许多人都知道他苦难的过去和富有传奇色彩的创业经历。媒体采访过他，报告文学描述过他。其中有这样一个情节。

记者问他："在苦难的日子里，你凭什么一次又一次毫不退缩？"

他坐在宽大豪华的老板台后面，喝完了一杯水。然后，他把玻璃杯子握在手里，反问记者："如果我松手，这只杯子会怎样？"

记者说："摔在地上，碎了。"

"那我们试试看。"他说。

他手一松，杯子掉到地上发出清脆的声音，但并没有破碎，而是完好无损。他说："即使有10个人在场，他们都会认为这只杯子必碎无疑。但是，这只杯子不是普通的玻璃杯，而是用玻璃钢制作的。而我，就是这杯子。"

心灵感悟·

其实，有"摔不碎的意志"的人，无论上天给他怎样的挫折与苦难，他都能在生存的缝隙中抓住成功的机会，奋起一搏。

希望永不破灭

很久以前，为了开辟新的街道，伦敦拆除了许多陈旧的楼房。然而新路却久久没能开工，旧楼房的废墟晾在那里，任凭日晒雨淋。

有一天，一群自然科学家来到这里，他们发现，在这一片多年未见天日的旧地基上，这些日子里因为接受了春天的阳光雨露，竟长出了一片野花野草。

奇怪的是，其中有一些花草却是在英国从来没有见过的，它们通常只生长在地中海沿岸国家。这些被拆除的楼房，大多都是在古罗马人沿着泰晤士河进攻英国的时候建造的。

这些花草的种子多半就是那个时候被带到了这里，它们被压在沉重的石头砖瓦之下，一年又一年，几乎已经完全丧失了生存的机会。但令人感到意外的是，一旦它们见到阳光，就立刻恢复了勃勃生机，绽开了一朵朵美丽的花朵。

其实，人的生命也是如此。一个人，不管他经受了多少打击，也不管他经历了多少苦难，一旦爱的阳光照耀在了他的身上，他便能治愈创伤，便能重获希望，便能萌生出新的生机，哪怕是在荒凉恶劣的环境里，也依然能够放射出自己的生命之光。

心灵感悟·

在挫折和逆境中保持旺盛的斗志，蓄势待发的人，就像被埋藏了数千年的花草种子，只要发现成功的转机，就会迅速地发芽开花。

弯腰的哲学

孟买佛学院是印度最著名的佛学院之一，这所佛学院之所以著名，除了它建院历史的久远、辉煌的建筑和它培养出了许多著名的学者以外，还有一个特点是其他佛学院所没有的，这是一个极其微小的细节，但是，所有进入过这里的人，当他再出来的时候，几乎无一例外地承认，正是这个细节使他们顿悟，正是这个细节让他们受益无穷。

这是一个很简单的细节，只是我们都没有在意：孟买佛学院在它的正门一侧，又开了一个小门，这个小门只有 1.5 米高、40 厘米宽，一个成年人要想过去必须弯腰侧身，不然就只能碰壁了。

这正是孟买佛学院给它的学生上的第 1 堂课。所有新来的人，教师都会引导他到这个小门旁，让他进出一次。很显然，所有的人都是弯腰侧身进出的，尽管有失礼仪和风度，但是却达到了目的。教师说，大门当然出入方便，而且能够让一个人很体面、很有风度地出入。但是，有很多时候，我们要出入的地方并不都是有着壮观的大门的，况且，有的大门也不是随便可以出入的。这个时候，只有学会了弯腰和侧身的人，只有暂时放下尊贵和体面的人，才能够出入。否则，有很多时候，你就只能被挡在院墙之外了。

佛学院的教师告诉他们的学生，佛家的哲学就在这个小门里，人生的哲学也在这个小门里。人生之路，尤其是通向成功的路上，几乎是没有宽阔的大门的，所有的门都是需要弯腰侧身才可以进出。

心灵感悟·

人生的道路会有曲折与艰险，会有深渊与泥潭，但只需你懂得了弯腰的哲学，渡过难关之后，迎来的必是一马平川。

一切都能应付过去

辛·吉尼普的父亲得了肺结核，那段日子，正碰上全美经济危机，吉尼普和妻子都先后失业了，经济拮据。父亲的病使得本不富裕的家里更加雪上加霜。老吉尼普生病时，仗着他曾经是俄亥俄州的拳击冠军，有着硬朗的身子，才挺了过来。

那天，吃罢晚饭，父亲把他们叫到病榻前。他一阵接一阵地咳嗽，脸色苍白。他艰难地扫了每个人一眼，缓缓地说："我想告诉你们一件事情。那是在一次全州冠军对抗赛上，我的对手是个人高马大的黑人拳击手，而我个子矮小，一次次被对方击倒，牙齿也出血了。我在台上不止一次地想到过要放弃。但在休息时，教练鼓励我说，'辛，你不痛，你能挺到第12局！'我也跟着说，'不痛。我能应付过去！'之后，我感到自己的身子像一块石头、像一块钢板，对手的拳头击打在我身上发出空洞的声音。跌倒了又爬起来，爬起来又被击倒了，但我终于熬到了第12局。对手战栗了，我开始了反攻，我是用我的意志在击打，长拳、勾拳，又一记重拳，我的血同他的血混在一起。眼前有无数个影子在晃，我对准中间的那一个狠命地打去……他倒下了，而我终于挺过来了。哦，那是我唯一的一枚金牌。"

说话间，他又咳嗽起来，额上汗珠纷纷而下。他紧握着吉尼普的手，苦涩地一笑："不要紧，才一点点痛，我能应付过去。"

第2天，父亲就去世了。

父亲死后，家里的境况更加艰难。吉尼普和妻子天天跑出去找工作，晚上回来，总是面对面地摇头，但他们不气馁，互相鼓励说："不要紧，我们会应付过去的。"

后来，当吉尼普和妻子都重新找到了工作，坐在餐桌旁静静地吃着晚餐的时候，他们总会想到父亲，想到父亲的那句话：我能应付过去。

心灵感悟·

就像不可能总是一帆风顺一样，我们不会总处于困境之中，困境只是上苍对我们的考验，你应该昂起头，微笑着说："一切都能应付过去！"

生命的滋味

只有一个真正严肃的哲学问题，那就是自杀。这是加缪《西西弗斯神话》里的第一句话。朋友提起这句话时，正躺在医院急诊室的病床上，140粒安定药没有撂倒他，他又能够微笑着和大家说话了。

另一位朋友肺癌晚期，一年前医生就下过病危通知书，是钱、药、家人的爱在一点一点地延长着他的生命。对于病人，病痛的折磨或许会让他感到生不如死，但对于亲人来说，不惜一切代价，只要他活着，只要他在那儿。

人无权决定自己的生，但可以选择死。为什么要活着？怎样活下去？是人终生都要面对的问题。

有一个春天，李杰很忧郁，是那种看破今生的绝望，那种找不到目的和价值的空虚，那种无枝可栖的孤独与苍凉。一个下午，李杰抱了一大堆影碟躲在屋内，心想就这样看吧看吧看死算了。直到他看到它——伊朗影片《樱桃的滋味》，他的心弦被轻轻地拨动了。

那时李杰的电脑还没装音箱，只能靠中文字幕的对白了解剧情。剧情大致是这样的。

巴迪先生驱车走在一条山间公路上，他神情从容镇静，稳稳地操纵着方向盘。他要寻找一个帮助埋掉他的人，并付给对方20万元。一个士兵拒绝了，一位牧师也拒绝了，天色不早了，巴迪先生依然从容镇静地驱车在公路上寻觅。这时他遇到了一个胡子花白的老者，老者给他讲了一个故事：我年轻的时候也曾想过要自杀，一天早上，我的妻子和孩子还没睡醒，我拿了一根绳子来到树林里，在一颗樱桃树下，我想把绳子挂在树枝上，扔了几次也没成功，于是我就爬上树去。那时是樱桃成熟的季节，树上挂满了红玛瑙般晶莹饱满的樱桃。我摘了一颗放进嘴里，真甜啊！于是我又摘了一颗。我站在树上吃樱桃。太阳出来了，万丈金光洒在树林里，涂满金光的树叶在微风中摇摆，满眼细碎的亮点。我从未发现树林这么美丽。这时有几个上学的小学生来到树下，让我摘樱桃给他们吃。我摇动树枝，看他们欢快地在树下捡樱桃，然后高高兴兴去上学。看着他们的背影远去，我收起绳子回家了。从那以后我再也不想自杀了。生命是一列向着一个叫死亡的终点疾驰的火车，沿途有许多美丽的风景值得我们留恋。

夜幕降临了，巴迪先生披上外套，熄灭了屋内的灯，走进黑暗中。夜色里只看到车灯的一线亮光。然后是无边的、长久的黑暗……

天亮了，远处的城市和近处的村庄开始苏醒，巴迪先生从洞里爬出来，伸了个懒腰，站在高处远眺。

看到这里李杰决定认认真真地洗个脸，把皮鞋擦亮，然后到商场给自己买束鲜花。

后来李杰曾经问过一位欲放弃生命的朋友，问他体验死亡的感觉如何。他说一直在昏迷中，没觉着怎么痛苦。倒是出院的那天，看到阳光如此的明媚，外面的世界如此的新鲜，大街上姑娘们穿着红格子呢裙，真是可爱。长这么大第1次发现世界是这样的美好。

世界还是那个世界，只是感受世界的那颗心不同而已。

患肺癌的朋友已经离开了，记得他生前爱吃那种烤得两面焦黄的厚厚的锅盔。每次看到卖饼的小贩推着小车走来，就会怅然，若他活着该多好！可惜那些吃饼的人，已经体味不到自己能够吃饼的幸福了。

为什么要活着？就为了樱桃的甜，饼的香。静下心来，认真去体验一颗樱桃的甜，一块饼的香，去享受春花灿烂的刹那，秋月似水的柔情吧。就这样活下去，把自己生命过程的每一个细节都设计得再精美一些，再纯净一些。不要为了追求目的而忽略过程，其实过程即目的。

心灵感悟·

生命的滋味不能一言蔽之。有人想永生，有人想提前结束，有人活得有滋有味，有人活得太苦太难。可不论人们怎样，生命总是生生不息。

蚂蚁人生

布奇是位鳏夫，今年已 90 岁了。不过看样子他至少还能活 20 个年头。

布奇从来不谈论自己的长寿之道，其实这也没有什么奇怪的，他平时就是个寡言少语的人。

布奇虽然不爱说话，却很乐于帮助别人。因此他拥有不少莫逆之交。据他的朋友透露，他母亲生他时难产死了；他 5 岁那年，他家乡发生水灾，大水一直漫过房顶。他坐在一块木板上，他的父亲和几个哥哥扶着木板在水里游着。在那个生命之舟上，他眼睁睁地看着巨浪把自己的几个哥哥一个个地卷走。当他看到陆地的时候，父亲也筋疲力尽，随水而走。他是全家唯一的幸存者。经此磨难，他活泼的眼神变得呆滞了，他的眼前似乎总是弥漫着一片茫茫大水。

布奇长大成人，结了婚，温柔美丽的妻子为他生了 5 个可爱的孩子——3 个男孩与 2 个女孩。他渐渐忘记了过去的痛苦，刻板的脸上又有了微笑。天有不测风云，人有旦夕祸福。他们全家出去郊游，布奇雇了一辆汽车，可是汽车不够宽敞，他只好骑着自行车兴致勃勃地跟在后面。这时车祸发生了。布奇又成了孤身一人。那一瞬间，他的眼神又变得像木头一样呆滞了。

此后，布奇再也没结过婚。他当过兵，出过海。他没日没夜地跟苦难的朋友们待在一起，倾尽全力帮别人的忙。布奇也经历了各种各样的惊涛骇浪，然而，死神逼近的时候，总是拥抱别的灵魂，好像他有上帝的护身符一样。

不知什么时候，90岁的布奇已站在我们身后，他苍凉的声音像远古时期的洪流冲击着每一个人：

"在离我10米远近的水面上，一窝蚂蚁抱成足球那么大的一团漂浮着。每一秒钟都有蚂蚁被洪水冲出这个球。当这窝蚂蚁跟5岁的我一起登上陆地时，它们竟还有网球那般大小。"

心灵感悟·

蚂蚁的坚忍与对生命的追求启发了布奇。布奇的传奇人生感化了我们。对于坚忍的生命来说，苦难只是人生的插曲而已，它并不会破坏生命的主旋律。

种一棵"烦恼树"

一个农场主，雇了一个水管工来安装农舍的水管。不知是否老天故意和水管工做对，那天他的运气糟透了。头一天，车子的轮胎爆裂了，耽误了一个小时，后来电钻也"罢工"了。最后，开来的那辆载重1吨的老爷车说什么也不再启动。他收工后，雇主开车把他送回家去。到了家门前，为了感谢雇主，他邀请雇主进屋坐坐。在门口，雇主发现，满脸晦气的水管工没有马上进去，而是沉默了一阵子，接着伸出双手，抚摸门旁一棵小树的枝丫，像是自言自语地说了些什么。待到门打开，水管工笑逐颜开，和两个孩子紧紧拥抱，再给迎上来的妻子一个响亮的吻，像变了一个人一样。在家里，水管工喜气洋洋地招待这位新朋友。雇主离开时，水管工陪他向车子走去。雇主按捺不住好奇心，问："刚才你在门口的动作，有什么用意吗？为什么你能在瞬间像换了个人呢？"水管工爽快地回答："哦，这是我的'烦恼树'。我到外头工作，不愉快的事情总是有的，可是烦恼不能带进门，不能因自己的烦恼而影响太太和孩子的心情。我就把它们挂在烦恼树上，让老天爷管着，明天出门再拿走。奇怪的是，第2天我到树前去，'烦恼'大半都不见了。"

心灵感悟·

栽上一棵"烦恼树"，清除心灵的垃圾，让快乐生活陪伴在你的左右。

绝望之后必轻松

我们在处于绝望状态时，往往会设法逃避现实甚至希望得到他人的保佑。可是，著名政治家丘吉尔却不然，他深知在那种消极的情绪支配下不可能马上找到解决的良方，因而要大胆地承认和接受眼前这一绝望的现实，并借助这种豪迈的气概和客观的态度来鼓起自己的勇气。

有关英国前首相丘吉尔的传说很多。第二次世界大战爆发前曾流传这样一个故事。

当时战争已无法避免，一天一位高级军官报告说："依我看，事态的发展令人感到绝望。"这时丘吉尔镇定地说："的确，绝望的心情无法用言辞来表达。"丘吉尔首先肯定和承认这一现实，然后继续说："可我感到我年轻了20岁！"

绝望和承认绝望是截然不同的两种精神活动。承认自己绝望的处境才能客观地看待自己！因此，处于绝望状态时，承认自己处于绝望状态这一现实，不仅能松弛自己的情绪，甚至还能使自己设法摆脱绝望的处境。

有一本人生杂志，上面刊载如下的新闻：有一位曾在战场上受伤的士兵，当他从麻醉手术台上醒过来的时候，军医对他说："你再休息一会儿，你就会痊愈了，唯一遗憾的是，你已经失去一只脚了。"

没有想到，这位伤兵却大声抗议说："不对，我这只脚不是失去的，而是被我遗弃的。"

任何人在读完这篇报道后，都对这位士兵那种毫不沮丧地接受悲剧事实的勇敢感到由衷的敬佩。他能把失去的，改称为被遗弃的，显然表示他已经越过绝望的深渊。

不管"失去的"也好，"被遗弃的"也好，反正是自己已经没有了的东西，这是一个改变不了的事实。不过，如果你认为它是失去的东西，那么，你的意志与感受便会不断地牵挂在那件失去的事物上。换句话说，失去的东西具有尚未了结的性质，所以内心一定会万分地惋惜，甚至还会想不开；相反，如果你把它想象成被遗弃的东西，那就表示它是废物，在这种情况下，你就会以轻松的心情来处理事物，而且对它不再眷恋。

在我们的人生中，失去的东西显然不计其数。然而，只要我们把那些东西当做被遗弃的废物时，沮丧的感觉就会减轻许多。也只有这样，绝望之后才会感觉轻松。

心灵感悟·

　　处于绝望状态时，承认"绝望"这一现实，才能放松心情，使自己摆脱绝望境地，生活才能轻松愉快。

选择坚强地活下去

这是发生在日本的一则故事。

一个女人死了丈夫，家乡又遭受了灾祸，不得已，母亲带着两个孩子背井离乡，辗转各地，好不容易得到一个善良人家的同情，把一个仓库的一角租借给她们母子三人居住。

空间很小，只有 3 张榻榻米大小，她铺上一张席子，拉进一个没有灯罩的灯泡，一个炭炉，一个吃饭兼孩子学习两用的小木箱，还有几床破被褥和一些旧衣服，这是他们的全部家当。

为了维持生活，女人每天早晨 6 点离开家，先去附近的大楼做清扫工作，中午去学校帮助学生发食品，晚上到饭店洗碟子。结束一天的工作回到家里已是深夜十一二点钟了。于是，家务的担子全都落在了大儿子身上。

为了一家人能活下去，女人披星戴月，从没睡过一个安稳觉，可生活还是那么清苦。她们就这样生活着，半年、8 月、10 个月……做母亲的不忍心孩子们跟她一起过这种苦日子。她想到了死，想和两个孩子一起离开人间，到丈夫所在的地方去。

这一天，女人泡了一锅豆子，早晨出门时，给大儿子留下一张条子："锅里泡着豆子，把它煮一下，晚上当菜吃，豆子煮熟了时少放点酱油。"

又经过了一天的辛劳和疲惫，女人偷偷买了一包安眠药带回家，打算当天晚上和孩子们一块儿死去。

她打开房门，见两个儿子已经钻进席子上的破被褥里，并排入睡了。忽然，女人发现大儿子的枕边放着一张纸条，便有气无力地拿了起来。上面这样写道：

"妈妈，我照您条子上写的那样，认真地煮了豆子，豆子烂了时放进了酱油。不过，晚上盛出来给弟弟当菜吃时，弟弟说太咸了，不能吃。弟弟只吃了点冷水泡饭就睡觉了。

"妈妈，实在对不起。不过，请妈妈相信我，我的确是认真煮豆子的。妈妈，尝一粒我煮的豆子吧。而且，明天早晨不管您起得多早，都要在您临走前叫醒我，再教我一次煮豆子的方法。

"妈妈，我们知道您已经很累了。我心里明白，妈妈是在为我们操劳。妈妈，谢谢您。不过请妈妈一定保重身体。我们先睡了。妈妈，晚安！"

泪水从女人的眼里夺眶而出。

"孩子年纪这么小，都在顽强地伴着我生活……"母亲坐在孩子们的枕边，伴着眼泪一粒一粒地品尝着孩子煮的咸豆子。一种信念在她的心中升腾而起：我选择坚强地活下去。

女人摸摸装豆子的布口袋，里面正巧剩下一粒豆子。她把它捡出来，包进大儿子给她写的信里，她决定把它当做护身符带在身上。

心灵感悟·

　　困难打不倒坚强的意志，不论遇到什么挫折，都没有理由绝望，都要坚强地活下去。

独奏坚强

如果不是亲眼所见，王卓简直不能相信那是真的：耀眼的镁光灯下，一个男孩用他无手的右胳膊，拉出了悦耳的《江河水》。二胡的琴弓就绑在光秃秃的右臂上，在胳膊的带动下，抹、拉、抖、颤，种种高难度的二胡动作，被他表现得淋漓尽致。

一曲终了，台下响起雷鸣般的掌声。主持人也动情地说：这位少年小时候被高压电击中，截去了双手。他一度悲观、绝望，但他最终站了起来，并拜师学习二胡。他把琴弓绑在右胳膊上，刚开始的时候，琴弓与胳膊怎么也配合不好，等到掌握了二胡的技法，残存的胳膊也磨出了老茧，而在茧花之下，埋藏的是曾经的血肉模糊和疼痛难忍，还有对怨天尤人的诀别。

此时此刻，王卓的心情单纯用感动二字是无法表达的。和他相比，我们这些四肢健全的人，又做得怎样？尤其初涉人世的时候，家人的一次误解，高考的一次失利，朋友的一次欺诈，职业的暂无着落，工作的一次失误，都有可能使我们意志消沉，甚至在打击面前加上"致命"二字。

和生活扳手腕，有几次我们是问心无愧的胜利者？

也许，现实是另一种形式的"二胡"，挫折与磨难会使我们一时手足无措——就像那位少年刚失去双手时的感觉。也许人生之路，就像绷得紧紧的琴弦——是奏出动人的音乐，还是拉出噪音，全看你自己的精神如何。

巧合的是，那天电视里也播放了另一组镜头，一个屡屡行窃屡屡得手的少年犯，他在摄像机前声泪俱下。他的手不可谓不长，甚至他的名字也可以用"三只手"来代替。然而，他只诠释了失败与堕落。

心 灵 感 悟·

在困境中用生命独奏坚强的人，得到的是众人的尊重与灵魂的升华，他们用自己的意念演奏了华美的人生乐章。

沉浮人生

日本"经营之神"松下幸之助，小时候有一次看见农民洗甘薯，这一寻常的举动却让他悟出了一番做人的道理。

农民用木制的特大号水桶，装满了要洗的甘薯，然后用一根扁平的大木棍不停地搅拌。在木桶里，大小不一的甘薯，随着木棍的搅动，忽沉忽现。有趣的是，浮在上面的甘薯，不会永远在上面；沉在下面的甘薯，也不会永远在下面。甘薯总是浮浮沉沉，互有轮替。

甘薯是这样，生活何尝不是这样！

松下深有体会地说："这种沉沉浮浮、互有轮替的景象，正是人生的写照。每一个人的一生，都像那个甘薯一样，总是浮浮沉沉，不会永远春风得意，也不会永远穷困潦倒。这样持续不停地一浮一沉，就是对每个人最好的磨炼。"

松下虽然在商界声名显赫，业绩辉煌，其实他一生充满着不幸与坎坷。他11岁辍学；13岁丧父；17岁差一点淹死；20岁不但丧母，而且得肺病差点死掉；34岁，唯一的儿子出生仅6个月就病故；他一生受病魔纠缠，常常因病而卧床。

然而，每当他遭受打击与挫折时，他就会想起乡下人洗甘薯那一幕，他相信厄运能变成好运，危机就是转机，逆境能变为顺境。于是，他百折不挠，愈挫愈勇，最终战胜逆境，转败为胜，化危为安。

心 灵 感 悟·

人生确实如此，没有人会永远一帆风顺，同样也不会有永远的泥潭将你深埋。人的一生有低潮，就会有高潮，但你别指望永远站在浪尖上。当你的心情跌到谷底时，一定要懂得积聚力量，为再次"冲浪"做好一切准备。

方法总比困难多一个

詹妮芙·帕克小姐是美国鼎鼎有名的女律师。她曾被自己的同行——老资格的律师马格雷先生愚弄过一次，但是，恰恰是这次愚弄使詹妮芙小姐名扬美国。

使詹妮芙扬名的故事是这样的。

一位名叫康妮的小姐被美国"全国汽车公司"制造的一辆卡车撞倒，司机踩了刹车，卡车把康妮小姐卷入车下，导致康妮小姐被迫截去了四肢，骨盆也被碾碎。康妮小姐说不清楚自己是在冰上滑倒跌入车下，还是被卡车卷入车下，马格雷先生则巧妙地利用了各种证据，推翻了当时几名目击者的证词，康妮小姐因此败诉。

伤心、绝望的康妮小姐向詹妮芙·帕克小姐求援。詹妮芙通过调查掌握了该汽车公司的产品近年来的 15 次车祸——原因完全相同，该汽车的制动系统有问题，急刹车时，车子后部会打转，把受害者卷入车底。

詹妮芙对马格雷说："卡车制动装置有问题，你隐瞒了它。我希望汽车公司拿出 200 万美元来给那位姑娘，否则，我们将会提出控告。"

马格雷回答道："好吧，不过我明天要去伦敦，1 个星期后回来，届时我们研究一下，做出适当安排。"

一个星期后，马格雷却没有露面。詹妮芙感到自己上当了，但又不知道为什么上当，她的目光扫到了日历上——詹妮芙恍然大悟，诉讼时效已经到期了。詹妮芙怒气冲冲地给马格雷打了个电话，马格雷在电话中得意洋洋地放声大笑："小姐，诉讼时效今天过期了，谁也不能控告我们了！希望你下一次变得聪明些！"

詹妮芙几乎要被气疯了，她问秘书："准备好这份案卷要多少时间？"

秘书回答："需要三四个小时。现在是下午 1 点钟，即使我们用最快的速度草拟好文件，再找到一家律师事务所，由他们草拟出一份新文件交到法院，那也来不及了。"

"时间！时间！该死的时间！"詹妮芙急得团团转。突然，一道灵光在她的脑海

中闪现——"全国汽车公司"在美国各地都有分公司,为什么不把起诉地点往西移呢?隔1个时区就差1个小时啊!

位于太平洋上的夏威夷在西十区,与纽约时间相差整整5个小时!对,就在夏威夷起诉!

詹妮芙赢得了至关重要的几个小时,她以雄辩的事实、催人泪下的语言,使陪审团的成员们大为感动。陪审团一致裁决:詹妮芙胜诉,"全国汽车公司"赔偿康妮小姐600万美元损失费!

心灵感悟·

成功的人找方法,失败的人找借口。面对困难,我们需要的是积极寻找方法,而不是用借口来敷衍事实。关键时候的冷静有助于发现方法,使事情有所转机,相信柳暗花明又一村总会来到。

再等待 3 天

应邀访美的女作家在纽约街头遇见一位卖花的老太太。这位老太太穿着相当破旧,身体看上去很虚弱,但脸上满是喜悦。女作家挑了一朵花说:"你看起来很高兴。"

"为什么不呢?一切苦难都会过去的。"接着她像对待老朋友一样向女作家讲述了她不幸的一生。

她的丈夫在第2个孩子还没有出世时就去世了,之后她一人挑起了生活的重担。在第二次世界大战中,又传来了她的两个儿子都阵亡的噩耗。

"你很能承担苦难。"老太太平静的叙述令女作家感到吃惊。

老太太的回答令女作家更为吃惊:"耶稣在星期五被钉在十字架上的时候,那是全世界最糟糕的一天,可3天后就是复活节。所以,当我遇到不幸时,我就想再等待3天,一切也会恢复正常的。"

心灵感悟·

一些常常抱怨生命不幸、命运不公的人,会感慨"一切都让我心生绝望"。如此说话的人,通常都不知道什么叫真正的"灭顶之灾",很多时候眼前的痛苦并不算什么大不了的事情。武田麻方在自传《抗争》中说:"没有天生的强者,一个人只有站在悬崖边时才会真正坚强起来。"

首先将你的心跳过去

布勃卡是举世闻名的奥运会撑竿跳冠军,享有"撑竿跳沙皇"的美誉。他曾数十次创造撑竿跳世界纪录,所保持的两项世界纪录,迄今无人打破。

在接受"国家勋章"的授勋典礼上,记者们纷纷提问:"你成功的秘诀是什么?"

布勃卡微笑着说:"很简单,每次撑竿跳之前,我都会先让自己的心'跳'过横杆。"

作为一名撑竿跳选手,在成名之前,尽管布勃卡不断尝试新的高度,但每次都以失败告终。他既沮丧又苦恼,甚至怀疑过自己的潜力。

有一天,他来到训练场,禁不住摇头对教练说:"我实在跳不过去。"

教练平静地问:"你是怎么想的?"

布勃卡如实回答:"只要踏上起跳线,一看那根高悬的横杆,心里就害怕。"

教练看着他,突然厉声喝道:"布勃卡,你现在要做的就是闭上眼睛,先让你的心从标杆上'跳'过去。"

教练的训斥,让布勃卡如梦初醒。遵从教练的吩咐,他重新撑竿,这一次,他顺利地跃身而过。

教练欣慰地笑了,语重心长地说:"记住,先将你的心从标杆上'跳'过去,你的身体就一定会跟着过去。"

心 灵 感 悟·

在一个没有勇气的人眼中,任何挫折都是不可战胜的。如果你真的能够勇往直前,将你的心跳过标杆,你的身体就一定能跨越过去。每当遇到难题时,我们都要先从心理上打败它,认定自己必胜无疑。只有具备这种无比坚定信心的人,才能越过人生的横杆。

天助自助者

车夫驾着一辆满载货物的车子走在乡间的路上，一不小心陷进了泥坑里。在乡下的田野上，会有谁来帮这个可怜人呢？这完全是命运之神有意惹人发怒而安排的。

车陷入泥坑里使车夫大动肝火，骂不绝口。他骂泥坑，骂马，又骂车子和自己。无奈之中，他只得向天神求救。

"神啊！"车夫恳求道，"请你帮帮忙，你的背能扛起天，把我的车从泥坑中推出来对你来说应该是举手之劳。"

刚祈祷完，车夫就听到神从云端发话了："神要人们自己先动脑筋、想办法，然后才会给予帮助。你先看看，你的车困在泥坑里究竟是什么原因？为什么会陷入泥坑？拿起锄头清除车轮周围的泥浆和烂泥，把碍事的石子都砸碎，把车辙填平，你不自己尝试一下怎么行呢？"

过了一会儿，神问车夫："你干完了吗？"

"是的，干完了。"车夫说。

"那很好，我来帮助你。"天神说，"拿起你的鞭子。"

"我拿起来了……咦，这是怎么回事？我的车走得很轻松！神哪，你真是无所不能！"

这时神发话说："你瞧，你的马车很轻易地就离开了泥坑！遇到困难，要先自己动脑筋想办法解决，不要坐等别人来帮助你。"

心 灵 感 悟 ·

遇到挫折时，不要总是习惯于把自己放在一个弱者的位置上，等待着别人的同情，然后等着别人来拯救你。只有自强自立，才能让人对你刮目相看，你也才能走出挫折的泥潭。

第十一辑

趟过心灵的冰河

活在今天

你没必要为过去而懊悔，也没必要为未来而不安，最明智的做法就是做好今天该做的事情。

1871年春天，一个蒙特瑞综合医院的医学生偶然拿起一本书，看到了书上的一句话。就是这话，改变了这个年轻人的一生。它使这个原来只知道担心自己的期末考试成绩、自己将来的生活何去何从的年轻的医学院的学生，最后成为他那一代最有名的医学家。他创建了举世闻名的约翰·霍昔金斯学院，被聘为牛津大学医学院的钦定讲座教授，还被英国国王册封为爵士。他死后，用厚达1466页的两大卷书才记述完他的一生。

他就是威廉·奥斯勒爵士，而下面，就是他在1871年看到的由汤冯士·卡莱里所写的那句话："人的一生最重要的不是期望模糊的未来，而是重视手边清楚的现在。"

威廉·奥斯勒爵士曾在耶鲁大学做了一场演讲。他告诉那些大学生，在别人眼里，曾经当过4年大学教授、写过一本畅销书的他，拥有的应该是"一个特殊的头脑"，可是，他的好朋友们都知道，他其实也是个普通人。他的一生得益于那句话："人的一生最重要的不是期望模糊的未来，而是重视手边清楚的现在。"很久以前，曾经有两位哲人游说于穷乡僻壤之中，对前来听教的人说了一句流传千古的话："不要为明天的事烦恼。明天自有明天的事，只要全力以赴地过好今天就行了。"许多人都觉得耶稣说过的这句话难以实行，他们认为为了明天的生活有保障，为了家人，为了将来出人头地，必须做好准备。我们当然应该为明天制定计划，却完全没有必要去担心。现代生活中，存在着一个惊人的事实，证明了现代生活的错误。在美国，医院里半数以上的病床都被精神病人占据着，而这些人大多是因为不堪忍受生活的重负而精神崩溃的。可是，如果他们谨奉耶稣的箴言"不要为明天的事忧虑"，谨记威廉·奥斯勒的话"人只能生存在今天的房间里"，只活在今天，你就能成为一个快乐的人，满意地度过一生。

心 灵 感 悟·

昨天就像使用过的支票，明天则像还没有发行的债券，只有今天是现金，可以马上使用。今天是我们轻易就可以拥有的财富，无度的挥霍和无端的错过，都是一种对生命的浪费。

沙漏哲学

现代人大都背负着沉重的生活压力，时常担心这个，担心那个。面对这么多的压力，你该试一试所谓的"沙漏哲学"，既然你所忧虑的事不是一时半刻就能改变的，你就要用另一种心情去面对。

第二次世界大战时期，米诺肩负着沉重的任务，每天花很长的时间在收发室里，努力整理在战争中死伤和失踪者的最新纪录。

源源不绝的情报接踵而来，收发室的人员必须分秒必争地处理，一丁点儿的小错误都可能会造成难以弥补的后果。米诺的心始终悬在半空中，小心翼翼地避免出现任何差错。

在压力和疲劳的袭击之下，米诺患了结肠痉挛症。身体上的病痛使他忧心忡忡，他担心自己从此一蹶不振，又担心自己是否能撑到战争结束，活着回去见他的家人。

在身体和心理的双重煎熬下，米诺整个人瘦了34磅。他想自己就要垮了，几乎已经不奢望会有痊愈的一天。

身心交相煎熬，米诺终于不支倒地，住进医院。

军医了解他的状况后，语重心长地对他说："米诺，你身体上的疾病没什么大不了，真正的问题出在你的心里。我希望你把自己的生命想象成一个沙漏，在沙漏的上半部，有成千上万的沙子。它们在流过中间那条细缝时，都是平均而且缓慢的，除了弄坏它，你跟我都没办法让很多沙粒同时通过那条窄缝。人也是一样，每一个人都像是一个沙漏，每天都是一大堆的工作等着去做，但是我们必须一次一件慢慢来，否则我们的精神绝对承受不了。"

医生的忠告给了米诺很大的启发，从那天起，他就一直奉行着这种"沙漏哲学"，即使问题如成千上万的沙子般涌到面前，米诺也能沉着应对，不再杞人忧天。他反复告诫自己："一次只流过一粒沙子，一次只做一件工作。"

没过多久，米诺的身体便恢复正常了，从此，他也学会了如何从容不迫地面对自己的工作了。

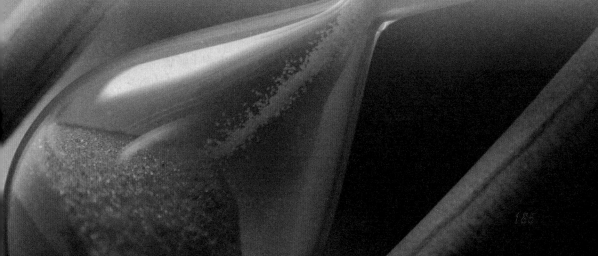

人没有一万只手，不能把所有的事情一次解决，那么又何必一次为那么多事情而烦恼呢？

不能即时改变的事，你再怎么担心忧虑也只是空想而已，事情并不能马上解决；你应该试着一件一件慢慢来，全心全意把眼前的这件事做好。

> **心灵感悟·**
>
> 　人生在世，必然要面临各种各样的压力，当你学会调整自己，让压力一点一滴而来时，你会发现，压力反而成为一种动力，只要你按部就班，它就会不断推动着你努力前进。

忧虑不能改变现实

与内疚悔恨一样，过分忧虑也是人性的一种最消极而毫无益处的缺陷之一，是一种极大的精力浪费。当你悔恨时，你会沉湎于过去，为自己的某种言行而沮丧或不快，在回忆往事中消磨掉自己现在的时光。当你产生忧虑时，你会利用宝贵的时光，无休止地考虑将来的事情。对我们每个人来讲，无论是沉湎过去，还是忧虑未来，其结果都是相同的：徒劳无益。

一个商人的妻子不停地劝慰着她那在床上翻来覆去折腾了的丈夫："睡吧，别再胡思乱想了。"

"嗨，老婆啊，"丈夫说，"你是没遇上我现在的罪啊！几个月前，我借了一笔钱，明天就到还钱的日子了。可你知道，咱家哪儿有钱啊！你也知道，借给我钱的那些邻居们比蝎子还毒，我要是还不上钱，他们能饶得了我吗？为了这个，我能睡得着吗？"他接着又在床上继续翻来覆去。

妻子试图劝他，让他宽心："睡吧，等到明天，总会有办法的，我们说不定能弄到钱还债的。"

"不行了，一点儿办法都没有啦！"丈夫喊叫着。

最后，妻子忍耐不住了，她爬上房顶，对着邻居家高声喊道："你们知道，我丈夫欠你们的债明天就要到期了。现在我告诉你们：我丈夫明天没有钱还债！"她跑回卧室，对丈夫说："这回睡不着觉的不是你，而是他们了。"

如果凌晨三四点的时候，你还忧虑在心头，似乎全世界的重担都压在你肩膀上：到哪里去找一间合适的房子？找一份好一点的工作？怎样可以使那个啰唆的主管对你有好印象？儿子的健康、女儿的行为、明天的伙食、孩子们的学费……可怜！你的脑子里有许多烦恼、问题和亟待要做的事在那里滚转翻腾！墙上糊的纸好不好？女儿的男友配得上她吗？粮食会不会又要涨价了？可怜！你脑子里的思绪东飘西荡，你仿佛永远无法再入睡了！

不，你会睡着的，只要你采取一个简单的步骤，对自己说一句简短的话，说上几遍，每一次要深呼吸，放松！你要对自己说，同时心里也要真的这样想："不要怕。"

深呼吸，一切由他去！睁开眼睛，再轻松地闭起来，告诉自己："不要怕。"要仔细想想这些有魔力的字句，而且要真正相信，不要让你的心仍在恐惧和烦恼之中彷徨。

有一点，我们不能将忧虑与计划安排混为一谈，虽然二者都是对未来的一种考虑。如果你是在制订未来的计划，这将更有助于你现实中的活动，使你对未来有自己的具体想法与行动指南。而忧虑只是因为今后可能发生的事情而产生惰性。忧虑是一种流行的社会通病，几乎每个人都要花费大量的时间为未来担忧。忧虑既然如此消极而无益，既然你是在为毫无积极效果的行为浪费自己宝贵的时光，那么你就必须改变这一缺点。

请记住一点，世上没有任何事情是值得忧虑的，绝对没有！你可以让自己的一生在对未来的忧虑中度过，然而无论你多么忧虑，甚至抑郁而死，你也无法改变现实。

心灵感悟·

"人生不如意事，十有八九"，忧虑在所难免。但人们切不可沉溺于忧虑的泥潭中不能自拔，而应尽快调整心态和情绪，采取积极的行动来改变已遭到变故的生活。不想八九，常想一二。

忧虑是健康的大敌

忧虑会使一个人老得更快，摧毁他的容貌。忧虑会使我们的表情难看，会使我们咬紧牙关，会使我们的脸上产生皱纹，会使我们老是愁眉苦脸，会使我们头发灰白，有时甚至会使头发脱落。

忧虑甚至会使最强壮的人生病。在美国南北战争的最后几天里，格兰特将军发现了这一点。故事是这样的：

格兰特围攻里奇蒙德有9个月之久，李将军手下衣衫不整、饥饿不堪的部队被打

败了。有一次，好几个兵团的人都开了小差。其余的人在他们的帐篷里开会祈祷——叫着、哭着，看到了种种幻象。眼看战争就要结束了，李将军手下的人放火烧了里奇蒙德的棉花和烟草仓库，也烧了兵工厂，然后在烈焰升腾的黑夜里弃城而逃。格兰特乘胜追击，从左右两侧和后方夹击南部联军，而由骑兵从正面截击，拆毁铁路线，俘获了运送补给的车辆。

由于剧烈头痛而眼睛半瞎的格兰特无法跟上队伍，就停在了一个农家。"我在那里过了一夜，"他在回忆录里写道，"把我的两脚泡在加了芥末的冷水里，还把芥末药膏贴在我的两个手腕和后颈上，希望第二天早上能复原。"

第二天清早，他果然复原了。可是使他复原的，不是芥末药膏，而是一个带回李将军降书的骑兵。

"当那个军官到我面前时，"格兰特写着，"我的头还痛得很厉害，可是一看到那封信的内容，我就好了。"

显然，格兰特是因为忧虑、紧张和情绪上的不安才生病的。一旦他在情绪上恢复了自信，想到他的成就和胜利，就马上好了。

当我们忧虑的时候，思想激烈碰撞，无法形成一个定式，最终只会丧失所有作决定的能力。

可是，如果强迫自己接受现状，先有了一个精神准备，那我们就能够衡量所有可能的情形，进行细致的考虑，使我们的思想能够充分集中，去想办法扭转局势。

心理上能接受最坏后果，实际上就成为发挥你个人潜力的最佳保证，因为当我们接受了最坏打算后，就不会再有什么损失了，反正一切都已显得微不足道。换句话说，一切都可以失去，也都能够回来。

但总有许多人，因为愤怒而毁了他们的生活，因为他们根本无法接受最坏的东西，不肯由此进行改进，不愿意在灾难中尽可能地救出点东西来。他们将整个身心投入利弊得失的忧虑中——实际上，他们只有损失，最终成为那种颓废的情绪的牺牲品。

心灵感悟·

健康是人一生最重要的资本，没有了健康，纵然有再多的财富也是枉然。很多时候，人们可能忽视了坏情绪对人的负面影响，使健康出现严重危机，由此，我们应该还自己一片晴朗的心空，让健康永驻。

挣脱痛苦的锁链

有一只兀鹰，猛烈地啄着村夫的双脚，将他的靴子和袜子撕成碎片后，便狠狠地啃起村夫的双脚来了。正好这时有一位绅士经过，看见村夫如此鲜血淋漓地忍受痛苦，不禁驻足问他，为什么要受兀鹰啄食呢？村夫答道："我没有办法啊。这只兀鹰刚开始袭击我的时候，我曾经试图赶走它，但是它太顽强了，几乎抓伤我的脸颊。因此我宁愿牺牲双脚。呵，我的脚差不多被撕成碎屑了，真可怕！"

绅士说："你只要一枪就可以结束它的性命呀。"村夫听了，尖声叫嚷着："真的吗？那么你助我一臂之力好吗？"

绅士回答："我很乐意，可是我得去拿枪，你还能支撑一会儿吗？"

在剧痛中呻吟的村夫，强忍着撕扯的痛苦说："无论如何，我会忍下去的。"

于是绅士飞快地跑去拿枪。但就在绅士转身的瞬间，兀鹰蓦然拔身冲起，在空中把身子向后拉得远远的，以便获得更大的冲力，然后如同一根标枪般，把它的利喙刺向村夫的喉头，深深插入。村夫终于扑死在地了。死前稍感安慰的是，兀鹰也因太过费力，淹溺在村夫的血泊里。

你会问：村夫为什么不自己去拿枪结束掉兀鹰的性命，却宁愿像傻瓜一样忍受兀鹰的袭击？在这则故事中，兀鹰只是一个比喻，它象征着萦绕人生的内在与外在的痛苦，人很容易陷入痛苦中无法自拔。

其实，任何一个凡人，都会不知不觉地像村夫一样，沉溺于自己的臆造幻想中，痛苦得不能自拔，甚至"爱"上自己的痛苦，不愿亲手毁掉它，尽管只是举手之劳而已。卡夫卡有一段格言，正可以解释人为什么总会身陷种种痛苦："人们惧怕自由和责任，所以人们宁愿藏身在自铸的牢笼中。"所以，村夫与他臆想的痛苦（兀鹰）同归于尽。这个寓言告诉我们：不要等待别人来解决你的痛苦，只要愿意，你可以超越它，"枪毙"了你的痛苦。

心灵感悟·

痛苦是生命的敌人，人生虽然充满挫折与苦难，但人却可以一颗豁达乐观的心灵凌驾于逆境之上。千万不要沉溺于痛苦之中，痛苦是心灵的自我囚禁，每个人都应自觉地呵护自己的心灵，别让它承受痛苦的煎熬。

自卑是心灵的钉子

自卑是人生最大的跨栏，每个人都必须成功跨越才能到达人生的巅峰。

自卑的人，情绪低沉，郁郁寡欢，常因害怕别人看不起自己而不愿与人来往，只想与人疏远，缺少朋友，顾影自怜，甚至自疚、自责、自罪；自卑的人，缺乏自信，优柔寡断，毫无竞争意识，抓不住稍纵即逝的各种机会，享受不到成功的乐趣；自卑的人，常感疲劳，心灰意懒，注意力不集中，工作没有效率，缺少生活情趣。

如果一个人总是沉迷在自卑的阴影中，那无异于给自己套上了无形的枷锁。但是如果能够认清了自己，懂得换个角度看待周围的世界和自己的困境，那么许多问题就会迎刃而解了。

一位父亲带着儿子去参观凡·高故居，在看过那张小木床及裂了口的皮鞋之后，儿子问父亲："凡·高不是位百万富翁吗？"父亲答："凡·高是位连妻子都没娶上的穷人。"

第二年，这位父亲带儿子去丹麦，在安徒生的故居前，儿子又困惑地问："爸爸，安徒生不是生活在皇宫里吗？"父亲答："安徒生是位鞋匠的儿子，他就生活在这栋阁楼里。"

这位父亲是一个水手，他每年往来于大西洋各个港口；这位儿子叫伊东布拉格，是美国历史上第一位获普利策奖的黑人记者。20年后，在回忆童年时，他说："那时我们家很穷，父母都靠卖苦力为生。有很长一段时间，我一直认为像我们这样地位卑微的黑人是不可能有什么出息的。好在父亲让我认识了凡·高和安徒生，这两个人告诉我，上帝没有轻看卑微。"

富有者并不一定伟大；贫穷者也并不一定卑微。上帝是公平的，他把机会放到了每个人面前。自卑的人也有相同的机会。

自卑常常在不经意间闯进我们的内心世界，控制着我们的生活，在我们有所决定、有所取舍的时候，向我们勒索着勇气与胆略；当我们碰到困难的时候，自卑会站在我们的背后大声地吓唬我们；当我们要大踏步向前迈进的时候，自卑会拉住我们的衣袖，叫我们小心地雷。一次偶然的挫败就会令你垂头丧气，一蹶不振，将自己的一切否定，你会觉得自己一无是处，窝囊至极，你会掉进自责自罪的旋涡。

自卑就像蛀虫一样啃噬着你的人格，它是你走向成功的绊脚石，它是快乐生活的拦路虎。

一个人如果自卑，他不仅不敢有远大的目标，同时他将永远不会出类拔萃；一个民族和国家，如果自卑，只能当别国的殖民地，站不起来，也不敢站起来，只能跟在

别国后边当附庸。

自卑是一种压抑，一种自我内心潜能的人为压抑，更是一种恐惧，一种损害自尊和荣誉的恐惧。所以生活中，我们只有比别人更相信并且珍爱自己，我们才能发挥自己最大的潜力，创造出属于自己的天地。当我们遭到冷遇时，当我们受到侮辱时，一定要自尊自爱，把羞辱作为奋发的动力，激励自己去战胜一个个难关。

心灵感悟·

自卑是麻痹药，自卑是落后丹，自卑是自杀的剧毒品！

驱赶自卑的良药是接受自信心训练，建立自信。

别抓住自己的劣势不放

世上大部分不能走出生存困境的人都是因为对自己信心不足，他们就像一颗脆弱的小草一样，毫无信心去经历风雨，这就是一种可怕的自卑心理。所谓自卑，就是轻视自己，自己看不起自己。自卑心理严重的人，并不一定是其本身具有某些缺陷或短处，而是不能悦纳自己，自惭形秽，常把自己放在一个低人一等，不被自我喜欢，进而演绎成别人也看不起自己的位置，并由此陷入不能自拔的痛苦境地，心灵笼罩着永不消散的愁云。

王璇就是这样，本来是一个活泼开朗的女孩，竟然被自卑折磨得一塌糊涂。

王璇在一家大型的日本企业上班，毕业于某著名语言大学。大学期间的王璇是一个十分自信、从容的女孩。她的学习成绩在班级里名列前茅，是男孩追逐的焦点。然而，最近，王璇的大学同学惊讶地发现，王璇变了，原先活泼可爱、整天嘻嘻哈哈的她，像换了一个人似的，不但变得羞羞答答，甚至其行为也变得畏首畏尾，而且说起话来、干起事来都显得特别不自信，和大学时判若两人。每天上班前，她会为了穿衣打扮花上整整两个小时的时间。为此她不惜早起，少睡两个小时。她之所以这么做，是怕自己打扮不好，遭到同事或上司的取笑。在工作中，她更是战战兢兢、小心翼翼，甚至到了谨小慎微的地步。

原来到日本公司后，王璇发现日本人的服饰及举止显得十分高贵及严肃，让她觉得自己土气十足，上不了台面。于是她对自己的服装及饰物产生了深深的厌恶。第二天，她就跑到服饰精品商场去了。可是，由于还没有发工资，她买不起那些名牌服装，

只能悻悻地回来了。

在公司的第一个月，王璇是低着头度过的。她不敢抬头看别人穿的正宗的名牌西服、名牌裙子，因为一看，她就会觉得自己穷酸。那些日本女人或早于她进入这家公司的中国女人大多穿着一流的品牌服饰，而自己呢，竟然还是一副穷学生样。每当这样比较时，她便感到无地自容，她觉得自己就是混入天鹅群的丑小鸭，心里充满了自卑。

服饰还是小事，令王璇更觉得抬不起头来的是她的同事们平时用的香水都是洋货。她们所到之处，处处清香飘逸，而王璇自己用的却是一种廉价的香水。

女人与女人之间，聊起来无非是生活上的琐碎小事，主要的当然是衣服、化妆品、首饰，等等。而关于这些，王璇几乎什么话题都没有。这样，她在同事中间就显得十分孤立，也十分羞惭。

在工作中，王璇也觉得很不如意。由于刚踏入工作岗位，工作效率不是很高，不能及时完成上司交给的任务，有时难免受到批评，这让王璇更加拘束和不安，甚至开始怀疑自己的能力。

此外，王璇刚进公司的时候，她还要负责做清洁工作。看着同事们悠然自得地享用着她倒的开水，她就觉得自己与清洁工无异，这更加深了她的自卑意识……

像王璇这样的自卑者，总是一味轻视自己，总感到自己这也不行、那也不行，什么也比不上别人。怕正面接触别人的优点，回避自己的弱项，这种情绪一旦占据心头，结果是对什么都提不起精神，犹豫、忧郁、烦恼、焦虑便纷至沓来。

每一个事物、每一个人都有其优势，都有其存在的价值。自卑是一种没有必要的自我没落，一个人如果陷入了自卑的泥潭，他能找到一万个理由说自己如何如何不如别人，比如：我个矮、我长得黑、我眼睛小、我不苗条、我嘴大、我有口音、我汗毛太多、我父母没地位、我学历太低、我职务不高、我受过处分、我有病，乃至我不会吃西餐，等等，可以找到无数种理由让自己自卑。由于自卑而焦虑，于是注意力分散了，从而破坏了自己的成功，导致失败，即失败——自卑——焦虑——分散注意力——失败，这就是自卑者制造的恶性循环。

心 灵 感 悟 ·

具有自卑心理的人，总是过多地看重自己不利和消极的一面，而看不到有利、积极的一面，缺乏客观全面地分析事物的能力和信心。这就要求我们努力提高自己透过现象抓本质的能力，客观地分析对自己有利和不利的因素，尤其要看到自己的长处和潜力，而不是妄自嗟叹、妄自菲薄。

走出过去的阴影

　　没有一个人是没有过失的，如果有了过失能够决心去修正，即使不能完全改正，只要继续不断地努力下去，也就对得住自己的良心了。徒有感伤而不从事切实的补救工作，那是最要不得的！

　　人很容易被负疚感左右，在人们的文化中，内疚被当做一种有效的控制手段加以运用。

　　的确，我们应当吸取过去的经验教训，但绝不能总在阴影下活着，内疚是对错误的反省，是人性中积极的一面，但却属于情绪的消极一面。我们应该分清这二者之间的关系，反省之后迅速行动起来，把消极的一面变为积极，让积极的一面更积极。

　　哈蒙是一位商人，四处旅行，忙忙碌碌。当能够与全家人共度周末时，他非常高兴。他年迈的双亲住的地方，离他的家只有一个小时的路程。哈蒙也非常清楚自己的父母是多么希望见到他和他的全家人。但他总是寻找借口尽可能不到父母那里去，最后几乎发展到与父母断绝往来的地步。不久，他的父亲死了，哈蒙好几个月都陷于内疚之中，回想起父亲曾为自己做过的所有好事情。他埋怨自己在父亲有生之年未能尽孝心。在最初的悲痛平定下来后，哈蒙意识到，再大的内疚也无法使父亲死而复生。认识到自己的过错之后，他改变了以往的做法，常常带着全家人去看望母亲，并一直同母亲保持密切的电话联系。

　　大家再看一下赫莉是怎么处理的：

　　赫莉的母亲很早便守寡，她勤奋工作，以便让赫莉能穿上好衣服，在城里较好的地区住上令人满意的公寓，能参加夏令营，上名牌私立大学。赫莉的母亲为女儿"牺牲"了一切。当赫莉大学毕业后，找到了一个报酬较高的工作。她打算独自搬到一个小型公寓去，公寓离母亲的住处不远，但人们纷纷劝她不要搬，因为母亲为她做出过那么大的牺牲，现在她撇下母亲不管是不对的。赫莉立刻感到有些内疚，并同意与母亲住在一起。后来她看上了一个青年男子，但她母亲不赞成她与他交朋友，强有力的内疚感再一次作用于赫莉。几年后，为内疚感所奴役着的赫莉，完全处于她母亲的控制之下。而到最终，她又因负疚感造成的压抑毁了自己，并为生活中的每一个失败而责怪自己和自己的母亲。

　　当然，处在某种情境之下，我们的头脑会被外在因素所控制而不再清醒，不自觉地陷在内疚的泥潭里无法自拔。这时候既需要有人当头棒喝，更需要自己毅然决然作出选择。

心灵感悟·

我们不能抛弃回忆，可是我们也不能做回忆的奴隶。让我们在心灵的一个角落里，珍藏起我们走过的路上种种的喜怒哀愁、酸甜苦辣，然后，把更广阔的心灵空间留给现在，留给此时此刻！

怀旧情结适可而止

淑娟是某校一位普通的学生。她曾经沉浸在考入重点大学的喜悦中，但好景不长，大一开学才两个月，她已经对自己失去了信心，连续两次与同学闹别扭，功课也不能令她满意，她对自己失望透了。

她自认为是一个坚强的女孩，很少有被吓倒的时候，但她没想到大学开学才两个月，自己就对大学4年的生活失去了信心。她曾经安慰过自己，也无数次试着让自己抱以希望，但换来的却只是一次又一次的失望。

以前在中学时，几乎所有老师跟她的关系都很好，很喜欢她，她的学习状态也很好，学什么像什么，身边还有一群朋友，那时她感觉自己像个明星似的。但是进入大学后，一切都变了，人与人的隔阂是那样的明显，自己的学习成绩又如此糟糕。现在的她很无助，她常常这样想：我并未比别人少付出，并不比别人少努力，为什么别人能做到的，我却不能呢？她觉得明天已经没有希望了，她想了难道12年的拼搏奋斗注定是一场空吗？那这样对自己来说太不公平了。

进入一个新的学校，新生往往会不自觉地与以前相对比，而当困难和挫折发生时，产生"回归心理"更是一种普遍的心理状态。淑娟在新学校中缺少安全感，不管是与人相处方面，还是自尊、自信方面，这使她长期处于一种怀旧、留恋过去的心理状态中，如果不去正视目前的困境，就会更加难以适应新的生活环境、建立新的自信。

不能尽快适应新环境，就会导致过分的怀旧。一些人在人际交往中只能做到"不忘老朋友"，但难以做到"结识新朋友"，个人的交际圈也大大缩小。此类过分的怀旧行为将阻碍着你去适应新的环境，使你很难与时代同步。回忆是属于过去的岁月的，一个人应该不断进步。我们要试着走出过去的回忆，不管它是悲还是喜、不能让回忆干扰我们今天的生活。

一个人适当怀旧是正常的，也是必要的，但是因为怀旧而否认现在和将来，就会陷入病态。

不要总是表现出对现状很不满意的样子，更不要因此过于沉溺在对过去的追忆中。当你不厌其烦地重复述说往事，述说着过去如何如何时，你可能忽略了今天正在经历的体验。把过多的时间放在追忆上，会或多或少地影响你的正常生活。

我们需要做的，是尽情地享受现在。过去的再美好，抑或再悲伤，那毕竟已经因为岁月的流逝而沉淀。如果你总是因为昨天错过今天，那么在不远的将来，你又会回忆着今天的错过。在这样的恶性循环中，你永远是一个迟到的人。不如积极参与现实生活，如认真地读书、看报，了解并接受新生事物，积极参与改革的实践活动，要学会从历史的高度看问题，顺应时代潮流，不能老是站在原地思考问题。如果对新事物立刻接受有困难，可以在新旧事物之间寻找一个突破口，例如思考如何再立新功、再创辉煌，不忘老朋友、发展新朋友，继承传统、厉行改革等，寻找一个最佳的结合点，从这个点上做起。

隆萨乐尔曾经说过："不是时间流逝，而是我们流逝。"不是吗，在已逝的岁月里，我们毫无抗拒地让生命在时间里一点一滴地流逝，却做出了分秒必争的滑稽模样。

说穿了，回到从前也只能是一次心灵的谎言，是对现在的一种不负责的敷衍。史威福说："没有人活在现在，大家都活着为其他时间做准备。"所谓"活在现在"，就是指活在今天，今天应该好好地生活。这其实并不是一件很难的事，我们都可以轻易做到。

心灵感悟·

正常的怀旧有一种寻找安静、维持心灵平和、返璞归真的积极功能。这方面的功能多一些，病态的、消极的心态就会减少。只要发挥怀旧的积极功能，我们还是希望一个人有适当的怀旧心理的。

信心创造奇迹

只要有信心，你就能移动一座山。只要坚信自己会成功，你就能成功。

宋朝，有一段时期战争频频，国患不断，大将军李卫带领人马杀赴疆场，不料自己的军队势单力薄，寡不敌众，被困在小山顶上，眼看将被敌军吞没。就在士气大减，甚至将要缴械投降之际，大将军李卫站在大家面前说："士兵们，看样子我们的实力是不如人家了，可我却一直都相信天意，老天让我们赢，我们就一定能赢。我这里有9枚铜钱，向苍天企求保佑我们冲出重围。我把这9枚铜钱撒在地上，如果都是正面，一定是老天保佑我们；如果不全是正面的话，那肯定是老天告诉我们不会冲出去的，我就投降。"

此时，士兵们闭上了眼睛，跪在地上，烧香拜天祈求苍天保佑，这时李卫摇晃着铜钱，一把撒向空中，落在了地上，开始士兵们不敢看，谁会相信9枚铜钱都是正面呢！可突然一声尖叫："快看，都是正面。"大家都睁开了眼睛往地上一看，果真都是正面。士兵们跳了起来，把李卫高高举起喊道："我们一定会赢，老天会保佑我们的！"

李卫拾起铜钱说："那好，既然有苍天的保佑，我们还等什么，我们一定会冲出去的！各位，鼓起勇气，我们冲啊！"

就这样，一小队人马竟然奇迹般战胜了强大的敌人，突出重围，保住了有生力量。过些时候，将士们谈起了铜钱的事情，还说："如果那天没有上天保佑我们，我们就没有办法出来了！"

这时候李卫从口袋掏出了那9枚铜钱，大家竟惊奇地发现，这些铜钱的两面都是正面的！

虽然只是几枚小小的两面都是正面的铜钱，却让这小队人马的命运为此而改变。细细体味故事时，我们能够领悟到，战斗胜利的根源其实是在于：信心。

自信比金钱、势力、出身、亲友更有力量，是人们从事任何事业的最可靠的资本。自信能排除各种障碍、克服种种困难，能使事业获得完满的成功。有的人最初对自己有一个恰当的估计，自信能够处处胜利，但是一经挫折，他们却又半途而废，这是因为他们自信心不坚定的缘故。所以，树立了自信心，还要使自信心变得坚定，这样即使遇到挫折，也能不屈不挠、向前进取，绝不会因为一时的困难而放弃。

那些成就伟大事业的卓越人物在开始做事之前，总是会具有充分信任自己能力的坚定的自信心，深信所从事之事业必能成功。这样，在做事时他们就能付出全部的精力，破除一切艰难险阻，直达成功的彼岸。

心灵感悟·

"依靠自己，相信自己"，这是独立个性的一种重要成分。如果有坚强的自信，往往能使平凡的男男女女做出惊人的事业来。而胆怯和意志不坚定的人，即使有出众的才华也终难成就伟大的事业。

悲观是自酿的苦酒

20世纪的女作家张爱玲的一生完整地注释了悲观给人带来的负面影响是多么巨大。

张爱玲一生聚集了一大堆矛盾，她是一个善于将艺术生活化、将生活艺术化的享乐主义者，又是一个对生活充满悲剧感的人；她是名门之后、贵族小姐，却宣称自己是一个自食其力的小市民；她悲天悯人，时时洞见芸芸众生"可笑"背后的"可怜"，但在实际生活中却显得冷漠寡情；她通达人情世故，但她自己无论待人穿衣均是我行我素，独标孤高。她在文章里同读者拉家常，但在生活中却始终与人保持着距离，不让外人窥测她的内心；她在20世纪40年代的上海大红大紫，几十年后，她在美国又深居简出，过着与世隔绝的生活。所以有人说："只有张爱玲才可以同时承受灿烂夺目的喧闹与极度的孤寂。"这种生活态度的确不是普通人能够承受或者是理解的，但用现代心理学的眼光看，其实张爱玲的这种生活态度源于她始终抱着一种悲观的心态活在人间，这种悲观的心态让她无法真正地融入生活，因此她总在两种生活状态里不停地左右徘徊。

张爱玲悲观苍凉的色调，深深地沉积在她的作品中，使其作品产生了巨大而独特的艺术魅力。但无论作家用怎样流利华丽的文字，写出怎样可笑或传奇的故事，终不免露出悲音。那种渗透着个人身世之感的悲剧意识，使她能与时代生活中的悲剧氛围相通，从而在更广阔的历史背景上臻于深广。

张爱玲所拥有的深刻的悲剧意识，并没有把她引向西方现代派文学那种对人生彻底绝望的境界。个人气质和文化底蕴最终决定了她只能回到传统文化的意境，且不免自伤自恋，因此在生活中，她时而在世俗的喧嚣中沉浸，时而又陷入极度的寂寞中，最后孤老死去。

张爱玲的悲剧人生让我们看到了悲观对一个人的戕害是多么惨重。现实生活中，不止文豪有这样的悲观情绪，平常的人也会经历这样的心情。

有一位年老的父亲，他有两个儿子，他们都很可爱。在圣诞节来临前，父亲分别送给他们完全不同的礼物，在夜里悄悄把这些礼物挂在圣诞树上。第二天早晨，哥哥和弟弟都早早起来，想看看圣诞老人给自己的是什么礼物。哥哥的圣诞树上礼物很多，有一把气枪，有一辆崭新的自行车，还有一个足球。哥哥把自己的礼物一件一件地取下来，却并不高兴，反而忧心忡忡。

父亲问他："是礼物不好吗？"哥哥拿起气枪说："看吧，这支气枪我如果拿出去玩，没准会把邻居的窗户打碎，那样一定会招来一顿责骂。还有，这辆自行车，我骑出去倒是高兴，但说不定会撞到树干上，会把自己摔伤。而这个足球，我总是会把它踢爆的。"父亲听了没有说话。

弟弟的圣诞树上除了一个纸包外，什么也没有。他把纸包打开后，不禁哈哈大笑起来，一边笑，一边在屋子里到处找。父亲问他："为什么这样高兴？"他说："我的圣诞礼物是一包马粪，这说明肯定会有一匹小马驹就在我们家里。"最后，他果然在屋后找到了一匹小马驹。父亲也跟着他笑起来："真是一个快乐的圣诞节啊！"

其实，在工作和生活中，很多事情也是这样，乐观情绪总会带来快乐明亮的结果，而悲观的心理则会使一切变得灰暗。

受苦的人，没有悲观的权利；失火时，没有怕黑的权利；战场上，只有不怕死的战士才能取得胜利；也只有受苦而不悲观的人，才能克服困难，脱离困境。

我们不仅要知道在快乐的时候微笑，更要学会在面对困难的时候微笑，因为只有这样，你才能在挫折面前精神不倒；只有这样，你才能告别悲伤的凄凉，迎接生活的春日暖阳。

心灵感悟·

当自己已经尽力，可因为个人无法控制的所谓"天命"而使事情变糟时，恐慌、着急、悔恨都无济于事，不如将自己从悲观中放逐出来，去感受生活中的阳光，这样方能迎来不一样的人生。

内心有阳光，世界就是光明的

一样的事情，可以选择不同的态度对待。选择往积极的方面，并做出积极努力，就一定会看出前方独好的风景。

两个小桶一同被吊在井口上。

其中一个对另一个说："你看起来似乎闷闷不乐，有什么不愉快的事吗？"

另一个回答："我常在想，这真是一场徒劳，没什么意思。常常是这样，装得满满地上去，又空着下来。"

第一个小桶说："我倒不觉得如此。我一直这样想：我们空空地来，装得满满地回去！"

很多事情，站在不同的立场，便有不同的看法，正面的想法带来积极的效果，负面的想法带来消极的效果。乐观的人，在每一个忧患中看到机会；悲观的人，在每一个机会中看到忧患。

普希金说，假如生活欺骗了你，不要忧郁，也不要愤慨。我们的心憧憬着未来，现实总是令人悲哀。一切都是暂时的，转瞬即逝，而那逝去的将变为可爱。

鲁滨孙太太这样描述她曾有过的经历：

帕克在一家汽车公司上班。很不幸，一次机器故障导致他的右眼被击伤，抢救后还是没有能保住，医生摘除了他的右眼球。帕克原本是一个十分乐观的人，但现在却成了一个沉默寡言的人。他害怕上街，因为总是有那么多人看他的眼睛。

但糟糕的是，帕克的另一只眼睛的视力也受到了影响。在一个阳光灿烂的早晨，帕克问妻子谁在院子里踢球时，艾丽丝惊讶地看着丈夫和正在踢球的儿子。在以前，儿子即使到更远的地方，他也能看到。艾丽丝什么也没有说，只是走近丈夫，轻轻地抱住他的头。

帕克说："亲爱的，我知道以后会发生什么，我已经意识到了。" 艾丽丝的泪就流下来了。其实，艾丽丝早就知道这种后果，只是她怕丈夫受不了打击而要求医生不要告诉他。帕克知道自己要失明后，反而镇静多了，连艾丽丝自己也感到奇怪。艾丽丝知道帕克能见到光明的日子已经不多了，她想为丈夫留下点什么。她每天把自己和儿子打扮得漂漂亮亮，还经常去美容院。在帕克面前，不论她心里多么悲伤，她总是努力微笑。几个月后，帕克说："艾丽丝，我发现你新买的套裙那么旧了！"艾丽丝说："是吗？"她奔到一个他看不到的角落，低声哭了。她那件套裙的颜色在太阳底下绚丽夺目。她想，还能为丈夫留下什么呢？第二天，家里来了一个油漆匠，艾丽丝想把家具和墙壁粉刷一遍，让帕克的心中永远有一个新家。油漆匠工作很认真，一边干活还一边吹着口哨。干了一个星期，终于把所有的家具和墙壁刷好了，他也知道了帕克的情况。油漆匠对帕克说："对不起，我干得很慢。" 帕克说："你天天那么开心，我也为此感到高兴。"算工钱的时候，油漆匠少算了100元。艾丽丝和帕克说："你少算了工钱。"油漆匠说："我已经多拿了，一个等待失明的人还那么平静，你告诉了我什么叫勇气。"但帕克却坚持要多给油漆匠100元，帕克说："我也知道了原来残疾人也可以自食其力，并生活得很快乐。" 油漆匠只有一只手。哀莫大于心死，只要自己还持有一颗乐观、充满希望的心，身体的残缺又有什么影响呢？

你知道汽车轮胎为什么能在路上跑那么久，能忍受那么多的颠簸吗？起初，制造轮胎的人想要制造一种轮胎，能够抗拒路上的颠簸，结果轮胎不久就被切成了碎条。然后他们又做出一种轮胎来，吸收路上新碰到的各种压力，这样的轮胎可以"接受一切"。在曲折的人生旅途上，如果我们也能够承受所有的挫折和颠簸，能够化解与消释所有的困难与不幸，我们就能够活得更加长久，我们的人生之旅就会更加顺畅、更加开阔。

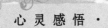

心灵感悟·

客观现实对任何人本来都是一样的。但一经各人"心态"诠释后，便代表了不同的意义，因而形成了不同的事实、环境和世界。心态改变，则事实就会改变；心中是什么，则世界就是什么。心里装着哀愁，眼里看到的就全是黑暗，抛弃已经发生的令人不痛快的事情或经历，才会迎来新心情下的新乐趣。

孤独永远是一个人的舞蹈

孤独，是一种常见的心理状态。

孤独是既不爱人也不被人爱的一种失重状态，是处于不关心他人也不被他人关心的人生夹壁，因此摆脱孤独的唯一方式在人而不在物，即以爱人之心冰释不被人爱的人生尴尬。孤独感在人的思想、行为上的体现有两种情况：一种是因为客观条件的制约，长期脱离人群的"有形"的孤独，比如远离人们生活中心的边疆哨所中的战士、长期坚持在高山气象观测站工作的科技工作者、长期游弋五洲四海的海员等。他们远离亲人朋友，在工作之余没有与更多的人相互交往的机会，没有丰富多彩的精神生活，不免有时感到寂寞，感到孤独。

一种是身处人群之中，但内心世界却与生活格格不入而造成的"无形"的孤独。这种孤独对人的伤害是十分严重的。一个长期被孤独感笼罩的人，精神受到长时间的压抑，不仅会导致自己的心理失去平衡，影响自己的智力和才能的发挥，也会引起人的心理、思想上的一系列变化，产生诸如思想低沉、精神萎靡，失去对事业的进取心和对生活的信心。

5年前，马丽失去了自己的丈夫，她悲痛欲绝。自那以后，她便陷入一种孤独与痛苦之中。"我该做些什么呢？"在她丈夫离开近一个月之后的一天晚上，她对朋友哭诉："我将住到何处？我将怎样度过一个人孤独的日子？"

朋友安慰她说，她的孤独是因为自己身处不幸的遭遇之中，才50多岁便失去了自己生活的伴侣，自然令人悲痛异常，但时间一久，这些伤痛和孤独便会慢慢减缓消失，她也会开始新的生活——从痛苦的灰烬之中建立起自己新的幸福。

"不！"她绝望地说道，"我不相信自己还会有什么幸福的日子。我已不再年轻，孩子也都长大成人、成家立业。我孑然一身还有什么乐趣可言呢？"抱着这种孤独，马丽得了严重的自怜症，而且不知道该如何治疗。好几年过去了，她的心情一直都没有好转。

有一次，朋友忍不住对她说："我想，你并不是要特别引起别人的同情或怜悯。无论如何，你可以重新建立自己的新生活，结交新的朋友，培养新的兴趣，千万不要沉溺在旧的回忆里。"她没有把朋友的话听进去，因为她还在为自己的孤独自怨自叹。后来，她觉得孩子们应该为她的幸福负责，便搬去与一个结了婚的女儿同住。

但事情的结果并不如意，由于她的孤僻，使她和女儿都面临一种痛苦的经历，甚至恶化到母女反目成仇。马丽后来又搬去与儿子同住，但也好不到哪里去。后来，孩子们只好共同买了一间公寓让她独住，但这更加重了她的孤独。

她对朋友哭诉道，所有的家人都弃她而去，没有人要她这个老妈妈了。马丽的确一直都没有再享受到快乐的生活，因为她认为全世界都在孤立她。她实在是既可怜又可悲，虽然已过半百了，但情绪还是像小孩一样没有成熟。

大多有孤独感的人，并不是自己情愿离群索居、孤身独守的。他们有的是在坎坷难行的人生路上遇到了伤人肺腑的痛苦，因而或嗟叹人生艰难，埋怨命运刻薄，或痛恨世态炎凉，咒骂人心虚伪；有的是感到自己怀才不遇，知音难觅，得不到别人的理解，因而也不愿去理解别人，不如独处一隅，洁身自好；也有的是自己看不起自己，不相信自己，在人群中徒见别人风流潇洒、知识渊博，因而自惭形秽，悲叹自己外貌平庸、才智低下，不敢也不愿意与人交往……境遇各有不同，其结果却大致差不多：把自己置身于孤独的控制之下，陷入无边的伤感之中。

在加州奥克兰的密尔斯大学，校长林·怀特博士在一次女青年会的晚餐聚会里，发表了一段极为引人注意的演讲，内容提到的便是现代人的孤寂感："20世纪最流行的疾病是孤独。"他如此说道："用大卫·里斯曼的话来说，我们都是'寂寞的一群'。由于人口越来越增加，人性已汇集成一片汪洋大海，根本分不清谁是谁了……居住在这样一个'不拘一格'的世界里，再加上政府和各种企业经营的模式，人们必须经常由一个地方换到另一个地方工作——于是，人们的友谊无法持久，时代就像进入另一个冰河时期一样，使人的内心觉得冰冷不已。"

那些能克服孤寂的人，一定是生活在怀特博士所说的"勇气的氛围"里。无论我们走到哪里，一定要培养出与人们亲密的情谊关系。就好像燃烧的煤油灯一样，火焰虽小，却仍能产生出光亮和温暖来。

心灵感悟·

一个人要想得到他人的欢迎，或被人接纳，一定要付出许多努力和代价。要想让别人喜欢我们，的确需要尽点心力。情爱、友谊或快乐的时光，都不是一纸契约所能规定的。让我们面对现实，无论怎样的困境，活着的人都有权利快乐地活下去。我们必须了解：幸福并不是靠别人来布施的，而是要自己去赢取别人对你的需求和喜爱。

痛苦不会永远存在

曾看到过这样一则故事：一位老妇人8岁的时候就死了父亲，母亲含辛茹苦地把她养大；她19岁时嫁了人，并替丈夫生了4个孩子，可当她29岁那年丈夫又去世了；她唯有把全部希望倾注在孩子们身上，但在以后的20年内她的4个孩子也一一相继死去。从51岁起，她在世界上就没有一个亲人了，她可以算得上是世界上命运最悲惨的女人。可她现在还活着，已经94岁了，拥有4家食品零售店，身体很硬朗，并且每天都到邻居家去玩两个小时的桥牌。

有人感叹说："一个人竟然能够承受命运的如此打击，简直有点不可思议。"

后来一名记者知道了老妇人的故事，便于一个阳光明媚的午后，驾车去访问她。

记者刚迈出车门，就远远地听到了屋子里有许多人在说笑。当记者敲开门，向老妇人说明他的意图后，老妇人紧紧地握了握记者的手，并热情地邀请记者进去。当穿越客厅时，记者见到几个老太太在兴高采烈地学跳舞，接着，他们进入客厅旁一间布置优雅的小房间，老妇人顺手关上门，客厅里的喧闹声便被关在门外了。

老妇人坐进棕色的圈型沙发里，拿起茶几上的毛衣织起来，一只长毛的波斯猫趴在她的脚边，她不时地透过眼镜片愉快地打量着记者。

老妇人开始用一种富有感染力的声音讲述自己的经历，讲父亲、丈夫和孩子如何一一离她而去，讲她如何艰难地经营一家小零售店，并在40年内开出3家上规模的连锁店，讲她如何幸福地度过现在的每一天。在讲述过程中，她的脸上始终挂着阳光般的笑容。

记者呷着茶，静静地听着，不知不觉中两个小时过去了。

当老妇人讲完她的经历后，记者欠了欠身，提出了心中的疑问：

"请问，您对人生有什么秘诀吗？"

"秘诀？"老妇人发出一阵爽朗的笑声，然后摇了摇头，但停了一会儿，又说："如果有的话，那就是我自己教会自己快乐。"

接着老妇人又讲了下面一个小故事。

有一个6岁的小女孩，因为害怕恶魔攫去她和她美丽的琉璃弹珠而每天都不敢睡觉，她的母亲用尽了所有方法都不能使她消除这种恐惧。小女孩一天一天地瘦下去了。

直到有一天，她的父亲出差回来，用镜子里的人像作比喻，才使她明白恶魔在世界上是根本不存在的，那只是人的想象。从而把小女孩从困境中解脱了出来。

两年后，小女孩的父亲在车祸中丧生了，她又陷入了痛苦中，一天清晨，她梳妆的时候，注意到面前镜子里的肖像，忽然脑海中灵光一闪。

小女孩在一刹那间意识到：人生的苦难、痛苦和恶魔一样，它们的存在与否，完全决定于人的想象。

"那个小女孩就是我。"老妇人的脸上泛着红光，她继续说，"一个人是否快乐，完全取决于他对人、事、物的看法；而他的思想会改变他的生活。"

心灵感悟·

痛苦与快乐，不过是人对事物的不同感受而已。面对苦痛，只要你认为它并不是什么了不得的事，它也就不能再伤害你了。

第十二辑

放飞美丽的心情

生活需要阳光心态

在对幸福生活的主动追求中，需要你选择乐观，只有乐观的人才能以阳光的心态迎接生活。

琳达是个不同寻常的女孩。她的心情总是非常好，因为她对事物的看法总是正面的。

当有人问她近况如何时，她就会回答："我当然快乐无比。"她是个销售经理，也是个很独特的经理。因为她换过几家公司，而每次离职的时候都会有几个下属跟着她跳槽。她天生就是个鼓动者。如里哪个下属心情不好，琳达会告诉他怎么去看事物的正面。

这种生活态度的确让人称奇。

一天一个朋友追问琳达说："一个人不可能总是看事情的光明面。这很难办到！你是怎么做到的？"琳达回答道："每天早上我一醒来就对自己说，琳达你今天有两种选择，你可以选择心情愉快，也可以选择心情不好。我选择心情愉快。然后我命令自己要快快乐乐地活着，于是，我真的做到了。每次有坏事发生时，我可以选择成为一个受害者，也可以选择从中学些东西。我选择从中学习。我选择了，我做到了。每次有人跑到我面前诉苦或抱怨，我可以选择接受他们的抱怨，也可以选择指出事情的正面。我选择后者。"

"是！对！可是并不能那么容易做到吧。"朋友立刻回应。

"就是那么容易。"琳达答道，"人生就是选择。每一种处境面临一个选择。你选择如何面对各种处境，你选择别人的态度如何影响你的情绪，你选择心情舒畅还是糟糕透顶。归根结底，你自己选择如何面对人生。"

她曾被确诊患上了中期乳腺癌，需要尽快做手术。手术前期，她依然过着正常而有规律的生活。

所不同的是，每天下午3点半的时候她要接受医院规定的检查。对于来检查的医生，她总是微笑接待，让他们感到轻松无比，尽管检查的时候，大多感觉十分不舒服。

直到手术麻醉之前，她仍然对主治医师说："医生，你答应过我，明天傍晚前用你拿手的汉堡换我的插花！别忘了！上次的自制汉堡，味道真好，让人难以忘怀！"直叫医生哭笑不得。手术果然进行得很顺利。两个月后的一天，朋友来探望她，她竟然马上忘记疼痛，要送朋友一件自己刚刚被医院允许做好的插花。等到她出院时，竟然与医科室一半的人都交上了朋友，包括那些病友。因为人们都被她的轻松和坚强所感染和征服。

充满着欢乐与战斗精神的人们，永远带着欢乐，欢迎雷霆与阳光。如果一个人，对生活抱一种达观的态度，就不会稍有不如意，就自怨自艾。大部分终日苦恼的人，实际上并不是遭受了多大的不幸，而是自己的内心素质存在着某种缺陷，对生活的认识存在偏差。事实上，生活中有很多坚强的人，即使遭受不幸，精神上也会岿然不动。

心灵感悟·

生活是喜怒哀乐之事的总和。我们必须清楚，不顺心、不如意是人生不可避免的一部分，这些都是我们个人的力量所不能左右的。明白了这一点，我们就会对生活抱一种达观的态度，而当这种态度占据一个人的心灵后，他就拥有了阳光的心态。

并没有人捆住你

一个年轻人四处寻找解脱烦恼的秘诀。

有一天，他来到一个山脚下。只见一片绿草丛中，一位牧童骑在牛背上，吹着横笛，笛声悠扬，逍遥自在。

年轻人走上前去询问："你看起来很快活，能教给我解脱烦恼的方法吗？"

牧童说："骑在牛背上，笛子一吹，什么烦恼也没有了。"

年轻人试了试，不灵。于是，他又继续寻找。

年轻人来到一条河边，看见一位老翁坐在柳阴下，手持一根钓竿，正在垂钓。他神情怡然，自得其乐。年轻人走上前去鞠了一个躬："请问老翁，您能赐我解脱烦恼的办法吗？"

老翁看了他一眼，慢声慢气地说："来吧，孩子，跟我一起钓鱼，保管你没有烦恼。"

年轻人试了试，还是不灵。

于是，他又继续寻找。不久，他来到一个山洞里，看见洞内有一个老人独坐在洞中，面带满足的微笑。

年轻人深深鞠了一个躬，向老人说明来意。

长髯者微笑着摸摸长髯，问道："这么说你是来寻求解脱的？"

年轻人说："对对对！恳请前辈不吝赐教。"

老人笑着问："有谁捆住你了吗？"

"……没有。"

"既然没有人捆住你，又谈何解脱呢？"

有许多习惯忧虑的人就如同这年轻人一样，不肯让自己放松下来，老爱自己找麻烦，和自己过不去。当他们在感慨活着真累的时候，不知你有没有想过，生活本来无意与你作对，和你过不去的一直是你自己而已。

心灵感悟·

勤勤恳恳做每一件事，平平淡淡对待生命，那么我们在名利面前，就多了一份平静，少了一份贪婪。努力了，属于你的，跑不掉；不属于你的，再苛求也难得到，别把自己弄得那么累。

生活原本可以平平淡淡，平平淡淡才是生活的本质。放开心情，享受平淡生活，平淡之中蕴含着生活的真谛。

体验生活中美好的东西

当体验到生活中美好的东西时，自然就能找回一切快乐的心情。

晓飞在她30岁以后终于意识到，其实她的生活并不快乐。她将责任全部归咎于她的丈夫、她的前任老板以及她的亲属。但是有一天，一位认识她已10年的朋友对她说："晓飞，你将你的不快乐归咎于你周围所有的人，为什么你就不能从自己身上找找原因呢？坦率地说，我总觉得和你在一起有种压抑的感觉。"

这句话对晓飞触动很大，那以后，她开始认真思考她的生活方式，她开始努力尝试使自己快乐起来。她学着观察并感受每天发生在她周围的一切，她努力将自己的思维投向那些积极和快乐的事情上，并学会将烦恼放在一边，她发现她的生活正发生着日新月异的变化。

在以后的日子里，每当晓飞与其他的人谈论她的生活经历时，她总是这样说："在过去的许多年，我从未发现自己只是关注那些令人沮丧和消沉的事情，那时的我简直让人没法忍受。所幸的是，我的一位很好的朋友提醒了我，是他让我学会将那些糟糕的东西扔进垃圾筒，让我体验到生活中原来有那么多美好的东西。"

心灵感悟·

没有人不幸到会遇上所有坏的情况，也没人幸运到会遇上一切好的情况，那为什么人的心境会有天壤之别呢？其实问题不在身外，恰恰在人的内心。当体验到了生活中美好的东西时，生活自然而然就生动起来了。

在自我赏识中肯定自己

也许你想成为太阳，可你却只是一颗星辰；也许你想成为大树，可你却只是一株小草；也许你想成为大河，可你却只是一泓山溪……于是，你很自卑。很自卑的你总以为命运在捉弄自己。其实，你不必这样：欣赏别人的时候，一切都好；审视自己的时候，却总是很糟。和别人一样，你也是一道风景，也有阳光，也有空气，也有寒来暑往，甚至有别人未曾见过的一株春草，甚至有别人未曾听过的一阵虫鸣……做不了太阳，就做星辰，让自己的星座，发热发光；做不了大树，就做小草，以自己的绿色装点希望；做不了伟人，就做实在的小人物，平凡并不可卑，关键是必须扮演好自己的角色。

有个小男孩头戴球帽，手拿球棒与棒球，全副武装地走到自家后院。

"我是世上最伟大的击球手。"他自信地说完后，便将球往空中一扔，然后用力挥棒，却没打中。他毫不气馁，继续将球拾起，又往空中一扔，然后大喊一声："我是最厉害的击球手。"他再次挥棒，可惜仍是落空。他愣了半晌，然后仔仔细细地将球棒与棒球检查了一番之后，他又试了一次，这次他仍告诉自己："我是最杰出的击球手。"然而他第三次的尝试还是挥棒落空。

"哇！"他突然跳了起来，"我真是一流的投手。"

男孩勇于尝试，能不断给自己打气、加油，充满信心，虽然仍是失败，但是，他并没有自暴自弃，没有任何抱怨，反而能从另一种角度"欣赏自己"。

生活中大多数人都习惯自怜自艾、自我批判，他们最常说的是"我身材难看"，"我能力太差"，"我总是做错事"……他们总是学不会像那个小男孩一样，换个角度欣赏自己，这都是由于自卑心理在作祟。自卑心理所造成的最大问题是：你总是在斤斤计较你的平凡，你总是在想方设法证明你的失败，每一天你都在为自己的想法找证据，结果你越来越觉得自己平凡、渺小，处处不如人。一个值得思考的问题是：为什么你明明知道这样做会使人生更灰暗、负面的感觉更多，更不知道珍惜人生的天赋美好，却还是执迷不悟。我们都是芸芸众生中的一员，都是平凡的小人物，但我们也有比别人美好的地方，所以千万不要自贬身价。

如果一个人对自己都不欣赏，连自己都看不起，那么，这个人怎么还会自强、自信、自爱、自省呢？你也许曾埋怨过自己不是名门出身，你也许曾苦恼过自己命运中的波折，你也许曾愧叹过自己行程中的坎坷。可是，你有没有正视过自己？对于一个生活的强者而言，出身只是一种符号，它和成功没有丝毫瓜葛，你又何必为此而斤斤计较？

人生变动不居，又岂能无忧无虑、平静无波？生命的行程如果没有顽石的阻挡，又怎能激起美丽的浪花朵朵？

心灵感悟 ·

平日里，我们只顾风尘满面地在尘世间奔波，步履匆匆，眼睛总是看着别人的美好，一不小心就忘了欣赏自己。命运是公正无私的，它给谁的都不会太多，多欣赏自己，你就会发现生活是如此美好，你的生活是如此幸福。

热情让生命流光溢彩

一个人，如果对任何事情和任何人都冷漠，那么他的人生也会相当乏味。热情是让人生更加生动的催化剂。

热情所以有非凡的力量，因为它能给人激励、给人鼓舞。一个在工作中投入热情的人，常常不会感到疲倦、劳累，而且会常常觉得自己有使不完的力气，能够完成平时根本不可能完成的事情。热情可以使你的人生获得一种向前的动力，它可以帮助你把自己的想象变成现实；而离开了热情，你即使有再大的潜能，也根本无力去实现它。

热情还有一个作用，它能够感染周围的人。他们目睹了你的热忱，不禁会被你带动，也会以同样的热情投入到生活中。

伯莱德在一家服装厂工作，依照他的学识，本来可以有更好的工作，但因为他的身体缺陷，他只能做一份不需要站立和行走的工作，因此，他成为一名缝纫工。但他并没有为此而苦恼，而是很热忱地投入这份工作中。每天，他都在休息时间给同事们讲笑话，在一天的工作结束后，他又"痴迷"于服装的设计，每天晚上，他都会躺在床上看服装设计类的书籍。在工厂里，他是个备受欢迎的人，就因为他为人热情、性格乐观。很快，他被厂长提升为服装设计师。

热情是生活中最缤纷多彩的部分，它可以驱走我们心底的阴郁、烦恼和不快。大家都喜欢和热情的人交往，因为他会带给人一种向上的精神，并创造一种"明亮"的氛围。因为热情，你就可以获得别人的欢迎，赢得很多朋友，你的人生也就会随之丰富多彩起来。

心灵感悟 ·

热情是这个世界上最伟大的财富，它远胜过金钱、权力和影响力。一个人拥有热情，就拥有了永不衰竭的生命力，同时也拥有了感染他人的力量。

灿烂地笑对生活

没有什么东西能比一个阳光灿烂的微笑更打动人的了。

百货店里，有个穷苦的妇人，带着一个约4岁的男孩在转圈子。走到一架快照摄影机旁，孩子拉着妈妈的手说："妈妈，让我照一张相吧。"妈妈弯下腰，把孩子额前的头发拢在一旁，很慈祥地说："不要照了，你的衣服太旧了。"孩子沉默了片刻，抬起头来说："可是，妈妈，我仍会面带微笑的。"每想起这个场景，这位妇人的心就会被儿子所感动。

法国作家拉伯雷说过这样的话："生活是一面镜子，你对它笑，它就对你笑；你对它哭，它就对你哭。"如果我们整日愁眉苦脸地生活，生活肯定愁眉不展；如果我们爽朗乐观地看生活，生活肯定阳光灿烂。朋友，既然现实无法改变，当我们面对困惑、无奈时，不妨给自己一个笑脸，一笑解千愁。

笑声不仅可以解除忧愁，而且可以治疗各种病痛。微笑能加快肺部呼吸，增加肺活量；能促进血液循环，使血液获得更多的氧，从而更好地抵御各种病菌的入侵。

微笑是一种做人心态的外在表现，这种魔力不仅能够给日渐枯萎的生命注入新的甘露，还会使你的人生开出幸福的花朵。

微笑的后面蕴涵的是坚实的、无可比拟的力量，一种对生活巨大的热忱和信心，一种高格调的真诚与豁达，一种直面人生的智慧与勇气。而且，境由心生，境随心转。我们内心的思想可以改变外在的容貌，同样也可以改变周遭的环境。

你的笑容是你最好的信使，能照亮所有看到它的人。对那些整天都皱着眉头、愁容满面的人来说，你的笑容就像穿过乌云的太阳；尤其对那些受到上司、客户、老师、父母或子女的压力的人，一个笑容能帮助他们树立这样一种信心，那就是：一切都是有希望的，世界是有欢乐的。

微笑是阳光的美丽外衣，从今天起开始微笑吧。

心 灵 感 悟·

微笑，是一座情感沟通的虹桥，跨越时空障碍，使天堑变为坦途。它不同于语言和别的风俗，无论男女老少，无论任何民族、任何肤色、任何文化层次，都能心领神会，在此达成一致的认同。

保持心情的弹性

村里有一位善骑的、箭法好的猎人。一次，他看到一件有趣的事情。那一天，他偶然发现村里一位十分严肃的老人与一只小鸡在说话游戏。猎人好生奇怪，为什么一个生活严谨、不苟言笑的人会在没人时像一个小孩那样快乐呢？

他带着疑问去问老人，老人说："你为什么不把弓带在身边，并且时刻把弦扣上？"猎人说："天天把弦扣上，那么弦就失去弹性了。"老人便说："我和小鸡游戏，理由也是一样的。"

生活也一样，每天总有干不完的事。但是，你有没有仔细想过，如果天天为工作疲于奔命，最终这些让我们焦头烂额的事情也会超过我们所能承受的极限。

尤其是在当今社会，生活节奏不断加快，"时间"似乎对每个人都不再留情面。于是，超负荷的工作便给人造成不可避免的疾患。

因为人们的生活起居没了规律，所以患职业病、情绪不稳、心理失衡甚至猝死等一系列情况时有发生，给人们的生活、工作及心理造成无形的压力。

据有关统计，在美国，有一半成年人的死因与压力有关；企业每年因压力遭受的损失达 1500 亿美元——员工缺勤及工作心不在焉而导致的效率低下。在挪威，每年用于职业病治疗的费用达国民生产总值的 10%。在英国，每年由于压力造成 1.8 亿个劳动日的损失，企业中 60% 的缺勤是由于压力相关的不适引起的。

这时，需要我们换一种心情，轻松一下，学会放下工作，试着做一些其他的运动，以偷得片刻休闲，消去心中烦闷。记得有一位网球运动员，每次比赛前别人都会好好睡一觉，然后去练球，他却一个人去打篮球。有人问他，为什么你不练网球？他说，打篮球我没有丝毫压力，觉得十分愉快。对于他来说，换一种心态，换一种运动方式，就是最好的休闲。

千万别说自己没时间，我们都有时间，并且可以试着改变自己。当你下班赶着回家做家务时，不妨提前一站下车，花半小时，慢慢步行，到公园里走走。或者什么都不做，什么也不想，就是看看身边的景色，放松一下自己的心情，肯定会有意想不到的效果。

心灵感悟·

生活需要劳逸结合。游历名山大川并不是每个人都能办到的，但给自己一个空间，学会忙里偷闲，作片刻休息，则人人都能做到。

上帝给谁的都不会太多

意大利一位著名的女高音歌唱家玛莲娜，仅仅30多岁就已经红得发紫，誉满全球，而且郎君如意，家庭美满。

一次她到邻国开独唱音乐会，入场券早在一年以前就被抢购一空，当晚的演出也受到极为热烈的欢迎。演出结束之后，歌唱家和丈夫、儿子从剧场里走出来的时候，一下子被早已等在那里的观众团团围住。人们七嘴八舌地与歌唱家攀谈着，其中不乏赞美和羡慕之词。

有的人恭维歌唱家大学刚刚毕业就开始走红，进入了国家级的歌剧院，成为扮演主要角色的演员；有的人恭维歌唱家有个腰缠万贯的某大公司老板做丈夫，而膝下又有个活泼可爱、脸上总带着微笑的小男孩……

在人们议论的时候，歌唱家只是在听，并没有表示什么。等人们把话说完以后，她才缓缓地说："我首先要谢谢大家对我和我的家人的赞美，我希望在这些方面能够和你们共享快乐。但是，你们看到的只是一个方面，还有另外的一个方面没有看到。那就是你们夸奖的活泼可爱、脸上总带着微笑的这个小男孩，不幸的是，他是一个不会说话的哑巴。而且，在我的家里还有一个姐姐，是需要长年关在装有铁窗房间里的精神分裂症患者。"

歌唱家的一席话使人们震惊得说不出话来，你看看我，我看看你，似乎很难接受这样的事实。

这时，歌唱家又心平气和地对人们说："这一切说明什么呢？恐怕只能说明一个道理，那就是：上帝给谁的都不会太多。"

心灵感悟·

上天是公平的，给予每一个人的既有欢乐也有痛苦。有时我们所拥有的，别人不一定拥有，每个人都有他自己拥有的长处，也都有他自身的不足。所以，我们不必为别人的拥有而失意，应该多为自己的拥有而开怀。

生命的化妆品

不管你在做什么事，它必然影响到你的心，表现于你的脸。相由心生，一个人只有在心怀善念、心气平和时，相貌才能够生动秀美。因此，多做一些轻松有趣的事情，心情自然会快乐起来。

从前，有一个青年以制造面具为生。

有一天，他的一位远方朋友来访，见面就问他："你近来脸色不大好。到底是什么事使你生气呢？"

"没有呀！"

"真的吗？"他的朋友好像不大相信，也就回去了。

过了半年，那位朋友再度来访，见面就说："你今天的脸色特别好，和从前完全不同，有什么事情使你这么高兴啊？"

"没有呀！"他还是这么回答。

"不可能的，一定有原因。"他的朋友说道。

在他们交谈后，这个青年才想起，原来半年前，他正忙着做魔鬼、强盗等凶残的面具，做的时候心里总是在想咬牙切齿、怒目相视的面相，因此自然也表露在脸上了；而最近，他正在制造慈眉善目的面具，心里所想的，都是可爱的笑容，脸上自然也显得柔和了。

好心情是一种万能剂：可以让自己的烦恼烟消云散；可以消除你全身的困乏；可以消除人际的紧张局势；可以传递出一种令人会意的情感；也能给他人留下良好的第一印象……

好心情就是你好意的信使，好心情令你笑口常开。同时，你的笑容能照亮所有看到它的人。对于那些整天都皱眉头、愁容满面、对一切视若无睹的人来说，你的笑容就像穿过乌云的太阳，一个笑容能帮助他们了解一切都是有希望的，了解世界是有欢乐的。

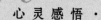

心灵感悟·

好心情是一种生活态度，是一种处世的法则，同时也是一种美容方法。愉悦的心情是人生最好的化妆品。一个人每天保持轻松快乐的心情，就是对心灵最好的滋养。

决定心情的是心境

爱默生说："热情是能量，没有热情，任何伟大的事情都不能完成。"热情其实是一种心态，完全由你自己来调配。冷漠地对待你现在的工作和生活，你得到的只能是别人的否定和更冷漠的目光；热情地对待你的工作和生活，你将会得到别人善意的肯定和赞许的目光。问题的关键还在于你自身，记住，心里拥有阳光的人就会拥有机会。

在进入这个香港人投资的家具厂之前，她先后干过不少工作——承包过农田，搞过运输，倒卖过袜子，还卖过雪糕。但是，都没有挣到钱。对于一个离了婚又带着孩子的女人来说，既没出众的长相，又无骄人的学历，生活的确不易。

她被分在材料车间，都是些杂活，但她还是十分珍惜，也干得格外卖力且出色。有一次，一个本地木材商因质量问题与公司发生激烈冲突，她主动请缨，最后把事情处理得非常妥帖，为公司挽回了大笔损失。她由此得到了老板的赏识，并第一次赢得额外奖金。

她高兴了很久。但是，现实马上将她拉回到愁眉苦脸的状态中——需要补充的是，她来这个公司已经大半年时间了，基本上没有露过笑脸。而且，天天穿着那套老旧的工作服，就更别提化妆打扮了。

后来，车间主任荣升为经理助理。在大家眼中，空缺的位置非她莫属。但是很意外地，老板提拔了另外一个人。老板把她叫去，说："你怎么每天都没有笑容呢？"她说："就咱们眼前这些活还需要笑吗？"老板忽然显得严肃起来："是的，依我看，确实是干什么都需要笑，你要是会微笑，付出同样的努力，就能比别人收获更多。相反，呆板会消损你的努力——我之所以把领班这个位置安排给另外一个人，就是因为她比你乐观。有时候，微笑也是一种力量啊……"

她开始试着用微笑来面对身边的一切，许多熟人见了，都惊叹她的改变，并欣慰于她日渐好转的处境。

充满热情的人喜欢时常露出笑容，故事中的"她"如果能充满热情，时常面带微笑，机会可能早就降临到她头上了。

热情是一笔珍贵的资产，无论知识、钱财或势力都比不上它。有的时候，热情不但有助于一个人在工作上给人留下印象，还能让一个人体验到生活的阳光。热情像一块磁石，能把周围的人吸引到你的身边，还能让周围的人感受到你精神的力量，感觉好像什么奇迹都能创造。充满热情的人都是性格开朗、笑口常开的人，他们喜欢帮助他人，所以无论到哪里都能受到欢迎。

心灵感悟·

遇到情绪扭不过来的时候，不妨暂时回避一下，打破静态体验，用动态活动转换情绪。只要一曲音乐，就能将你带到梦想的世界。

弹奏乐观的心曲

英国作家萨克雷说："生活是一面镜子，你对它笑，它就对你笑，你对它哭，它也对你哭。"

的确，如果我们心情豁达、乐观，我们就能够看到生活中光明的一面，即使在漆黑的夜晚，我们也知道星星仍在闪烁。一个心理健康的人，思想高洁，行为正派，能自觉而坚决地摒弃病态的想法。我们既可以坚持错误、执迷不悟，也可以痛改前非、改过自新，这都取决于我们自己。这个世界是大家创造的，因此，它属于我们每一个人，而真正拥有这个世界的人，是那些热爱生活、乐观向上的人。也就是说，那些真正拥有快乐的人才能真正拥有这个世界。

但是快乐也是有成本的。要得到快乐，必须先磨炼自己的耐性，先付出艰苦和等待。我们必须先播下种子，然后用不求收获的、理智的心情去等待快乐的果实。

人的心理活动没有一刻的平静，间或兴奋、欢乐，间或沮丧、消极。快乐的人也有不幸与烦恼。有的人大部分的生活被消极情绪占领，或哀叹不已、灰心丧气，或牢骚满腹、怨天尤人，却不善于解脱排遣。

开朗的人的特点是把眼光盯在未来的希望上，把烦恼抛在脑后。培养乐观、豁达的性格，将会对你终生有益。

具有乐观、豁达性格的人，无论在什么时候，他们都感到光明、美丽和快乐的生活就在身边。他们眼睛里流露出来的光彩使整个世界都流光溢彩。在这种光彩之下，寒冷会变成温暖，痛苦会变成舒适。这种性格使智慧更加熠熠生辉，使美丽更加迷人灿烂。那种生性忧郁、悲观的人，永远看不到生活中的七彩阳光，春日的鲜花在他们的眼里也失去了娇艳，黎明的鸟鸣变成了令人烦躁的噪音，无限美好的蓝天、五彩纷呈的大地都像灰色的布幔。在他们眼里，生活仅仅是令人厌倦的、没有生命和没有灵魂的苍白。

乐观像一股永不枯竭的清泉，乐观像一首没有歌词的永无止境的欢歌。它使人的灵魂得以宁静，使人的精力得以恢复，使美德更加芬芳。人的精神、灵魂、美德都从这种愉悦的心情中得到滋润，尽管烦恼和不安总在时时吞噬着这种美好的心情，各种挫折和磨难会一点一滴地消耗它，但这如清泉甘露般的美丽心情永远不会枯竭，而是历久弥坚以至永远。

所以，要保持乐观的心态，微笑着面对生活。

心灵感悟·

任何对客观环境的不满和怨天尤人都是无济于事的，只有以一种平和乐观的心态去面对生活、面对问题，才是最重要的。

第十三辑

学会选择，懂得放弃

地图人生

地图上的路有千百条，但你找不到一条始终笔直平坦的路。人生的道路也是这样，充满崎岖坎坷。如果你想选择一条始终笔直平坦的路，那你将无路可走。生活是一条曲折漫长的征途——既有荒凉的大漠，也有深幽的峡谷；既有横亘的高山，也有断路的激流。只有矢志不渝地前进，才能赢得光辉的未来；只有顽强不息地攀越，才能登上理想的巅峰。人生道路，就是这么不平坦，坑坑洼洼、曲曲折折——既有得意者的欢欣，也有失败者的泪水；既有顺利时的喜悦，又有受挫时的苦恼。正由于人生像条曲线，生命才变得充实而有意义。当一个人走完了自己的坎坷旅程，蓦然回首时，他定会为自己留下的曲折而执著的印迹而欣慰，对大千世界报以满意的一瞥……人生的曲线，鼓人信心，给人希望，激人奋进，展示了人类奋斗的力量和生命的美。的确，既然人生是一条曲线，我们畏头缩颈又有何用？倒不如昂起头来，大踏步前进为好。

地图上的路有千百条，但每一条路都只能走向一个既定的目标。一个人，不可能同时向南又向北。路只能一步一步地走，目标只能一个一个地实现。你如果什么都想要，最终便什么也得不到。太多的幻想，往往使人不知如何选择。当你还在举棋不定时，别人或许已经到达目的地了。托尔斯泰说："人生目标是指路明灯。没有人生目标，就没有坚定的方向；而没有方向，就没有生活。"在人生的竞赛场上，无论一个多么优秀、素质多么好的人，如果没有确立一个鲜明的人生目标，也很难取得事业上的成功。许多人并不乏信心、能力、智力，只是没有确立目标或没有选准目标，所以没有走上成功的途径。这道理很简单，正如一位百发百中的神射击手，如果他漫无目标地乱射，也不会在比赛中获胜。

人生地图上的路有千百条，选择什么样的路，当量力而行。要学会选择，学会审时度势，学会扬长避短。只有量力而行的睿智选择才会拥有更辉煌的成功。"成名成家"固然充满风光，但绝不是每一个人都可以实现，"心想事成"只不过是美好的愿望。有信心是重要的，虽然有信心不一定会赢，但没信心却一定会输。人生的学问，其实就是"量需而行，量力而行"。要想获得快乐的人生，你最好不要一味地行色匆匆，不妨停下脚步，暂时休息一会儿，想一想自己需要什么，需要多少。想一想有没有这样的情况：有些东西明明是需要的，你却误以为自己不需要；有些东西明明不需要，你却误以为自己需要；有些东西明明需要得不多，你却误以为需要很多；有些东西明明需要很多，你却误以为需要极少……

一张地图，一次人生，二者何其像也！

心 灵 感 悟·

选择是人生成功路上的航标，只有量力而行的睿智选择才会拥有更辉煌的成功。

放弃是智者面对生活的明智选择，只有懂得何时放弃的人才会事事如鱼得水。

人生如演戏，每个人都是自己的导演，只有学会选择和懂得放弃的人才能创作出精彩的电影，拥有海阔天空的人生境界。

失去是一种获得

执著地对待生活，紧紧地把握生活，但又不能抓得过死，松不开手。人生这枚硬币，其反面正是那悖论的另一要旨：我们必须接受"失去"，学会放弃。

对善于享受简单和快乐的人来说，人生的心态只在于进退适时、取舍得当。因为生活本身即是一种悖论：一方面，它让我们依恋生活的馈赠；另一方面，又注定了我们对这些礼物最终的舍弃。正如先师们所说：人生在世，紧握拳头而来，平摊两手而去。

有一位住在深山里的农民，经常感到环境艰险，难以生活，于是便四处寻找致富的好方法。

一天，一位从外地来的商贩给他带来了一样好东西，尽管在阳光下看去那只是一粒粒不起眼的种子。但据商贩讲，这不是一般的种子，而是一种叫做"苹果"的水果的种子，只要将其种在土壤里，两年以后，就能长成一棵棵苹果树，结出数不清的果实，拿到集市上，可以卖好多钱呢！

欣喜之余，农民急忙将苹果种子小心收好，但脑海里随即涌现出一个问题。

既然苹果这么值钱、这么好，会不会被别人偷走呢？于是，他特意选择了一块荒僻的山野来种植这种颇为珍贵的果树。

经过近两年的辛苦耕作，浇水施肥，小小的种子终于长成了一棵棵苗壮的果树，并且结出了累累的硕果。

这位农民看在眼里，喜在心中。因为缺乏种子，果树的数量还比较少，但结出的果实也肯定可以让自己过上好一点儿的生活。

他特意选了一个吉祥的日子，准备在这一天摘下成熟的苹果挑到集市上卖个好价钱。

当这一天到来时，他非常高兴，一大早，他便上路了。

但当他气喘吁吁爬上山顶时，心里猛然一惊，那一片红灿灿的果实，竟然被外来的飞鸟和野兽们吃个精光，只剩下满地的果核。

想到这几年的辛苦劳作和热切期望，他不禁伤心欲绝，大哭起来。他的财富梦就这样破灭了。在随后的岁月里，他的生活仍然艰苦，只能苦苦支撑下去，一天一天地熬日子。

不知不觉之间，几年的光阴如流水一般逝去。

一天，他偶尔之间又来到了这片山野。当他爬上山顶后，突然愣住了因为在他面前出现了一大片茂盛的苹果林，树上结满了累累的果实。

这会是谁种的呢？在疑惑不解中，他思索了好一会儿才找到了一个出乎意料的答案。

这一大片苹果林都是他自己种的。

几年前，当那些飞鸟和野兽在吃完苹果后，就将果核吐在了旁边，经过几年的生长，果核里的种子慢慢发芽生长，终于长成了一片更加茂盛的苹果林。

现在，这位农民再也不用为生活发愁了，这一大片林子中的苹果足可以让他过上温饱的生活。

只不过，他转念一想，如果当年不是那些飞鸟和野兽们吃掉了这小片苹果树上的苹果，今天肯定没有这样一大片果林了。

心 灵 感 悟·

生活中，一扇门如果关上了，必定有另一扇门打开。失去了这种东西，必然会在其他地方有所收获。关键是，你要有乐观的心态，相信有失必有得。要懂得得放弃，正确对待你的失去，有时失去也就是另一种获得。

学会放弃

　　一位青年在高速行驶的火车上一不小心将刚买的新鞋从窗口失手掉了一只，周围的人倍感惋惜，不料那青年立即把第二只鞋也从窗口扔了下去。这一举动令大家很吃惊，青年解释道："这一只鞋无论多么昂贵，对我而言都没用了，如果谁捡到这一双鞋子，说不定他还能穿呢！"

　　生活中有时需要我们作出选择，但什么才是最难舍弃的，是一种道义，还是一段感情？为什么不能抛开和牺牲一些东西，而去获得另一些东西？

　　《百喻经》里有一个故事，从前有一只猩猩，手里抓了一把豆子，高高兴兴地在路上一蹦一跳地走着。一不留神，手中的豆子滚落了一颗，为了这颗掉落的豆子，猩猩马上将手中其余的豆子全部放置在路旁，趴在地上，转来转去，东寻西找，却始终不见那一颗豆子的踪影。

　　最后猩猩只好用手拍拍身上的灰土，回头准备拿取原先放置在一旁的豆子，怎知那颗掉落的豆子没找到，原先的那一把豆子却全都被路旁的鸡鸭吃得一颗也不剩了。

　　想想我们现在的追求，是否也是放弃了手中的一切，仅仅为了追求掉落的那一颗？

　　再想起扔掉第二只鞋的那位青年，他的做法确实值得称道，既然已经不能保全自己的美事，何不成全别人呢？对于别人，也许可以获得整个冬天的温暖。

　　的确，失去的已经失去，何必为之大惊小怪或耿耿于怀呢？

　　失去某种心爱之物大都会在我们的心理上投下阴影，有时甚至因此而备受折磨。究其原因，就是我们没有调整心态去面对失去，没有从心理上承认失去，只沉湎于已不存在的过去，而没有想到去创造新的未来。与其怀恋过去，不如抬起头，去争取未来。

　心灵感悟·

　　在生活中，有很多的无奈要我们去面对，有很多的道路需要我们去选择。放弃一些原本不属于自己的，去把握和珍惜真正属于自己的，去追寻前方更加美好的！放弃一些繁琐，为了轻便地前行；放弃一丝怅惘，为了轻快地歌唱；放弃一段凄美，为了轻柔地梦想。放弃，是一种伤感，但更是一种美丽。

告别旧我

有歌云："不经历风雨，怎能见彩虹？"确实，美好的获得需要付出代价，正如老鹰的重生需要经历常人难以想象的蜕变过程一样，处在人生的十字路口，需要我们正确地选择，更需要我们具有为赢得新生活而敢于冒险、敢于经受磨炼的勇气和毅力。

放眼人生，又何尝不是如此？面对癌症，是草草地结束自己的生命以免遭受肉体和精神的折磨，还是积极地治疗，创造生命的奇迹？陷入困境，是听天由命，等待命运的宣判，还是放手一搏，冒险寻求可能的转机？工作平淡无奇，碌碌无为，是安于现状，享受现有的安逸，还是勇于改变，寻求属于自己的一片天地？

我们一定有过年前大扫除的经历吧。当你一箱又一箱地打包时，一定会很惊讶自己在过去短短一年内，竟然累积了这么多的东西。然后懊悔自己为何事前不花些时间整理，淘汰一些不再需要的东西，否则，今天就不会累得你连脊背都直不起来。

大扫除的懊悔经验，让很多人懂得一个道理：人一定要随时清扫、淘汰不必要的东西，日后才不会变成沉重的负担。

人生又何尝不是如此！在人生路上，每个人不都是在不断地累积东西吗？这些东西包括你的名誉、地位、财宝、亲情、人际关系、健康、知识等；另外，当然也包括了烦恼、苦闷、挫折、沮丧、压力等。这些东西，有的早该丢弃而未丢弃，有的则是早该储存而未储存。

在人生道路上，我们几乎随时随地都得做"清扫"。念书、出国、就业、结婚、离婚、生子、换工作、退休……每一次挫折，都迫使我们不得不"丢掉旧我，接纳新我"，把自己重新"扫"一遍。

不过，有时候某些因素也会阻碍我们放手进行扫除。譬如，太忙、太累，或者担心扫完之后，必须面对一个未知的开始，而你又不能确定哪些是你想要的。万一现在丢掉的，将来又捡不回来，怎么办？

的确，心灵清扫原本就是一种挣扎与奋斗的过程。不过，你可以告诉自己：每一次的清扫，并不表示这就是最后一次。而且，没有人规定你必须一次全部扫干净。你可以每次扫一点，但你至少应该丢弃那些会拖累你的东西。

心 灵 感 悟·

人生需要选择，生命需要蜕变，每当面临困难和挫折，面临选择和放弃，我们都要有足够的勇气，清扫过去，改变自己，只有这样才能获得重生，才能创造另一个辉煌！

把握命运的伟大力量

选择——是把握人生命运最伟大的力量。

谁掌握了选择的力量，谁就掌握了人生的命运。

人生的任何努力都会有结果，但不一定有预期的结果。

错误的选择往往使辛勤的努力付诸东流，甚至使人生招致灭顶之灾。

只有正确地选择了，所付出的努力才会有美好的结果。

或许连你自己都没有意识到这点，只有当你面临困境的时候，你才会发现这种潜在的力量。

一群迁徙的野牛在行进途中，突遭数只凶猛猎豹的袭击。刚才还是悠然自得的牛群顿时像炸了窝的马蜂，惊恐着四处奔逃，躲避着猎豹，逃脱着死亡。一只只野牛在奔逃中被扑倒，没有博斗，连挣扎也是那样有气无力，只是哀鸣了几声，就成了猎豹的食物。

突然，一只看似弱小的野牛，就在快被猎豹追上的刹那，突然转向，全身奋力后坐，努力将身体的重心后移，奔跑的四蹄成了四条铁杠，直直地斜撑在地上，随即身体周围腾起一股浓浓的尘土，如同爆响的炸弹掀起的浪。在这生与死的千钧一发之际，这只小小的野牛停住了。

急停下来的小野牛，不但没有被猎豹吓倒，反而反转过身来，愤怒地沉下头，接着又仰起头顶上那一双尖尖的、硬硬的牛角，猛抵冲过来的猎豹。那只不可一世的猎豹，还没有看清眼前发生的一切，就被小野牛的尖角抵住了身体，扎进了肚子，被高高地扬起，抛向空中。

顿时，情况急转直下，奔逃的野牛们还在拼命地奔逃，而其他猎豹却惊呆了，先是顿立，继而掉头逃走。

我们不知道为什么唯有那只小野牛不像它的父母兄弟姐妹以奔逃求生，而选择回首痛击，去战胜自己所面临的死亡。

但它的行为却给了我们许许多多的启迪和联想。

生活中的困难多于幸福，人生中的磨难多于享乐。人不应在困难中倒下，而要努力在困难中挺起。因为当你重新作出选择的时候，你就会拥有一种连自己都不敢相信的力量，而这种力量会使你战胜困难，同时使你的人生像初升的太阳一样，突破云层，升起在蔚蓝的天空中。

我们积聚起一种新的力量，重新面对世界。

面临危机，你必须作出选择，这如同你不会游泳却被人推到河里一样，除了学会游上岸让自己不至于被淹死，此外，别无生路。

心 灵 感 悟·

有时候，选择使人痛苦，尤其是当被选择的对象对你具有同等吸引力的时候。

人生的悲哀，莫过于自己不能选择，或者不去选择。只有依靠自己的选择，才能掌握自己的命运；只有正确地选择，才有成功的人生。

善于取舍

人的内心就是这样，总是希望有所得，以为拥有的东西越多，自己就会越快乐。所以，这人之常情就迫使我们沿着追寻获得的路走下去。可是，有一天，我们忽然惊觉：我们忧郁、无聊、困惑、无奈……我们失去了一切的快乐，其实，我们之所以不快乐，是我们渴望拥有的东西太多了，欲望的负累让我们执迷在某个事物上了。

懂得放弃才有快乐，背着包袱走路总是很辛苦。中国历史上，"魏晋风度"常受到称颂，他们不同于佛、老子、孔子，在入世的生活里，又有一分出世的心情，说到底，是一种不把心思凝结在一个死结上的心态。

我们在生活中，时刻都在取与舍中选择，我们又总是渴望着取，渴望着占有，常常忽略了舍，忽略了占有的反面：放弃。懂得了放弃的真意，也就理解了"失之东隅，收之桑榆"的妙谛。多一点中和的思想，静观万物，体会与世界一样博大的诗意，我们自然会懂得适时地有所放弃，这正是我们获得内心平衡，获得快乐的好方法。

每个人都有着不同的发展道路，面临着人生无数次的抉择。当机会接踵而来时，只有那些树立远大人生目标的人，才能作出正确的取舍，把握自己的命运。

树立了远大目标，面对人生的重大选择就有了明确的衡量准绳。孟子曰："舍生取义。"这是他的选择标准，也是他人生的追求目标。

著名诗人李白曾有过"仰天大笑出门去，我辈岂是蓬蒿人"的名句，潇洒傲岸之中，透出自己建功立业的豪情壮志。凭借生花妙笔，他很快名扬天下，荣登翰林学士这一古代文人梦寐以求的事业巅峰。

但是一段时间之后，他发现自己不过是替皇上点缀升平的御用文人。这时的李白就面临一个选择，是继续安享荣华富贵，还是走向江湖穷困潦倒呢？以自己的追求目标作衡量标准，李白毅然选择了"安能摧眉折腰事权贵，使我不得开心颜"，弃官而去。

一些看似无谓的选择，其实是奠定我们一生重大抉择的基础，古人云："不积跬步，无以至千里；不积小流，无以成江海。"无论多么远大的理想，伟大的事业，都必须从小处做起，从平凡处做起，所以对于看似琐碎的选择，也要慎重对待，考虑选择的结果是否有益于自己树立的远大目标。

有这样一则故事：一只老鹰被人锁着。它见到一只小鸟唱着歌儿从它身旁掠过，想到自己却……于是它用尽全身的力量，挣脱了锁链，可它也挣折了自己的翅膀。它用折断的翅膀飞翔着，没飞几步，它那血淋淋的身躯还是不得不栽落在地上。

老鹰向往小鸟的自由，挣脱了锁链，却牺牲了自己的翅膀。自由如果要以牺牲自己的翅膀为代价，实际上也就牺牲了自由。

放弃，对每一个人来说，都有一个痛苦的过程，因为放弃意味着永远不再拥有，但是，不会放弃，想拥有一切，最终你将一无所有，这是生命的无奈之处。如果你不放弃都市的繁华，就无法享受花前月下的静谧……生活给予我们每个人的都是一座丰富的宝库，但你必须学会放弃，选择适合你自己应该拥有的，否则，生命将难以承受！

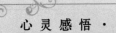

心灵感悟·

一个决定可以改变一个人的命运，这个决定是对是错，恐怕要用一生做赌注。其实，有未必真得，无未必真失，有无随缘、得失在心，人生的遭遇不可用"得失"二字定论。

放弃是一种智慧

放弃，是一种智慧，是一种豁达，它不盲目，不狭隘。

放弃，对心境是一种宽松，对心灵是一种滋润，它驱散了乌云，它清扫了心房。有了它，人生才能有爽朗坦然的心境；有了它，生活才会阳光灿烂。

1998年的诺贝尔奖得主崔琦，在有些人眼里简直是"怪人"：远离政治，从不抛头露面，整日浸泡在书本中和实验室内，甚至在诺贝尔奖桂冠加顶的当天，他还如常地到实验室工作。更令人不敢置信的是，在美国高科技研究的前沿领域，崔琦居然是一个地地道道的"电脑盲"。他研究中的仪器设计、图表制作，全靠他一笔一画完成。而一旦要发电子邮件，也都请秘书代劳。他的理论是：这世界变化太快了，我没有时间去追赶！

崔琦放弃了世人眼里炫目的东西，为自己赢得了大量宝贵的时间，也赢得了至高无上的荣誉。

人的一生很短暂，有限的精力不可能方方面面都顾及，而世界上又有那么多炫目的精彩，这时候，放弃就成了一种大智慧。放弃其实是为了得到，只要能得到你想得到的，放弃一些对你而言并不必需的"精彩"，又有什么不可以呢？

贪婪是大多数人的毛病，有时候只抓住自己想要的东西不放，就会给自己带来压力、痛苦、焦虑和不安。往往什么都不愿放弃的人，结果却什么也没有得到。

放弃是一种睿智。尽管你的精力过人、志向远大，但时间不容许你在一定时间内同时完成许多事情，正所谓："心有余而力不足。"所以，在众多的目标中，我们必须依据现实，有所放弃，有所选择。

如果在放弃之后，烦乱的思绪梳理得更加分明，模糊的目标变得更加清晰，摇摆的心变得更加坚定，那么放弃又有什么不好呢？

生活中，不堪重负就归零。归零就是清除所有的东西，放弃一切，从零开始。有时候归零是那么难，因为每一个要被清除的数字都代表着或实在或精神上的某种意义；有时候归零又是那么容易，只要按一下键盘上的删除键就可以了。

心灵感悟·

　　人生总要面临许多选择，也要作出一些放弃。要学会选择，首先要学会放弃。放弃是为了更好地调整自我，准备良好的心态向目标靠近。特别是在现代社会中，竞争日趋激烈，每个人的生存压力也越来越重，于是每个人都身不由己地变得"贪心"。追求太多，其失望也愈深，所以一定要保持一个清醒的头脑，做好人生的取舍。

下山的也是英雄

人们习惯于对爬上高山之巅的人顶礼膜拜，实际上，能够及时主动从光环中隐退的下山者也是"英雄"。

有多少人把"隐退"当成"失败"。曾经有过非常多的例子显示，对于那些惯于享受欢呼与掌声的人而言，一旦从高空中掉落下来，就像是艺人失掉了舞台，将军失掉了战场，往往因为一时难以适应，而自陷于绝望的谷底。

心理专家分析，一个人若是能在适当的时间选作作短暂的隐退（不论是自愿还是被迫），都是一个很好的转机，因为它能让你留出时间观察和思考，使你在独处的时候找到自己内在真正的世界。

唯有离开自己当主角的舞台，才能防止自我膨胀。虽然，失去掌声令人惋惜，但往好的一面看，心理专家认为，"隐退"就是进行深层学习，一方面韬光养晦，一方面重新上发条，平衡日后的生活。当你志得意满的时候，是很难想象没有掌声的日子的。但如果你要一辈子获得持久的掌声，就要懂得享受"隐退"。

作家班塞说过一段令人印象深刻的话："在其位的时候，总觉得什么都不能舍，一旦真的舍了之后，又发现好像什么都可以舍。"曾经做过杂志主编，翻译出版过许多知名畅销书的班塞，在40岁事业最巅峰的时候退下来，选择当个自由人，重新思考人生的出路。

40岁那年，欧文从人事经理被提升为总经理。3年后，他自动"开除"自己，舍弃堂堂"总经理"的头衔，改任没有实权的顾问。

正值人生最巅峰的阶段，欧文却奋勇地从急流中跳出，他的说法是："我不是退休，而是转进。"

"总经理"3个字对多数人而言，代表着财富、地位，是事业身份的象征。然而，短短3年的总经理生涯，令欧文感触颇深的，却是诸多的"无可奈何"与"不得而为"。

他全面地打量自己，他的工作确实让他过得很光鲜，周围想巴结自己的人更是不在少数，然而，除了让他每天疲于奔命，穷于应付之外，他其实活得并不开心。这个想法，促使他决定辞职，"人要回到原点，才能更轻松自在。"他说。

辞职以后，司机、车子一并还给公司，应酬也减到最低。不当总经理的欧文，感觉时间突然多了起来，他把大半的精力拿来写作，抒发自己在广告领域多年的观察与心得。

"我很想试试看，人生是不是还有别的路可走。"他笃定地说。

事实上，欧文在写作上很有天分，而且多年的职场经历给他积累了大量的素材。现在欧文已经是某知名杂志的专栏作家，期间还完成了两本管理学著作，欧文迎来了他的第二个人生辉煌。

事实上，"隐退"很可能只是转移阵地，或者是为了下一场战役储备新的能量。但是，很多人认不清这点，反而一直缅怀着过去的光荣，他们始终难以忘情"我曾经如何如何"，不甘于从此做个默默无闻的小人物。走下山来，你同样可以创造辉煌，同样是个大英雄！

心灵感悟·

一个不受过去干扰的人，就像画家手中的一张干净的纸，更能画出美妙的图画来。因为是崭新的开始，就需要付出全部的努力，需要认真地对待，需要一丝不苟地去应对每一个环节和细节，这样往往更能把事情做好。

放弃是为了更好地选择

放弃是为了更好地选择得到，在放弃中进行新一轮进取，你所得到的比失去的更可贵。

成立于1881年的日本钟表企业精工舍，是一家世界闻名的大企业。它生产的石英表、"精工·拉萨尔"金表远销世界各地，其手表的销售量长期位于世界第一的位置。它能取得这样的成功，全取决于其第三任总经理服部正次的放弃战略。

1945年，服部正次就任精工舍第三任总经理。当时的日本还处在战争破坏后的满目疮痍中。精工舍步子疲惫，征尘未洗。而这时，有"钟表王国"之称的瑞士，由于没有受到二战的破坏影响，其手表一下子占据了钟表行业的主要市场。精工舍面临着巨大的生存危机！

服部正次并不为困难所吓倒，他沉着冷静，制定了"不着急，不停步"的战略，着重从质量上下手，开始了赶超钟表王国的步伐。10多年过去了，服部正次带领的精工舍取得了长足的进展，但仍然无法与瑞士表分庭抗礼。整个20世纪60年代，瑞士年产各类钟表1亿只左右，行销世界150多个国家和地区，世界市场的占有额也达到了50%～80%之间。有"表中之王"美誉的劳力士和浪琴、欧米茄、天梭等瑞士名贵手表，依然是各国达官贵人、富商巨贾等人财富地位的象征。无论精工舍在质量上怎样下工夫，都无法赶上瑞士表的质量标准！

怎么办？是继续寻求质量上的突破，还是另走他径？服部正次思量着。他看到，要想在质量上超过有深厚制表传统的瑞士，那简直是不可能的。服部正次认为精工舍该换个活法了，他要带领精工舍另走新路。经过慎重的思考，服部正次决定放弃在机械表制造上和瑞士表的较劲，转而在新产品的开发上做文章。

经过几年的努力，服部正次带领他的科研人员成功地研制出了一种新产品——石英电子表！与机械表相比，石英表的最大优势就是走时准确。表中之王的劳力士月误差在100秒左右，而石英表的误差却不超过15秒。1970年，石英电子表开始投放市场，立即引起了钟表界和整个世界的轰动。到20世纪70年代后期，精工舍的手表销售量就跃居到了世界首位。

在电子表市场牢牢站稳了脚跟后，1980年，精工舍收购了瑞士以制作高级钟表著称的"珍妮·拉萨尔"公司，转而向机械表王国发起了进攻。不久，以钻石、黄金为主要材料的高级"精工·拉萨尔"表开始投放市场，马上得到了消费者的认可，成为人们心中高质量、高品质的象征！

现代社会似乎给我们描绘了一幅幅风和日丽、欣欣向荣的财富画卷，而一个个诗情画意、神乎其神的成功的故事，则更令我们激情冲动。于是，在众多的诱惑面前，太多的人忘却了理性的分析和选择，忘却了放弃，而任凭欲望的野马在陷阱密布的商界里纵横驰骋。殊不知，"放弃"是一种战略智慧。学会了放弃，你也就学会了争取。

心灵感悟·

鱼和熊掌不可兼得，你必须有所选择，有所放弃。人生是一个不断放弃，又不断创造的过程，所以适时地放弃一些不切实际的要求，会令你收获更大的惊喜。

学会放弃才能成功

两个贫苦的樵夫靠着上山捡柴糊口，有一天在山里发现两大包棉花，两人喜出望外，棉花的价格高过柴薪数倍，将这两包棉花卖掉，足可让家人一个月衣食无忧。当下两人各自背了一包棉花，便欲赶路回家。

走着走着，其中一名樵夫眼尖，看到山路有着一大捆布，走近细看，竟是上等的细麻布，足足有十多匹之多。他欣喜之余，和同伴商量，一同放下肩负的棉花，改背麻布回家。

他的同伴却有不同的想法，认为自己背着棉花已走了一大段路，到了这里才丢下棉花，岂不枉费自己先前的辛苦，坚持不愿换麻布。先前发现麻布的樵夫屡劝同伴不听，只得自己竭尽所能地背起麻布，继续前行。

又走了一段路后，背麻布的樵夫望见林中闪闪发光，待近前一看，地上竟然散落着数坛黄金，心想这下真的发财了，赶忙邀同伴放下肩头的麻布及棉花，改用挑柴的扁担来挑黄金。

他的同伴仍是那套不愿丢下棉花以免枉费辛苦的想法，并且怀疑那些黄金不是真的，劝他不要白费力气，免得到头来一场空欢喜。

发现黄金的樵夫只好自己挑了两坛黄金，和背棉花的伙伴赶路回家。走到山下时，无缘无故下了一场大雨，两人在空旷处被淋了个湿透。更不幸的是，背棉花的樵夫肩上的大包棉花，吸饱了雨水，重得完全无法再背得动。那樵夫不得已，只能丢下一路辛苦舍不得放弃的棉花，空着手和挑金的同伴回家去。

人生即哲学，可许多人无法悟透其中的道理。凡事都有一个度和量，过分执著，不懂变通，往往会适得其反，失去自己原本拥有的东西。

在人生的每一次关键时刻，审慎地运用你的智慧，作最正确的判断，选择属于你的正确方向。同时别忘了随时检查自己选择的角度是否产生偏差，适时地加以调整，千万不能像背棉花的樵夫一般，只凭一套哲学，便欲度过人生所有的阶段。

心 灵 感 悟

有时只有放弃眼前利益，才能获得长远大利——要想成功，就要学会放弃。

为了更好的明天，放弃眼前的小利，只有勇于舍弃的人才是智慧的人。成功者永远是一群具备高瞻远瞩眼光的人。

放下心灵的重负

有一个聪明的年轻人，想成为一名大学问家。可是，许多年过去了，他的学业没有长进。他很苦恼，就去向一个大师求教。

大师说："我们登山吧，到山顶你就知道该如何做了。"

那山上有许多晶莹的小石头，煞是迷人。每次见到他喜欢的石头，大师就让他装进袋子里背着，很快，他就吃不消了。"大师，再背，别说到山顶了，恐怕连动也不能动了。"他疑惑地望着大师。"是呀，那该怎么办呢？"大师微微一笑："该放下了，不放下，背着石头怎能登山呢？"

年轻人一愣，忽觉心中一亮，向大师道过谢走了。之后，他一心做学问，最终成了一名大学问家。其实，人要有所得必要有所失，只有学会放弃，才有可能登上人生的极致高峰。

我们很多时候羡慕在天空中自由自在飞翔的鸟儿。人，其实也该像这鸟儿一样，欢呼于枝头，跳跃于林间，与清风嬉戏，与明月相伴，无拘无束，无羁无绊。这，才是鸟儿应有的生活，才是人类应有的生活。

然而，这世上终还有一些鸟儿，因为忍受不了饥饿、干渴、孤独乃至于"爱情"的诱惑，从而成为笼中鸟，永永远远地失去了自由，成为人类的玩物。

与人类相比，鸟儿面对的诱惑要简单得多。而人类，却要面对来自红尘之中的种种诱惑。于是，人们往往在这些诱惑中迷失了自己，从而跌入了欲望的深渊，把自己装入了一个个打造精致的"功名利禄"的金丝笼里。

这是鸟儿的悲哀，也是人类的悲哀。然而更为悲哀的是，鸟儿被囚禁于笼中，被人玩弄于股掌之上，仍欢呼雀跃，放声高歌，甚至于呢喃学语，博人欢心；而人类置身于功名利禄的包围中，仍自鸣得意，唯我独尊。这应该说是一种更深层次的悲哀。

人生在世，有许多东西是需要不断放弃的。在仕途中，放弃对权力的追逐，随遇而安，得到的是宁静与淡泊；在淘金的过程中，放弃对金钱无止境的掠夺，得到的是安心和快乐；在春风得意、身边美女如云时，放弃对美色的占有，得到的是家庭的温馨和美满。

我们每个人心中都应谨记，你不可能什么都得到，所以你应该学会放弃。生活有时会逼迫你，不得不交出权力，不得不放走机遇，甚至不得不抛下爱情。放弃，并不意味着失去，因为只有放弃才会有另一种获得。

心灵感悟·

珍藏，会使我们的宝库越来越丰富。但是，珍藏过多，那些美丽的珍宝可能会成为我们前进的羁绊。心灵的负荷太重，人生就会是一种苦旅。放弃一些吧，把那些不太重要的东西抛掉，把曾经的忧伤和痛苦抛置脑后，我们的步履仍会轻盈，心情仍会轻扬。

放弃是一种获得

一个初学打猎的年轻人跟着自己的师父一同到山里去打猎。

没走多远就发现了两只兔子从树林里蹿了出来，年轻猎人很快就取出自己的猎枪。两只兔子向不同的方向跑去，年轻猎人一下子不知道该向哪只兔子瞄准了，想打这只兔子，又怕那只兔子跑了，猎枪一会儿瞄准这只，一会儿又瞄准那只，就这样瞄来瞄去，结果兔子不见了踪影。年轻猎人感到十分气恼。

他的师父安慰他说："两只兔子向不同的方向跑，你的枪再快，也不可能同时射中两只呀。关键是你一定要选择好目标，这样你就不会空手而归了。"

人生有许多东西值得我们去奋斗，去追求，但并不是所有的东西我们都可以同时得到。

当鱼和熊掌不可兼得的时候，你必须当机立断，抓住时机，马上出击。常言道："一鸟在手，胜过双鸟在林。"当机遇出现在你面前时，千万不要犹豫，因为机遇稍纵即逝。倘若瞻前顾后，患得患失，只会使你与成功擦肩而过。

人生是一部选择的历史。

从我们来到这个世界，就在不停地进行着各种各样的选择。在选择中我们作出取舍，在放弃中我们走向成熟。在你呱呱坠地时，你就选择了声音，放弃了沉默。当你第一次背上书包，跨进学校的大门，你就选择了知识，抛弃了愚昧的束缚。当你继续升学，你就选择了继续深造，就放弃立即就业的想法。当你与一见钟情的他（她）相遇后，更是反复经受着选择的折磨。大学毕业后，是继续深造，还是参加工作？你需要选择。是留在父母身边，还是去异地发展？你需要选择。是留在国内深造，还是出国求学？你无时不在选择中！

生命是有限的，你无法实现所有的梦想，无法满足所有的欲望。所以我们必须作出各种选择，将我们有限的生命充分地利用起来，将有限的精力集中投入到自己最美好的人生奋斗目标中。这样，即使你会失去很多——那也是不可避免的——但你已为自己的人生目标奋斗过，才不算枉来此生。

生活中，如果你想过得比别人好，你就必须学会选择。具备这样的品质，那就是你对人生目标选择的明确性，知道自己需要什么，并且迫切渴望达到这一目的。对目标游移不定，只会让你前功尽弃、一无所获。

记住老猎人的话吧，永远别在徘徊中错失良机。

心灵感悟·

正是因为人的欲望永远无法得到满足，永远是遥无止境，所以我们必须学会放弃。不放弃，留给自己的只能是心灵的重负。放弃，虽然意味着某种失去，意味着难言的割舍，放弃也会给我们带来伤感和愁绪，但是，放弃也正是为了前方路上更美的相遇，为了明天更加宝贵的撷取。

脚踏实地是最好的选择

任小萍女士说，在她的职业生涯中，每一步都是组织上安排的，自己并没有什么自主权。但在每一个岗位上，她也有自己的选择，那就是要比别人做得更好。

1968 年：在西瓜地里干活的她，被告知北京外国语学院录取了她，到了学校，她才知道她年纪最大，水平最差，第一堂课就因为回答不出问题而站了一堂课。然而等到毕业的时候，她已成为全年级最好的学生。

大学毕业后她被分到英国大使馆做接线员。接线员是个不愿意干就很简单，愿意干就很麻烦的工作。任小萍把使馆里所有人的名字、电话、工作范围甚至他们家属的名字都背得滚瓜烂熟。有时候，有一些电话进来，不知道该找谁，她就多问几句，尽量帮助别人找到该找的人。逐渐地，使馆人员外出时，都不告诉自己的翻译了，而是打电话给任小萍，说可能有谁会来电话，请转告什么话。任小萍成了一个留言台。不仅如此，使馆里有很多公事私事都委托她通知、转达、转告。这样，任小萍在使馆里成了很受欢迎的人。

有一天，英国大使来到电话间，靠在门口，笑眯眯地看着任小萍，说："你知道吗，最近和我联络的人都恭喜我，说我有了一位英国姑娘做接线员！当他们知道接线生是中国姑娘时，都惊讶万分。"英国大使亲自到电话间表扬接线员，在大使馆是破天荒的事情。结果没多久，她就因工作出色而被破格调去给英国某大报记者处做翻译。

该报的首席记者是个名气很大的老太太，得过战地勋章，被授过勋爵，本事大，脾气大，把前任翻译给赶跑了，刚开始也拒绝雇用任小萍，看不上她的资历，后来才勉强同意一试。一年后，老太太经常对别人说："我的翻译比你的好上10倍。"不久，工作出色的任小萍就被破例调到美国驻华联络处，她干得又同样出色，获外交部嘉奖……

一个人在无法选择工作时，至少他永远有一样可以选择：就是好好干还是得过且过。在同一个工作岗位上，有的人勤恳敬业，付出的多，收获也多，有的人整天想调好工作，而不做好眼前的事。其实，这样的选择就决定了将来的被选择。

心灵感悟·

人生有各种各样的舞台，但最能展现你才华的舞台，却只有一个。只有准确地选择这个舞台，脚踏实地地干下去，你的才华才能得到更好的发挥，从而实现自己的人生梦想。

为爱而放弃

谁说喜欢一样东西就一定要得到它？有时候，有些人，为了得到他喜欢的东西，殚精竭虑，费尽心机，更有甚者，可能会不择手段，以致走向极端。也许他得到了他喜欢的东西，但是在他追逐的过程中，失去的东西也无法计算，他付出的代价是其得到的东西所无法弥补的。也许那代价是沉重的，是我们无法承受的，直到最后，他才发现，其实喜欢一样东西，不一定要得到它。

真正的爱情不是占有，而是无私地付出，是时刻为对方着想。

这是一个现代都市里的浪漫爱情故事。他得了绝症，她辞掉了自己的工作，专心在医院里照顾他。他们纯洁的恋情打动了所有的人。

整整两年，他们的病友换了一个又一个，有的康复出院，有的进了太平间。而小伙子的病情不见好转也不见恶化。终于有一天，医生告诉他们一个沉痛的消息：小伙子的生命挺不过这一周了。女孩儿痛哭失声，小伙子却长舒了一口气。报社的记者们知道了这个感人的故事也匆忙赶来了。

记者们提出给两个人拍一张照，女孩儿拢了拢自己的头发，准备配合记者拍照，小伙子却拦住了："还是不要拍了吧？"

"为什么？"

"将来她还要嫁人呢！我不想影响她以后正常的生活。"

她扑进他怀里失声痛哭。

第二天报纸上登出的是女孩的侧面照，一张美丽得让人心碎的侧影。

喜欢一样东西，就要学会欣赏它，珍惜它，使它更弥足珍贵。

喜欢一个人，就要让他快乐，让他幸福，使那份感情更诚挚。

一位父亲聊他儿子目前的状况，他的儿子才18岁，却理直气壮地告诉父亲他爱上了一个女孩，甚至可以为那个女孩而放弃上大学继续深造的机会。父亲说，他的心当时真的被揪紧了。父亲告诉他儿子："男子汉要有责任心，你爱她，但你有能力对她的将来负责吗？知道吗？有时正因为爱，所以才要放弃。不适时的爱有时会成为一种伤害。"

男孩的执著和忠贞以及血气方刚令我们感动，但爱情有许多现实因素的干扰，站在青春的门口你要学会理智。

学会放弃吧。学会放弃，在落泪以前转身离去，留下简单的背影；学会放弃，将昨天埋在心底，留下最美的回忆；学会放弃，让彼此都能有个更轻松的开始，遍体鳞伤的爱并不一定就刻骨铭心。这一程，情深缘浅，走到今天，已经不容易，轻轻地抽出手，说声再见，真的很感谢，这一路上有你。曾说过爱你的，今天，仍是爱你，只是，爱你，却不能与你在一起。一如爱那原野的火百合，爱它，却不能携它归去。

渴望得太多，反而会有许多的烦恼。其实，生活并不需要这些无谓的执著，没有什么真的不能割舍。人生的现阶段，你要想生活得轻松，就要学会放弃。

为了以后的幸福，为了以后的事业，放一放手，前方的风景更迷人。

心灵感悟·

在爱情旅程中，不会总是艳阳高照、鲜花盛开，也同样有夏暑冬寒、风霜雪雨。有时，你需要学会放手，只有放开了双手，给自己和对方以自由，才能让双方更加的轻松、快乐。放开手，你就会发现，久违的幸福其实就在你的身边。

能上架更要会下架

不要以为自己了不起，不要认为自己现在有令人垂涎的待遇和足以自豪、炫耀的地位就可以目空一切，你的虚架子搭得越高，就可能摔得越重。

都柏公司是美国一家著名的制造企业，技术先进，实力雄厚，是业内的佼佼者。许多人毕业后到该公司求职遭拒绝，原因很简单，该公司的高技术人员爆满，不再需要各种高技术人才。但是令人垂涎的待遇和足以自豪、炫耀的地位仍然向那些有志的求职者闪烁着诱人的光环。

罗伯特和许多人的命运一样，在该公司每年一次的用人测试会上被拒绝申请，其实这时的用人测试会已经是徒有虚名了。罗伯特并没有死心，他发誓一定要进入都柏公司。于是他采取了一个特殊的策略——假装自己一无所长。

他先找到公司人事部，提出为该公司无偿提供劳动力，请求公司分派给他工作，他将不计任何报酬来完成。公司起初觉得这简直不可思议，但考虑到不用任何花费，也用不着操心，于是便分派他去打扫车间里的废铁屑。一年来，罗伯特勤勤恳恳地重复着这种简单却劳累的工作。为了糊口，下班后他还要去酒吧打工。这样虽然得到老板及工人们的好感，但是仍然没有一个人提到录用他的问题。

1990年初，公司的许多订单纷纷被退回，理由均是产品质量有问题，为此公司将蒙受巨大的损失。公司董事会为了挽救颓势，紧急召开会议商议解决，当会议进行了一大半却尚未见眉目时，罗伯特闯入会议室，提出要直接见总经理。在会上，罗伯特把他对这一问题出现的原因作了令人信服的解释，并且就工程技术上的问题提出了自己的看法，随后拿出了自己对产品的改造设计图。这个设计非常先进，恰到好处地保留了原来机械的优点，同时克服了已出现的弊病。总经理及董事会的董事见到这个编外清洁工如此精明在行，便询问他的背景以及现状。罗伯特面对公司的最高决策者们，将自己的意图和盘托出，经董事会举手表决，罗伯特当即被聘为公司负责生产技术问题的副总经理。

原来，罗伯特在做清扫工时，利用清扫工到处走动的特点，细心察看了整个公司各部门的生产情况，并一一作了详细记录，发现了所存在的技术性问题并想出解决的办法。为此，他花了近一年的时间搞设计，做了大量的统计数据，为最后一展雄姿奠定了基础。

在刚涉入社会的时候，不妨放下架子，甘心从基层干起。有所失必有所得，只有放得下，才能拿得起，舍不得放下自己的虚架子，放下自以为是的成绩，怎么能得到别人的赏识呢？

心 灵 感 悟·

　　面对机会的来临，人们常有许多不同的选择方式。有的人会单纯地接受；有的人抱持怀疑的态度，站在一旁观望；有的人则顽固得如同骡子一样，固执地不肯接受任何新的改变。而不同的选择，当然会导致迥异的结果。许多成功的契机，起初未必能让每个人都看得到深藏的潜力，而起初抉择的正确与否，往往更决定是成功还是失败。

关上过去的门

　　曾为英国首相的劳合·乔治有一个习惯——随手关上身后的门。一天，有一个朋友来拜访他，两个人在院子里一边散步，一边交谈，他们每经过一扇门，乔治总是随手把门关上。

　　朋友很是纳闷，不解地问乔治："有必要把这些门都关上吗？"乔治微笑着回答："哦，当然有这个必要。我这一生都在关我身后的门，这是必须做的事。当你关门时，也就是把过去的一切留在了后面，不管是美好的成就，还是让人懊恼的失误，然后，你才可能重新开始。"

　　把过去的一切关在身后，也就是卸下身心上的包袱，放弃了已经到手的一切，这样才会更好地重新开始新的生活，这个问题却往往被我们所忽略。大多数人总是习惯于让过去的事情，无论成功或喜悦，无论失败或烦恼，挤占在脑海里不忍抛弃，结果使身心负载过重，浪费了精力，影响了事业的发展。所以，你应该试着学会经常把身后的门关上，把过去的一切留在身后。

　　关上身后的门，并不是把你过去的经验和教训也关在身后，这些都是你人生的宝贵财富。你应把它们潜移默化地融化到你的血液里，让它变成一种本能，成为一种习惯，这样更有利于你奔向成功。

　　不为已经失去的而悲伤，这是一种怎样的大智慧啊！

　　每个人来到这个世界上，都希望自己尽可能多的美好梦想变为绚丽现实。于是，在人生路上漫步时，我们犹如天真的孩童，总是在瞪大好奇的眼睛期待珍宝的出现，并在行走中欣喜地将它拾起。人生经历的行囊，在不断地捡拾中变得越来越重，直到我们举步维艰。是断然放弃还是继续珍藏？这是我们每个人都不可避免的难题，是每一个想前行的人都要遇到的麻烦。

放弃，也是一种伤感的美丽……

如果曾经的心情宛如一个行者，孤身踽踽在无边的大漠，迎着风沙漫漫，在艰难地跋涉。远处，残阳如血。抬眼望，遥远的一线天际空旷而寂寥，周身弥漫的是一种孤苦和凄凉。当情绪低落到极点，为何不去处理自己的问题，为何不去把行囊中的抑郁放弃？也许曾经收入行囊时，它们对于我们来说是值得珍视的，是给我们带来了无边的欢快。但随着岁月的流转，随着光阴的飞逝，当它们的存在只会触痛我们的伤痕，它们的出现只能给我们留下黑夜辗转难眠时无声的泪水，为什么还要保存着它们？放弃它们，打开尘封已久的行囊，把它们倾倒出来！也许，这会使我们痛苦，但是，放弃之后，你会发现，心会如此灵动，情会如此轻松。

> **心灵感悟·**
>
> 人生不可避免的缺憾，你怎样面对呢？逃避不一定躲得过，面对不一定最难受；孤单不一定不快乐，得到不一定能长久；失去不一定不再有，转身不一定最软弱。别急着说别无选择，别以为世上只有对与错，许多事情的答案都不是只有一个。换个思维，也许有另外的收获。

人生就是选择和放弃

朋友说他前些天去了一次动物园，感受颇深。动物园非常广阔，散布在 2000 多平方米的树林中。朋友说，若想纵贯全园，必须花费 2 ~ 3 天的时间。而他那天是陪一位亲戚逛，而亲戚只有半天的时间可以消磨。朋友说，这样吧，每走到一处路口，仅选择一个方向前进。

路口出现在眼前，一侧通往狮子园，一侧通往老虎山，选吧。亲戚琢磨一会儿，选择了狮子园。毕竟，狮子为山中之王。又一处路口，分别指向熊猫馆和孔雀馆，他们又迫不得已地选了熊猫一方，当然国宝第一。接下来是棕熊或鸵鸟，蛇或鱼，大象或河马，五花八门。

每选择一次，就遗憾一次，但是他必须当机立断，瞻前顾后和犹豫不决都意味着时间无情地流逝，意味着即使一半的机会都会捕捉不到，白白落空。只有迅速地选择，他们才能有所收获。

他说："人生不就是这样吗？"

左右为难或被迫撒手的情形时常发生：要地位就得委曲求全；要学问就得寒窗苦读；要花容月貌就得精心呵护保养。很多时候、很多场合，还必须进行更残酷的选择，比如面对两份同具诱惑力的工作，两个同具魅力的追求者。容不得遐想，容不得认真比较或检验，仓促间我们留下一个，而眼睁睁地失去另一个。

心 灵 感 悟·

　　人生总要进行一些艰难的选择与放弃。不要因放弃的事物而悲伤，而更应该好好经营你选择的那一半。

生命之舟需要轻载

　　一个青年背着个大包裹千里迢迢跑来找无际大师，他说："大师，我是那样地孤独、痛苦和寂寞，长期的跋涉使我疲倦到极点；我的鞋子破了，荆棘割破双脚；手也受伤了，流血不止；嗓子因为长久的呼喊而喑哑……为什么我还不能找到心中的阳光？"

　　大师问："你的大包裹里装的什么？"青年说："它对我可重要了。里面装的是我每一次跌倒时的痛苦，每一次受伤后的哭泣，每一次孤寂时的烦恼……靠着它，我才能走到您这儿来。"

　　于是，无际大师带青年来到河边，他们坐船过了河。上岸后，大师说："你扛了船赶路吧！""什么，扛了船赶路？"青年很惊讶，"船那么沉，我扛得动吗？""是的，孩子，你扛不动它。"大师微微一笑，说："过河时，船是有用的。但过了河，我们就要放下船赶路，否则，它会变成我们的包袱。痛苦、孤独、寂寞、灾难、眼泪，这些对人生都是有用的，它能使生命得到升华，但须臾不忘，就成了人生的包袱。放下它吧！孩子，生命不能太负重。"

　　青年放下包袱，继续赶路，他发觉自己的步子轻松而愉悦，比以前快得多。原来，生命之舟是可以不必如此沉重的。

心 灵 感 悟·

　　我们常常在疲惫不堪时才领悟，原来生命不必如此沉重。现在就放下一些不需要的东西吧！生命的航船是承载不了太多重担的。

237

清理"可能有用"

每个生存在职场里的人，到了岁末年初，总要将自己的办公桌彻底清理一次——扔掉那些毫无保存意义的信件、材料，再将其他的重新进行归类整理，使之井井有条、耳目一新，给自己创造一个相对宽松、舒适的环境和一份好心情。

人们总习惯以"可能有用"为借口而无形中保留了一件件、一堆堆"废品"和"垃圾"，直到有一天狠狠心将它扔掉，生活中也不觉得缺少什么时，才明白它是多余的东西，意识到自己所犯的"错"。

随着年龄的增长、阅历的丰富、知识的积累与沉淀，人们对生活注入了新的思考与认知，同时也对传统思想、观念进行了深刻的审视、反省与诠释，对一切诸如习惯、观念、想法、经验、爱好等无形的东西也在不断地进行筛选和更新。一些过时的或给生活造成不必要麻烦和不便的，我们要有勇气随时丢弃它，即便要为此付出很多时间、精力，甚至要忍受煎熬和痛苦。

这样一来，我们才有机会和足够的时间、精力、空间，学习和接纳一些科学的、新鲜的东西。丢弃某些东西不易，要守护某些东西也并不轻松。

同时，在人欲膨胀、物欲横流的时代，面对市场经济和社会变革的激荡冲击而滋生出的种种物质的、精神的刺激、诱惑和陷阱，人们内心仍无法割舍对功名利禄的追逐，经受着种种的挑战和考验，人们的思想观念、价值观念、伦理道德也相应的发生了一系列的改变与革新。

到底还要不要坚守志向、信念、道德、操守、正义和良知的精神阵地，捍卫和呵护人类共同的精神家园的问题，困扰和拷问着每一个现代人。尽管内在的欲望膨胀与外来的物质诱惑外呼内应，使一些人信仰的天平发生了严重的失衡，精神发生了可怕的"癌变"，最终走上犯罪的道路，但是，我们依然要提倡坚守。不管世界如何变化，我们都要像旗手保卫战旗、战士捍卫阵地那样，在喧嚣和浮躁中坚守我们做人的准则，呵护好我们充满正义与良知的心灵。

诚然，现实生活有时不是一种单纯的取与舍，它们有时在你死我活的较量中相随相伴而相得益彰，不要斤斤计较失去的，要知道我们得到的比失去的更可贵、更美好。

心 灵 感 悟 ·
生活的真谛是难以用单纯的取与舍来衡量的，对于失去的不要一直念念不忘，我们更应该珍惜已经得到的。

丢掉多余的东西

铁匠打了两把宝剑。

刚刚出炉时它们一模一样，又笨又钝。

铁匠想把它们磨快一些。

其中一把宝剑看到从自己身上掉下的铁屑，想到这曾是自己身体的一部分，丢掉可惜。便苦求铁匠不要磨了。

铁匠答应了它。

铁匠去磨另一把剑，另一把没有拒绝。

经过长时间的磨砺，一把寒光闪闪的宝剑磨成了。

铁匠把那两把剑挂在店铺里。

不一会儿就有顾客上门，他一眼就看上了磨好的那一把，因为它锋利、轻巧、合用。

而钝的那一把，虽然钢铁多一些、重量大一些，但是无法当宝剑用，它充其量只是一块剑形的铁而已。

同样出自一个铁匠之手，同样的功夫打造，两把宝剑的命运却有天壤之别！锋利的那把又薄又轻，而另一把则又厚又重，前者是削铁如泥的利器，后者则只是一个中看不中用的摆设、一个包袱，只因为它身上有太多多余的东西没有丢掉。

心灵感悟·

在人生的旅途中，需要我们放弃的东西很多，古人云："鱼和熊掌不可得兼。"如果不是我们应该拥有的，就要学会放弃。只有学会放弃，才会活得更加充实、坦然和轻松。

过去的就让它过去

古时候，一个少年背负着一个沙锅前行，不小心绳子断了，沙锅也掉到地上碎了，可是少年却头也不回地继续前行。路人喊住少年问："你不知道你的沙锅碎了吗？"少年回答："知道。"路人又问："那为什么不回头看看？"少年说："已经碎了，回头何益？"说罢继续赶路。

听完这个故事，不知道你有没有一点感悟。这个少年是对的，既然沙锅已经碎了，回头看又有什么用呢？

　　还有这么一个故事：一天，一位老师在实验室讲课，他先把一瓶牛奶放在桌上，沉默不语。学生们不解地望着老师。这时候，老师站了起来，一巴掌将那瓶牛奶打翻在水槽中。然后他将学生们叫到水槽前，说："我希望你们记住，牛奶已经淌光了，无论怎么样后悔和抱怨，都没有办法取回一滴。你们要是事先想一想，加以预防，那瓶牛奶还可以保住；可是现在，如果还为它劳心费神，分散精力，是没有一点益处的。现在最紧要的，就是忘记它，注意下一件事。"

　　琐碎的日常生活中，诸如撞碎油瓶、打翻牛奶的事在所难免，但总有人一味沉溺在已经发生的事情中，不停地抱怨，不断地自责，这样一来，将自己的心境弄得越来越沮丧。像这种看到眼前困境而只知道抱怨的人，注定会活在迷离混沌的状态中，看不见前头亮着一片明朗的人生天空。他之所以这样，是因为经历的磨炼太少。正如俗语说的一样：天不晴是因为雨没下透，下透了，也就晴了。

　　尘世之间，变数太多，就像手中的油瓶刹那间被石头撞碎，牛奶突然之间被打翻了一样，事情一旦发生，绝非一个人的心境所能改变。道理明明白白：伤神无济于事，郁闷无济于事，一门心思朝着目标走，才是最好的选择。

　　这正如人生中的许多失败一样，已经无法挽回，再去惋惜悔恨也于事无补。与其在痛苦中挣扎浪费时间，还不如重新找到一个目标，再一次奋发努力。

　　泰戈尔在《飞鸟集》中写道："只管走过去，不要逗留着去采下花朵来保存，因为一路上，花朵会继续开放的。"

　　为采集眼前的花朵而花费太多的时间和精力是不值得的，道路还长，前面还有更多的花朵，让我们一路走下去……

　　古希腊诗人荷马曾说过："过去的事已经过去，过去的事无法挽回。"的确，昨日的阳光再美，也移不到今日的画册。我们又为什么不好好把握现在，珍惜此时此刻的拥有呢？为什么要把大好的时光浪费在对过去的悔恨之中呢？

　　心灵感悟·

　　过去的事就让它永远地过去吧，一味执迷也只是于事无补，倒不如抖落一身的尘埃，继续上路，相信人生将有更美的风景在前方等待着你。

第十四辑

在爱的花园里徜徉

爱情是什么

亲情、友情和爱情是每一个人一生都要面对的三大课题，经历了亲情、友情和爱情之后的人生才完整。除了亲情之外，人们，尤其是年轻人，总是对爱情和友情之间的界限难以把握。青春期又是一个身体和心理双重发展的时期，如果对于友情和爱情处理不好，会影响到今后的生活甚至是一生的幸福。

一个充满稚气的大男孩里查，与一个同样充满稚气的大女孩安妮玩得很好，两人感情很融洽。

"你们在相爱！"旁人评论说。

"是吗？我们在相爱吗？"他们问别人，也问自己。是的，他们弄不清自己是在与对方相爱，还是在与对方享受朋友间的友谊。

于是，他们去问智者。

"告诉我们友谊与爱情的区别吧！"他们恳求道。

智者含笑看着两个年轻人，说道：

"你们给我出了一个最难解的难题。爱情和友谊像一对性格迥异的孪生姊妹，她们既相同，又不同。有时，她们很容易区分，有时却无法辨别……"

"请举例说明吧！"大男孩和大女孩说。

"她们都是人间最美好、最温馨的情感。当她们给人们带来美，带来善，带来快乐时，她们无法区别；当她们遇到麻烦和波折时，反映就大不相同了。"

"比如……"男孩和女孩问。

"比如，爱情说：你是属于我一个人的；友谊却说：除了我，你还可以有她和他。"

"友谊来了，你会说：请坐请坐；爱情来了，你会拥抱着她，什么也不说。"

"爱情的利刃伤了你时，你的心一边流血，你的眼却渴望着她；友谊锋芒刺痛了你时，你会转身而去，拔去芒刺，不再理她。"

"友谊远行时，你会笑着说：祝你一路平安！爱情远行时，你会哭着说：请你不要忘了我。"

"爱情对你说：我有时是奔涌的波涛，有时是一江春水，有时又像凝结的冰；友谊对你说：我永远是艳阳照耀下的一江春水。"

"当你与爱情被追杀至绝路时，你会说：让我们一起拥抱死亡吧；当你与友谊被追杀得走投无路时，你会说：让我们各自找条生路吧。"

"当爱情遗弃了你时，你可能大醉三天，大哭三天，又大笑三天；当友谊离你而去时，你可能叹一天气，喝一天茶，又花一天的时间寻找新的友谊。"

"当爱情死亡时，你会跪在她的遗体边说，我其实已经同你一起死了；当友谊死亡时，你会默默地为她献上一个花圈，把她的名字刻在你的心碑上，悄然而去……"

大男孩和大女孩相视而笑，他们互相问道：

"当我远行时，你是笑呢还是哭？"

读者们，看了这段小故事，你真正明白了什么叫爱情，什么叫友情了吗？或许，懂得爱情并不是一件难事：当爱情悄然而至的时候，你自然就会明白你在爱了。或许，真正懂得爱情，也不是一件容易的事：有好多人一生都没有明白什么叫爱；只是在爱情默然离开的时候，捶胸顿足，扼腕叹息。对于友谊和爱情，每个人都有自己的区分尺度。但是，不管怎样，有一点是可以肯定的，爱情总是较友谊更为炽烈，更为专一，更为投入。当你发现自己真爱上一个人，你的心里便不再容纳其他，而当他的爱逝去，你会觉得失去的是整个世界，爱情更多的时候是作为人生的意义而存在的。

人总会依次经历亲情、友情和爱情，从而逐渐走向成熟和完整。而爱情正是从友情到亲情的过渡阶段。因为爱情，本来不相干的人，成为一路牵手的人生伴侣，有了血缘的交融、爱情的结晶，成为亲人。正因为如此，爱情才伟大，才需要我们每个人用心去经营，认真地对待。

心灵感悟·

爱是生命的源泉。

人生当中有快乐，亦有苦恼，一个人承担这些喜怒哀乐会感到无聊或沉重。爱人是最亲密的伴侣，他可以陪你笑，也可以陪你哭，快乐同分享，苦难共分担。因为有了爱情，人生才被装点得更加丰富多彩。

直面现实，不失浪漫

爱情是一种浪漫的体验。这种体验使任何事物在恋爱者的眼中，都是一种美好。爱情中不能没有浪漫，没有浪漫，也就没有了爱情，爱情建立在双方因相互的好感而出现的良好氛围之上；然而，爱情的浪漫毕竟只是一种主观的、很缥缈的东西，总是依赖于一种现存的事情上，没有现实做基础的爱情也是不牢固的，总有一天泡沫破了，梦也就醒了。

一对情侣结伴到山里去露营。晚上睡觉的时候，一个人问另一个人："你看到什么呀？"另一个人回答："我看到满天的星星，深深感觉到宇宙的浩瀚，造物主的伟大，我们的生命是多么的渺小和短暂……那你又看到什么了？"

那个先开口说话的人冷冷地道："我看见有人把我们的帐篷偷走了。"

只顾精神的纯浪漫主义者，他们的生活很可能会过得很寒酸和自欺欺人；而完全埋头于实际事务中没有想象力的现实主义者，他们的生活又是多么枯燥乏味？我想，生活需要的是二者的适度结合。

其实，真正的爱情，既不缺乏物质基础，又会让人感到精神满足。在爱情中，女孩往往比男孩更容易感情用事，更倾向于追求浪漫的情节而忽视现实因素。

"浪漫"和"现实"是一对恋人，他们两人如漆似胶地相爱着，真可以说是一日不见，如隔三秋。

一次，为了考察"现实"对自己的忠诚程度，"浪漫"问："你到底爱不爱我？"

"十二分地爱你！""现实"回答。

"那假设我去世了，你会不会跟我一起走？"

"我想不会。"

"如果我这就去了，你会怎样？"

"我会好好活着！"

"浪漫"心灰意冷，深感"现实"靠不住，一气之下和"现实"分开了，去远方寻觅真爱。

"浪漫"首先遇到了"甜言"，接着又碰见"蜜语"，相处一年半载后，均感不合心意。过烦了流浪的日子，"浪漫"通过比较，觉得"现实"还是多少出色一些，就又来到"现实"面前。

此时，"现实"已重病在床，奄奄一息。

"浪漫"痛心地问："你要是去世了，我该咋办呢？"

"现实"用最后一口气吐出一句话："你要好好活着！"

"浪漫"猛然醒悟。

看看上面的小故事，我们无法不为它的真实所震撼。其实，真正的浪漫，来自对生活的真实面对，来自对爱人的真心付出。男孩不肯用虚华的甜言蜜语来欺骗女孩的感情，这正是发自心底的真爱，也是对女孩和自己人生的负责。

真正的浪漫不是浅薄的、程式化的甜言蜜语，也不是死去活来的心灵激荡；它应该是一种切实的温馨与美好，是一种真正地、全心全意为对方着想的相互关爱。彼此携手，互相扶助，共担现实生活的风雨；以一颗浪漫美好的心，认真地生活——这才是爱情的真谛！

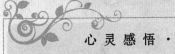

心灵感悟·

赵咏华的歌里唱到："我能想到最浪漫的事，就是和你一起慢慢变老；一路上收藏点点滴滴的往事，留到以后坐着摇椅慢慢聊……"其实真正的爱情只有蜕变成亲情才能永存，浪漫也只能是一时的风花雪月，再美丽的爱情到最后也要踏踏实实过日子。人生短暂，几十载光阴，如梦般飘逝无痕，如果能和自己心爱的人，在余晖下，相依携手看天边的浮云，看飘零的枫叶，这何尝不是人世间最大的幸福呢？

珍惜眼前人

我们要懂得珍惜当下的幸福，不要等到失去了才追悔莫及，也不要把所有的特别合心意的希望都放在未来，这样我们才能及时品味到人生的乐趣。

从前，有一座圆音寺，每天都有许多人上香拜佛，香火很旺。在圆音寺庙前的横梁上有个蜘蛛结了张网，由于每天都受到香火和虔诚的祭拜的熏陶，蜘蛛便有了佛性。经过了一千多年的修炼，蜘蛛的佛性增加了不少。

忽然有一天，佛祖光临了圆音寺，看见这里香火甚旺，十分高兴。离开寺庙的时候不经意间看见了横梁上的蜘蛛。佛祖停下来，问这只蜘蛛："你我相见总算是有缘，我来问你个问题，看你修炼了这一千多年来，有什么真知灼见？"

蜘蛛遇见佛祖很是高兴，连忙答应了。佛祖问道："世间什么才是最珍贵的？"蜘蛛想了想，回答道："世间最珍贵的是'得不到'和'已失去'。"佛祖点了点头，离开了。

蜘蛛依旧在圆音寺的横梁上修炼。

有一天，刮起了大风，风将一滴甘露吹到了蜘蛛网上。蜘蛛望着甘露，见它晶莹透亮，很漂亮，顿生喜爱之意。蜘蛛看着甘露，它觉得这是它最开心的几天。突然，又刮起了一阵大风，将甘露吹走了，蜘蛛很难过。这时佛祖又来了，问蜘蛛："蜘蛛，世间什么才是最珍贵的？"蜘蛛想到了甘露，对佛祖说："世间最珍贵的是'得不到'和'已失去'。"佛祖说："好，既然你有这样的认识，我让你到人间走一趟吧。"

蜘蛛投胎到了一个官宦家庭，成了一个富家小姐，父母为她取了个名字叫蛛儿。一晃，蛛儿到了16岁，出落成了个楚楚动人的少女。

这一日，皇帝决定在后花园为新科状元郎甘鹿举行庆功宴席。宴席上来了许多妙龄少女，包括蛛儿，还有皇帝的小公主长风公主。状元郎在席间表演诗词歌赋，大献才艺，在场的少女无一不被他所折服。但蛛儿一点也不紧张和吃醋，因为她知道，这是佛祖赐予她的姻缘。

过了些日子，蛛儿陪同母亲上香拜佛的时候，正好甘鹿也陪同母亲而来。上完香拜过佛，两位长辈在一边说上了话。蛛儿和甘鹿便来到走廊上聊天，蛛儿很开心，终于可以和喜欢的人在一起了，但是甘鹿并没有表现出对她的喜爱。蛛儿对甘鹿说："你难道不记得16年前圆音寺蜘蛛网上的事情了吗？"甘鹿很诧异，说："蛛儿姑娘，你很漂亮，也很讨人喜欢，但你的想象力未免丰富了一点吧。"说罢，和母亲离开了。

几天后，皇帝下诏，命新科状元甘鹿和长风公主完婚，蛛儿和太子芝草完婚。这一消息对蛛儿如同晴天霹雳，她怎么也想不通，佛祖竟然这样对她。几日来，她不吃不喝，生命危在旦夕。太子芝草知道了，急忙赶来，扑倒在床边，对奄奄一息的蛛儿说道："那日，在后花园众姑娘中，我对你一见钟情，我苦求父皇，他才答应。如果你死了，那么我也就不活了。"

说着就拿起了宝剑准备自刎。

这时，佛祖来了，他对快要出壳的蛛儿灵魂说："蜘蛛，你可曾想过，甘露（甘鹿）是风（长风公主）带来的，最后也是风将它带走的。甘鹿是属于长风公主的，他对你不过是生命中的一段插曲。而太子芝草是当年圆音寺门前的一棵小草，他看了你三千年，爱慕了你三千年，但你却从没有低下头看过它。蜘蛛，我再问你，世间什么才是最珍贵的？"蜘蛛一下子大彻大悟，她对佛祖说："世间最珍贵的不是'得不到'和'已失去'，而是现在能把握的幸福。"刚说完，佛祖就离开了，蛛儿的灵魂也回位了，她睁开眼睛，看到正要自刎的太子芝草，马上打落宝剑，和太子深情地抱在一起……

"世间最珍贵的是'得不到'和'已失去'。"生活总是这样捉弄人，想要的得不到，不留恋的却偏偏徜徉身边。当那个"爱我的人"对我们还恋恋不舍的时候，我们以为这一切幸福都不会消失，我们理所当然地接受他们的爱，心里却在为"得不到"与"已失去"黯然神伤。日子一天天地滑过，直到有一天那个"爱我的人"因失望而选择离开时，我们才蓦然惊醒：原来他（她）才是上天许给我的姻缘！因此要懂得的道理是：珍惜眼前人。

心灵感悟·

虽说爱情需要用心去等候和追求，然而生命也常常在这种固执地等待中悄然流逝了，人们却并不懂得，如何去珍惜身边的和已经拥有的；他们也不知道，自己已经得到的，其实就是最大的幸福、最真的爱情！

爱我的人还是我爱的人

在《乱世佳人》中，思嘉丽少女时代就狂热地爱上了近邻的一位青年加西亚。每当遇到加西亚，思嘉丽就恨不得把自己全部的热情都倾注在他身上，然而他却浑然不觉。在思嘉丽向加西亚表达她的爱恋之情时，被另一个青年白瑞德发现，从此白瑞德对思嘉丽产生了兴趣。加西亚没有领会思嘉丽的真情，同他的表妹梅兰结婚了，思嘉丽陷入深深的痛苦之中，然而对加西亚的爱恋依然丝毫没有减弱。后来二战爆发了，白瑞德干起了运送军民物资的生意，并借此多次接触思嘉丽。他非常欣赏思嘉丽独立、坚强的个性和美丽、高贵的气质，狂热地追求她，引导思嘉丽冲破传统习俗的束缚，激发她灵魂中真实、叛逆的内核，让她开始追求真正的幸福。思嘉丽最终经不起他强烈的爱情攻势，他们结婚了，然而思嘉丽却始终放不下对加西亚的感情，尽管白瑞德十分爱她，她却始终感觉不到幸福，一直不肯对白瑞德付出真爱，以致他们的感情生活出现了深深的裂痕。后来，他们最爱的小女儿不幸夭折，白瑞德悲痛万分，对思嘉丽的感情也失去信心，最终离开了她。白瑞德的离去使思嘉丽最终意识到自己的真爱其实就是他，然而一切悔之晚矣。

思嘉丽被一个并不爱她的男人蒙蔽了发现爱情的双眼，一生都在追求一种虚无缥缈的感觉，追求一种并不存在的所谓的爱情，当真正的爱情一直追随自己时，她却屡屡忽略。白瑞德选择了一个不爱自己的女人，也因此付出了大量的青春和感情，最终使自己伤痕累累。他们俩的选择都是错误的，因为他们选择了不爱自己的人，致使自己的感情白白付出，酿成了悲剧。

读完这个故事，我们都应该掩卷沉思，从中得到启发，避免类似的悲剧再在我们身上发生。爱情是两颗心的相互碰撞，水乳交融，单靠一个人的努力，另外一方无所回应，爱情的嫩苗不可能成长壮大，爱情的花朵也不可能结出丰硕的果实。因此，我们在寻找爱情时，一定要找一个既爱自己又被自己深深爱着的人，找一个与自己的道德观念、人生理想、信仰追求相似的人。尽管这样的爱情得来不易，适合自己的伴侣迟迟没有出现，我们也应对真爱抱有坚定而执著的信念，做到"宁缺毋滥"。因为不适合自己的"爱情"不仅不能给自己带来幸福，反而会浪费自己的青春和感情，给自己的心灵造成伤害，使我们丧失对真爱的感悟力，使伤痕累累的我们没有信心再去尝试真正的爱情，从而错过人生中的最爱，这岂不是最大的悲剧吗？

心 灵 感 悟 ·

爱是琴瑟相鸣，心灵相通，真正完美的、能够长久地给人带来幸福的爱情，应该是两厢情愿、两情相悦的，是爱情双方互相认同和吸引的，是双方共同努力营造的。

247

不完美也幸福

人说，自你一降生，就有一份天定的缘为你而生。然而大千世界，人海茫茫，生命苦短，如何才能找到属于你的那个完美的伴侣呢？如果有这样一个人，他在你的心目中是绝对完美的，没有一丝缺陷，你敬畏他却又渴望亲近他，那么，这种感觉不可以叫做"爱情"，而是"崇拜"。崇拜需要创造一个偶像，就像图腾之类没有血肉的东西；而爱情不需要，爱情是真真切切地能够用手触摸、用心体会的。

一位秀慧双修的女孩大学毕业后，拒绝了很多优秀男孩的追求，最后却选择了一个毫不起眼且个子矮小的同事。周围的许多人都觉得不可思议，就连她的闺中女友也表示不理解。而她自己却很坦然，在众人疑惑的目光中，她披上婚纱与先生走进了"围城"。多年以后，当她的同学们都疲倦于营造自己的一隅、失望于当初幻想的破灭之时，众人才在同学聚会上发现：这位女孩并没有如他们原先所想的那样，被困在一个庸碌无为的圈子里憔悴不堪；而是依然光彩照人，甚至比以前还多了一份成熟的雍容和深刻。这位女士告诉大家，她的男人不是最优秀的，有着许多的缺点，但这些在她还没有接受他的时候就已知道；而她愿意，今生今世，将自己的感情托付给这个在她遇到挫折的时候默默地帮助她、在她失意的时候热情地鼓励她，并且从不索取任何回报的男人。

由此可想，如果有一份执著而持久的感情和一份金玉其外却瞬间即逝的"感情"，你宁愿选择哪一种？世界上有许多出色的男孩和美丽的女孩，然而真正属于你的感情只能有一份，千万莫因为别人的眼光而改变了自己的挚爱，莫要活在别人的眼光里而失去了自己！

心灵感悟·

真正的爱情像美丽的花朵，它开放的地面越是贫瘠，看来就格外悦眼。只有在世俗人的眼中，相貌、家室、权位和钱财才会成为爱情的绊脚石。爱情只是心与心的对话，无需这些世俗之物的加入。能够对两个恋人之间的感情和恩怨作出评判的，只有他们自己。

好马也吃"回头草"

一群马来到一片肥沃的草地，草地的这头碧波万顷，草地的那头是茫茫沙漠。马儿们忘乎所以地吃着鲜嫩的青草，觉得这是上天对它们的恩赐，从这头吃到那头，到了那头，它们发现是一片一望无际的沙漠。这时候，几乎所有的马都惋惜再也吃不到这样好的草了。有的马继续前行，去寻找新的草地，但终究没有走出沙漠；有的马立在原地，誓死不回头；有的马忍不住回头望了望它们吃剩下的青草，但始终没有往回走，它们都是好马，好马不吃回头草啊！只有一匹马，它不想为了做好马而失去生存的机会，于是它轻松地往回走，坦然地吃着回头草。结果其他的好马都死了，只有它活了下来。

也许自然中没有这样的马，但现实中却有这样的人，他们以好马自居，错过了就错过了，失去了就失去了，表面上不在乎，心底里却后悔不已。不是他们不想吃回头草，而是他们不敢吃。所有的问题都归结于一点，那就是面子问题。然而，面子比自己的前途、自己的幸福还要重要吗？

曾经爱你的人也是你爱的人由于误会与你分手了，当你们再一次走到一起的时候，为什么不解开彼此的心结再续前缘呢？你曾经非常热爱的一份工作因为种种原因而失去了，如果你愿意，为什么不回到从前呢？

有一对恋人，从相识到恋爱，在一起已有4年多，筹备婚事时却因为一点小事反目，从此各自分飞。辗转几年，女的交了几任男友，却终于在婚礼前做了"落跑新娘"，芳龄已逾30至今尚未婚配；男的虽然成家立业，但婚姻生活并不称心如意，离婚也已成定局。几年中，两人也有过联系，也明白对方始终是自己心中最合适的人选。但旁人的舆论，还有"好马不吃回头草"的传统观念竟成为他们的压力和阻碍，两人在忘不掉舍不下的焦灼中对峙着，就是不敢真正地走到一起，把握自己的幸福。

其实如果两人能够在爱情面前脱去过度自尊的外壳，祖露一片真心，用事实告诉别人"这草吃了又如何"！旁人永远不可能真正了解两人之间的情况，闲言闲语不过图一时口快而已，他们心中其实是对此事毫不在意的。因为别人的闲言碎语而错失了属于自己的美好未来，着实让人感到可惜。倘若我们当初离开是因为环境的恶劣，或根本不合自己的胃口，那完全可以义无反顾地选择新的道路，好马不愁没草吃。如果曾经属于我们的那片草地依然旺盛，我们也仍然是"好马"，这最佳的匹配就应该去尝试，草地永远不会拒绝好马，只是看好马有没有勇气回头。

如果你是真的好马，又有肥沃的草地等着你，与其去寻找那片遥不可及的新绿洲，何不低下头，吃一次回头草呢？

心灵感悟·

爱像把小提琴，音乐可以偶尔停息，但琴弦却始终存在。爱情不必做给别人看，只要两人心还在，只要还有时机，又怎会无法回头？

爱其实很简单

一个失去四肢的女孩，身残志坚，凭着她坚强的毅力、无比坚韧的生命力和强烈的自信心，坚强地活了下来。她不但不需要别人的照料，而且一直是靠自己的辛勤劳动养活自己，因此她被当做先进典型，在电视上广为宣传。电视上的她看上去美丽、自信，和一个正常人没有两样，甚至比许多正常人看上去更快乐、更精神。她是一个真正美丽的女人。而一位小伙子正是被她顽强的生命力，被她对生活无比热爱的精神所感动，也因她的艰难困苦而同情不已，并被她的真爱所感动。于是，这位健康、帅气的小伙子，不顾家人的顽固阻挠和世人的闲言碎语，娶了她。他们过起了幸福、甜蜜、相濡以沫的美满生活。不久，勤劳而贤惠的妻子冒着生命危险，坚决要为亲爱的丈夫生下一个孩子，以满足丈夫的心愿。丈夫因为妻子的生命安全而劝阻她，然而妻子甘愿冒这个险。于是，在经历了痛苦的煎熬之后，妻子生下了一个男孩，一个健康、可爱的男孩！这是上天对他们的恩赐，对这位美丽女性的恩赐。不久，他们又拥有了自己的第二个孩子，一个活泼可爱、健康漂亮的女儿，看着电视上流露甜蜜笑容的夫妻俩，相信所有的人都会无比欣慰和感动。

他们是不幸的，他们承受了比常人更多的艰辛和困苦，然而他们又是幸福的，他们体会着许多常人不曾体会过的喜悦和甜蜜。他们是满足的，所以他们是幸福的；他们是相依为命的，所以他们的爱情是无比坚韧的，不可击破；他们的爱情来之不易，所以他们比常人更加珍惜。

他们坚守着他们的爱情，尽管他们平凡；他们充满信心而无比虔诚地过着他们的日子，尽管他们贫穷；他们的爱情无比动人，令人羡慕，因为他们真诚而炽热地爱着对方，尽管他们的爱情没有惊天动地，没有令人羡慕的玫瑰，没有浪漫的烛光晚餐；妻子没有动人心魄的容貌，丈夫不是文质彬彬的绅士，然而，他们爱得真诚。他们的爱很简单，但他们的爱却很长久。有一天，皱纹爬上他们的面颊，他们看上去苍老、皮肤粗糙，然而他们的爱还存在着。

心灵感悟·

爱情是短暂人生中所作的最绚丽、最珍贵、最神秘的精神漫游；爱情是皇冠上的珍珠，格外神圣和珍贵。爱其实很简单，爱是个人内心的一种感受，无所谓是非对错的标准。其实只要你觉得自己是幸福的，那你就是幸福的。

给爱人自由

旷世才女林徽因曾经与徐志摩有过一段恋情，但后来在梁启超的大力促成下，林徽因嫁给了梁启超的儿子梁思成，成就一段良缘。梁思成与林徽因在建筑上的许多见解都影响深远。但著名的哲学家、逻辑学家及教育家金岳霖，为了林徽因却终生未娶。

梁思成在林徽因死后续娶他的学生林洙，林洙在怀念金岳霖的文集里披露了一段故事：当时梁林夫妇住在总布胡同，金岳霖就住在后院，但另有旁门出入，平时走动得很勤快，就像一家人。1931年梁思成从外地回来，林徽因很沮丧地告诉他："我苦恼极了，因为我同时爱上了两个人，不知道怎么办才好！"梁思成非常震惊，一种无法形容的痛苦捉住了他，仿佛连血液都凝固了。他一夜无眠翻来覆去地想，他一方面觉得痛苦，一方面也很感谢林徽因没有将他当成一个傻丈夫，她坦白而诚实得好像是个小妹妹招惹了麻烦向哥哥讨主意。他问自己，徽因到底和谁在一起会比较幸福？他虽然自知他在文学、艺术上有一定的修养，但金岳霖那哲学家的头脑，是自己及不上的。第二天，他告诉林徽因："你是自由的，如果你选择了老金，我祝愿你们永远幸福。"说着说着，两个人都哭了。后来林徽因将这些话转述给金岳霖，金岳霖回答："看来思成是真正爱你的，我不能伤害一个真正爱你的人，我应该退出。"从此他们再不提起这件事，三个人仍旧是好朋友，不但在学问上互相讨论，有时梁思成和林徽因吵架，也是金岳霖做仲裁，把他们糊涂不清楚的问题弄明白。

金岳霖再不动心，终生未娶，待林梁的儿女如己出。

我们不禁对这两个男人博大的胸怀和洒脱的性情肃然起敬！他们是真正领悟了爱情的真谛：给爱人自由，尊重爱人的选择。当林徽因面临爱情的抉择时，两个男人都从他们的爱人和朋友的幸福出发，做出让步，让所爱的人真正快乐。而做出这样的选择需要何等的勇气！正如有所放弃就会有回报一样，梁思成的让步使他再次赢得了爱的权力，金岳霖的让步使他们之间的友谊更加深厚，更加牢固。

我们即使做不到这两位先辈那样的洒脱，但我们也要学会如何去爱我们所爱的人。我们要学会在适当的时候放手，给对方以追求幸福的机会，同时也成全我们自己的幸福和快乐。因为，放手的同时，意想不到的快乐也会悄然降临。

心灵感悟·

爱的真谛不是自私也不是约束，更不是占有。把"爱"字分解开来，你会发现它其实是一只手抚慰着朋友的头，无论对待亲人还是朋友，我们要用心去爱，用手去抚慰他们的痛苦，这就是爱的真谛。当你真正爱对方的时候，应该助对方一臂之力，让对方去飞翔……

母爱永恒

有这样一件事。

一天中午，一个捡破烂的妇女把捡来的破烂物品送到废品收购站卖掉后，骑着三轮车往回走，经过一条无人的小巷时，从小巷的拐角处猛地窜出一个歹徒来。这歹徒手里拿着一把刀，他用刀抵住妇女的胸部，凶狠地命令妇女将身上的钱全部交出来。妇女吓傻了，站在那儿一动不动。

歹徒便开始搜身，他从妇女的衣袋里搜出一个塑料袋，塑料袋里包着一沓钞票。

歹徒拿着那沓钞票，转身就走。这时，那位妇女反应过来，立即扑上前去，劈手夺下了塑料袋。歹徒用刀对着妇女，作势要捅她，威胁她放手。妇女却双手紧紧地攥住装钱的袋子，死活不松手。

妇女一面死死地护住袋子，一面拼命呼救，呼救声惊动了小巷子里的居民，人们闻声赶来，合力逮住了歹徒。

众人押着歹徒、搀着妇女走进了附近的派出所，一位民警接待了他们。审讯时，歹徒对抢劫一事供认不讳。而那位妇女站在那儿直打哆嗦，脸上冷汗直冒。民警便安慰她："你不必害怕。"妇女回答说："我好疼，我的手指被他掰断了。"说着抬起右手，人们这才发现，她右手的食指软绵绵地耷拉着。

宁可手指被掰断也不松手放掉钱袋子，可见那钱袋的数目和分量。民警便打开那包着钞票的塑料袋，顿时，在场的人都惊呆了，那袋子里总共只有8块零5毛钱，全是一毛和两毛的零钞。

为8块零5毛钱，一个断了手指，一个沦为罪犯，真是太不值得了。一时，小城哗然。

民警迷惘了，是什么力量在支撑着这位妇女，使她能在折断手指的剧痛中仍不放弃这区区的8块零5毛钱呢？他决定探个究竟。所以，将妇女送进医院治疗以后，他就尾随在妇女的身后，以期找到问题的答案。

但令人惊讶的是，妇女走出医院大门不久，就在一个水果摊儿上挑选起了水果，而且挑得那么认真。她用8块零5毛钱买了一个梨子、一个苹果、一个橘子、一个香蕉、一节甘蔗、一枚草莓，凡是水果摊儿上有的水果，她每样都挑一个，直到将8块零5毛钱花得一分不剩。

民警吃惊地张大了嘴巴。难道不惜牺牲一根手指才保住的8块零5毛钱，竟是为了买一点水果尝尝？

妇女提了一袋子水果，径直出了城，来到郊外的公墓。民警发现，妇女走到一个僻静处，那里有一座新墓。妇女在新墓前伫立良久，脸上似乎有了欣慰的笑意。然后她将袋子倚着墓碑，喃喃自语："儿啊，妈妈对不起你。妈没本事，没办法治好你的病，竟让你刚 13 岁时就早早地离开了人世。还记得吗？你临去的时候，妈问你最大的心愿是什么，你说你从来没吃过完好的水果，要是能吃一个好水果该多好呀。妈愧对你呀，竟连你最后的愿望都不能满足，为了给你治病，家里已经连买一个水果的钱都没有了。可是，孩子，到昨天，妈妈终于将为你治病借下的债都还清了。妈今天又挣了 8 块零 5 毛钱，孩子，妈可以买到水果了，你看，有橘子、有梨、有苹果，还有香蕉……都是好的。都是妈花钱给你买的完好的水果，一点都没烂，妈一个一个仔细挑过的，你吃吧，孩子，你尝尝吧……"

心 灵 感 悟·

母爱的恒久，使得人间所有真情与之相比，都黯然失色。

有母爱陪伴的人是幸福的，好好珍惜吧，不要等失去了才知道它的珍贵。趁着父母依然健在，常回家看看，陪父母说说话，帮父母捶捶背，尽一尽孝心，享受人间最珍贵的天伦之乐。

留一些时间给孩子

人类的生活节奏趋向已越来越快，人们的生活压力也随之越来越大了。越来越多的父母如今已难得有充足的时间来陪伴孩子。时间真是个奇妙的东西，可以创造无尽的金钱，也可以创造无价的亲情，就看你怎么去分配了。

父亲下班回家已经很晚了，身体疲倦，心情也不太好。这时，他发现 5 岁的儿子正靠在门边等他。

"我可以问你一个问题吗？"儿子问。

"什么问题？"父亲有些不耐烦。

"爸，你 1 个小时能挣多少钱？"

"这与你无关。为什么要问这样的问题？"父亲生气地说。

"我只是想知道。"儿子望着父亲，恳求道，"请告诉我，你 1 小时挣多少钱？"

"假如你一定要知道的话，那我就告诉你吧。我一个小时挣 20 美元。"父亲有点按捺不住了。

"喔。"儿子沮丧地低下头。过了一会儿，他又抬起头，犹豫地说："爸——可以借给我 10 美元吗？"

父亲终于发怒了："如果问这种问题就是想要向我借钱去买毫无意义的玩具，那你还是回房间去，躺到床上好好想想为什么你会那么自私。我每天长时间辛苦工作，现在需要休息，没时间和你玩小孩子的游戏。"

儿子一声不吭地走回自己的房间，轻轻关上了门。

儿子走后，父亲还在生气。过了一阵儿，他渐渐平静下来。想到自己刚才有些粗暴，便走进孩子的房间，轻声问："你睡了吗？"

"爸，还没呢。我还醒着。"儿子回答道。

"爸爸今天心情不太好，所以刚才可能对你太凶了，"父亲说，"这是你要的 10 美元。""爸，谢谢你。"儿子欣喜地接过钱，然后又从枕头下拿出一些皱皱的钞票，仔细地数起来。

"你已经有钱了为什么还要？"父亲又开始生气了。

"因为只有那些还不够，不过现在足够了。"儿子回答道。然后他将数好的钱全部放在父亲手里，认真地说："爸，我现在有 20 美元了，我可以向你买 1 个小时的时间吗？明天请早一点回家，我想和你一起吃晚餐。"

心灵感悟·

爱需要时间来表达。工作缠身的父母，尽量留一些时间给孩子吧。倾听他们的心声，不要忽略他们的感受。孩子如同栽种的花草一样，是需要时间来灌溉和呵护的。

爱情不可以握得太紧

爱情如手中的一捧流沙，你握得越紧，流失得越多。爱情不能完全用理智把握，需要我们用心体会和感受。

一个即将出嫁的女孩，向她的母亲提了一个问题："妈妈，婚后我该怎样把握爱情呢？"

"傻孩子，爱情怎么能把握呢？"母亲诧异道。

"那爱情为什么不能把握呢？"女孩疑惑地追问。

母亲听了女孩的问话，温情地笑了笑，然后慢慢地蹲下，从地上捧起一捧沙子，送到女儿的面前。女孩发现那捧沙子在母亲的手里，圆圆满满的，没有一点流失，没有一点撒落。接着母亲用力将双手握紧，沙子立刻从母亲的指缝间泻落下来。当母亲再把手张开时，原来那捧沙子已所剩无几，其团团圆圆的形状，也早已被压得扁扁的，毫无美感可言。

女孩望着母亲手中的沙子，领悟地点点头。

爱情是生活中美好的东西，但却往往因为我们对它提出过分的要求而被破坏了。

爱情无须刻意去把握，越是想抓牢自己的爱情，反而越容易失去自我，失去彼此之间应该保持的宽容和谅解，爱情也会因此而变成毫无美感的形式。

心 灵 感 悟·

爱情需要自由呼吸的空间，如果你因害怕失去爱情而紧紧地握住它，不给它任何自由的话，那只能事与愿违。只有让爱自由地呼吸，爱情之树才能长得枝繁叶茂。

爱需要勇气

爱情的美丽在于勇敢无畏的追求过程。如果你真的爱上了一个人，不要害怕拒绝，勇敢地去追求，只要曾经努力过，不管今后成功与否，你都不再留下遗憾。

荷兰足球明星克鲁伊夫曾5次被评为荷兰"足球先生"，3次被评为欧洲"足球先生"。他风度翩翩，言谈举止十分讲究。他曾收到许多姑娘的情书，但他没有理会，因为他要在绿茵场上迅跑。一次，他收到一个用裘皮精装的日记本。每一页上都只有一个名字，他自己亲笔写的名字——克鲁伊夫。一直翻到最后才有一篇文章，那秀丽流畅的笔迹使克鲁伊夫惊诧不已，他一口气读完了它：

"……我已经看过你踢的100多场球，每一场都要求你签名，而且也得到了，我多么幸运啊！当然，对于拥有无数崇拜者的你来说，我是微不足道的一个，'爱是群星向天使的膜拜'，但我敢说，我是最有心计的一个，我多么希望你对我已经有一点印象啊……

"坦率地说，我爱你，这封信花了我整整一个星期，我曾经在月下彷徨，曾经在玫瑰园惆怅，也曾经在王子公园徘徊，好多次想迎着你，我毕竟才19岁，少女的羞涩仍不时漾上脸来，心中只有恐惧和向往……现在，爱神驱使我寄出了这个本子。

"……如果你不能接受我奉上的爱情，请把这个本子还给我，那上面'克鲁伊夫'的名字会给我破碎的心一半的慰藉，那另一半就是你，我多么想也得到那另一半啊……"

这封信的字里行间流露出的真挚感情，深深打动了克鲁伊

255

夫，他终于留下了本子。一星期后，在王妃公园的马达卡亚塑像旁，克鲁伊夫和丹妮·考斯特尔相会了。21岁的世界足球明星和19岁的美丽姑娘一见钟情，遂定金石之盟。

"功夫不负有心人"，在追求爱情方面也是如此。在爱的旅程中，最可贵的精神就是执著。

心中有爱，却不懂得如何去追求爱，你只能在苦苦的等待中看着自己的爱悄悄溜走。被动，使你永远在等待。其实，在许多情况下，自卑是爱的第一大天敌。自卑的人就像一根受了潮的火柴，很难点燃幸福的火花。只有克服自卑，才能燃起心中爱情的烈焰。一个自卑的人并不是自己不如人，而是对自己太过苛求，是一种性格的缺陷。爱情之路上不需要犹豫与懦弱，需要勇气。

> **心灵感悟·**
>
> 有时候我们暗恋一个人，但我们却没有勇气捅破那层窗户纸。于是我们在犹豫和怯懦中等待，日子从身边悄无声息地溜走，直到对方真的远离我们的视线，我们才发现自己已错过许多爱的机会。其实，大胆一点也许会有意想不到的收获呢！就算是被拒绝也无所谓，那样也足以让这颗悸动的心安宁了。

不要错过爱的季节

犹豫和怯懦是爱情的天敌。年少的岁月不应有"后悔"这样的字眼，大方一点，勇气将助你前行，别让对方等待得太久，错过爱的季节后，连上帝也没有办法挽留爱情的脚步。

乔治在礼品店外徘徊良久，丽萨的生日即将来临，他想给自己心仪已久的女孩买个礼物，表达他对她的爱意。他终于鼓足勇气，迈进了那家装饰精美的小店，然而店中琳琅满目的礼品却都价格昂贵，囊中羞涩的他只能尴尬离开。

"买个'青草娃娃'吧，只要两元。"一位中年妇女迎面走来。他看到她的篮子里满是"青草娃娃"，黑黑的眼睛、红红的嘴巴，很可爱，花布里面包着泥土，顶上撒着花草种子。

"你每天给它浇水，半个月以后，种子就会发芽，长出青青的草，很讨女孩子喜欢的。"妇女一个劲儿地怂恿他。于是他拿出攒了很久的钱，小心地递给了她。

回到宿舍，乔治把"青草娃娃"放在窗台上，每天用自己的茶杯浇水时，他都怀着虔诚的心祈祷：快点儿发芽吧，快点儿长出一片青草吧。

在丽萨的生日晚会上，她的追求者送来了许多礼物，有生日蛋糕，有高档时装，

有芬芳的鲜花，甚至有人送了昂贵的首饰，摆在桌上，琳琅满目。

乔治也来了，两手空空地来了，他的"青草娃娃"没有发芽。

丽萨满怀期待地望着他，她其实早已注意到他灼热的目光，而且他的才学、他的气质都令她怦然心动。她等待着今天晚上他当众向她表白，她就可以幸福地挽住他的手臂，谢绝其他人的追求。

然而，乔治不敢迎接她的目光，在这一大堆豪华的礼物面前，他自惭形秽，如坐针毡，晚会还未结束，他就离开了。他甚至没有告别，就匆匆地走了，当然，他也没有看见她暗藏的幽怨和伤心。

他心灰意冷，再也没给"青草娃娃"浇水。

他暗暗发誓：等他将来有钱了，一定要给她买最昂贵的礼物。

放寒假了，大家都收拾行囊，准备回家。乔治突然发现窗台上有一片绿，仔细一看，"青草娃娃"竟然真的长出了一片嫩绿的青草！压抑很久的思念，突然像这些青草一样蓬勃升起。

他想起了久未见面的丽萨，他把"青草娃娃"揣在怀里，飞也似的跑去找她。

他顾不上等车和坐电梯，一路飞跑。当他大汗淋漓地跑进她的宿舍，却是已经人去楼空！丽萨已经走了，别人告诉他，丽萨已经接受了一个男孩的追求。

他只觉得心里一下空荡荡的，他一直等待着欣赏"青草娃娃"的好时机，与所爱的女孩儿共赏这生命最甜美的一场盛宴。然而，好不容易等到"青草娃娃"发芽了，心爱的人却已去了远方。早知如此，应该在生日那天就送给她，两人一起浇灌这爱情的幼芽。

心 灵 感 悟 ·

爱是一种缘分，缘分始于漫不经心的追寻，却经不起漫不经心的等待，它需要缘分两端的人去珍惜。时间带来了爱情，相信也能带来幸福，下次它从身边经过的时候，不要放开它的手。

伟大的亲情

　　没有无私的、自我牺牲的母爱的帮助，孩子的心灵将是一片荒漠。父母的爱是世间最伟大的爱，因为它从来不要求回报。要珍惜父母给予我们的爱，并时刻准备着用孝心去回报。

　　有一对夫妇是登山运动员，为庆祝他们儿子一周岁的生日，他们决定背着儿子登上7000米的雪山。夫妇俩很快轻松地登上了5000米的高度。然而，就在他们稍事休息准备向新的高度进发之时，风云突起，一时间狂风大作，雪花飞卷。气温陡降至零下34度。由于风势太大，能见度不足一米，或上或下都意味着危险或死亡。两人无奈，情急之中找到一个山洞，只好进洞暂时躲避风雪。

　　气温继续下降，妻子怀中的孩子被冻得嘴唇发紫，最主要的是他要吃奶。要知道在如此低温的环境下，任何一寸裸露的肌肤都会导致体温迅速降低，时间一长就会有生命危险。怎么办？孩子的哭声越来越弱，他很快就会因为缺少食物而被冻饿而死。丈夫制止了妻子几次要喂奶的要求。他不能眼睁睁地看着妻子被冻死。然而，如果不给孩子喂奶，孩子就会很快死去。妻子哀求丈夫：“就喂一次。”丈夫把妻子和儿子揽在怀中。喂过一次奶的妻子体温下降了两度。她的体能受到了严重的损耗。时间在一分一秒地流逝，孩子需要一次又一次地喂奶，妻子的体温在一次又一次地下降。

　　3天后，当救援人员赶到时，丈夫已冻昏在妻子的身旁。而他的妻子——那位伟大的母亲已被冻成一尊雕塑，她依然保持着喂奶的姿势屹立不倒。她的儿子，她用生命哺育的孩子正在丈夫的怀里安然地睡眠，他脸色红润，神态安详。

　　为了纪念这位伟大的母亲，丈夫决定将妻子最后的姿势铸成铜像，让她最后的爱永远流传。

心灵感悟·

　　父母为了自己的孩子可以不顾及自己的生命，这种爱中不掺杂一丝利害打算的念头。我们应该向父母的伟大而无私的爱顶礼膜拜。在我们的心头，应该永远牢记他们的恩情，用一颗赤诚的儿女心去回报他们。

不要仇恨而要爱

一家新开业的礼品店热闹了一阵后，慢慢地安静了下来。年轻的姑娘黛丝刚把凌乱的柜台整理好，一位20多岁的男青年进了店。他瘦瘦的脸颊，戴副近视镜。他冷冰冰的目光在店中搜索，最后落在窗边那只柜台里。黛丝顺着男青年的目光看去，见他正盯着一只绿色玻璃龟出神。

她走过去轻声问道："先生，你喜欢这只龟吗？我拿出来给您看。"

男青年似乎对看与不看并不在意，伸手把钱包掏出来，问道："多少钱一只？"

"20元。"

"啪"，青年不假思索地把钞票拍在柜台上。

面对黛丝递过来的乌龟，青年人眯起眼睛慢慢地欣赏着，脸上的肌肉时不时地抽动一下，继而一丝笑容勉强地跳了出来。他自言自语道："好，把它作为结婚礼物是再好不过了。"青年人的脸兴奋得有点扭曲，两眼灼灼闪光。

黛丝在一旁细心地观察着青年人，她对青年人自言自语的那句话感到极大的震惊。虽然她刚刚离开校门不久，但她知道那种东西若出现在婚礼上，无疑是投下一枚重磅炸弹。女孩表情平静地问道："先生，结婚的礼物应当好好包装一下的。"说完弯腰到柜台下找着什么。"真不巧，包装盒用完了。"女孩说道。

"那怎么行，明天一早我就要急用的。"

女孩忙说："不要紧，您先到别处转一下，20分钟以后再来，我包装好了等您，保证让您满意。"

20分钟以后，青年人如约取走了那盒包装得极精美的礼物，像战士奔赴战场一样，去参加他以前曾经深深爱过的一位姑娘的婚礼。

婚礼的第二天晚上，青年人终于等到了姑娘打来的电话，当他听到那久违而又熟悉的声音时，双腿一软竟坐在了地板上。

这一天他度日如年，是在悔恨和自责的心态中熬过的。他像一个等待法官宣判的罪人一样，等待着姑娘对他的怒斥。可他万万没想到，电话中传来的却是姑娘甜甜的道谢声："我代表我的先生，感谢你参加我们的婚礼，尤其是你送来的那份礼物，更让我们爱不释手……"爱不释手？他简直不相信自己的耳朵，他不知道通话是怎么结束的。

青年人度过了一个不眠之夜。清早，他来到礼品店，进门一眼就看见那只乌龟还安详地躺在柜台里，此时他似乎明白了一切。

对青年人的突然出现，黛丝的确感到有些意外。望着他那红肿的眼睛，黛丝发现里面已不再是那绝望的冷酷。青年人嘴唇哆嗦了一下，似乎要说些什么。突然他走到黛丝面前深深地鞠了一躬，等他再抬头时，已是泪流满面。他哽咽地说道："谢谢你，谢谢你阻止我滑向那可怕的深渊。"

黛丝见青年人已经明白了一切，从柜台里取出一个盒子，打开后交给了他，轻声说道："这才是你送去的真正礼物。"原来那是一尊水晶玻璃心，两颗相交在一起的、什么力量也无法把它们分开的水晶玻璃心。此时，一缕晨光透过窗子照在水晶心上，折射出一串绚丽的七彩光来。

青年人惊叹道："太美了，实在太美了。这么贵重的礼物，我付的钱一定是不够的。"

黛丝忙打断他说道："论价值它们是有差别的，但它如果能了却你们以前的恩恩怨怨，那它也就物有所值了。至于两件礼物之间所差的那点钱，也不必想它，将来你还会遇到更好的姑娘，那时候你再到我的店里多买些礼物送给她，就算感谢我了。"

不论是谁在遭到自己最爱的人无情离弃和愚弄后，那份悲愤与怨恨都是不难想象的。可是为什么重逢之际，当初那种火山喷涌的怨怒与报复欲没能复燃，却要情不自禁地用一颗同情的心体谅对方。对曾经负情之人再伸出温情之手去拉她一把或选择悄悄走开，这说到底，还是爱。因为，他们曾经真正地爱过、痛过。那份爱，深入骨髓，温暖过他们的心灵和生命旅程。时间的流水可以带走很多东西，诸如忧伤、仇恨，但永远抹不去最初的那份爱恋在心灵上留下的温馨、美好与感动。那份爱，已如磐石，无法撼动。没有人会为了收获仇恨而去播种爱的种子。即使不能相爱，即使曾经爱过的人伤害过我们，我们总不该因爱成仇。学会忘却对方给的伤害！如果不能感恩，起码不用嫉恨，那只会让曾经的爱恋成为痛苦的记忆，带给双方难以抚平的伤痕。

心灵感悟·

既然已经失去了，就将它尘封吧，让它化作心底的一汪清泉，时刻滋润我们干渴的心田。每个人心底里都有一个角落，那里住着一个特殊的人，一份别样的记忆，专属于我们自己。对于已经逝去的爱，我们应怀有感恩的心情将它埋藏，感谢对方曾给予我们的快乐。无论幸福如何短暂，但幸福的味道都一样，爱神不会剥夺任何人爱与被爱的权利。

当爱已成往事

少男少女踏进青春的门槛时，自然会对异性产生好奇与爱慕。最初的爱情是这样的美好而单纯，然而就是因为它单纯，所以也脆弱。它往往是迫不及待、无比强烈地开始，经过短暂的激情很快就会搁浅。女孩们，如果你的爱在无望中结束时，请不要悲伤。

一个清秀的女孩失恋了。她来到当初她与以前的男友约会的公园里，伤心地哭了起来，她哭得很悲戚。很多人看她伤心的样子，都耐心地劝导她，可是，别人越是劝她，她越是觉得自己很委屈，她不明白为什么男孩不再爱她了。渐渐地，她由伤心变成了不甘心，又由不甘心变成了怨恨，她不甘心自己的爱为什么不能换来同样的回报，她怨恨他太狠心，太无情。她越哭越悲伤，难以遏止，陷于强烈的失落、自卑和悔怨中不能自拔。

一个长者知道她为什么而哭之后，并没有安慰她，而是笑道："你不过是损失了一个不爱你的人，而他损失的是一个爱他的人。他的损失比你大，你恨他做什么？不甘心的人应该是他呀。再说，他已经不爱你了，你还要以伤心、怨恨来让这份失败的感情阻碍你今后的生活吗？"姑娘听了这话，忽然一愣，转而恍然大悟。她擦干泪，决心重新振作，投入新的生活。

是啊，当爱情离我们远去的时候，我们要尽力挽留；当我们无法挽留的时候，最好的处理方式就是忘掉，忘掉以前的愉快和不愉快。因为任何好的或不好的回忆，对于失恋者都是一种灵魂的刺痛。

当我们学会了忘记，才会真正的解脱，才会学会宽容。有人说，经历了真正的爱之后，人才会成熟。不论结果如何，只要我们真心付出过，坦诚地对待过，也就不会有什么后悔的地方。成熟的心志，才会产生成熟的感情。青涩年华产生的爱情，单纯而无比美妙。但是，它通常很难经得起岁月的考验，很难历练成恒久、深沉的真爱。就让那些过去成为美好的回忆吧。

心灵感悟·

我们仍然年轻，我们还有很多时间和机会去寻找爱，重新去爱。我们有理由相信，总有一份爱在未来的日子里期待着我们呢。因此，当爱搁浅时，试着放松你的手，也放松你的心灵吧。

爱情在于经营

爱是相互给予，而不是不断地索取。爱情需要精心维护和营造，一味地享受爱情的甜蜜，不知给爱的花园浇水施肥，爱的花朵迟早会枯萎。

一位悲伤的少女求见爱神。

"爱神，你掌管着人世间的爱情，现在，我有件关于我的爱情的事请教您，希望您能帮助我。"

"可怜的孩子，请说吧。"爱神说。

少女停顿了一下，忧伤的声调令人心碎：

"我爱他，可是，我马上就要失去他了。"少女流泪了。

"孩子，请慢慢从头说吧，怎么回事？"爱神慈祥地说。

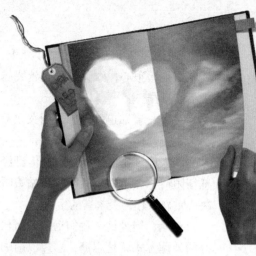

"我与他深深相爱着。他以他的热情，日复一日地用鲜花表达着他对我的爱。每天早上，他都会送我一束迷人的鲜花，每天晚上，他都要为我唱一首动听的情歌。"

"这不是很好吗？"爱神说。

"可是，最近一个月来，他有时几天才送一束花，有时根本就不为我唱歌了，放下花束就匆匆离去了。"

"唔？问题出在哪儿呢？你对他的爱有变化吗？"

"没有，我一直从心里深深爱着他。但是，我从来没有表露过我对他的爱，我只能以冰冷掩饰内心的热情。现在他对我的热情也在慢慢逝去，我真怕，真怕有一天失去他。爱神，请指教我，我该怎么办？"

爱神听完少女的诉说，从屋里取出一盏油灯，添了一点儿油，点燃了它。

"这是什么？"少女问。

"油灯。"

"点它做什么？"

"别说话，让我们看着它燃烧吧。"爱神示意少女安静。

灯芯嘶嘶地燃烧着，冒出的火苗欢快而明亮，它的光亮几乎映亮了整个屋子。然而，渐渐地，随着灯油越来越少，灯芯火焰也越来越小，光线变弱了。

"呀！该添油了！"少女道。

可是爱神示意少女不要动。任凭灯芯把灯油烧干，最后，连灯芯也烧焦了，火焰终于熄灭了，只留下一缕青烟在屋中飘浮。

少女沉思了一会，恍然大悟。

如同故事中的那位少女，我们许多人都和她一样，固执地以为我们的爱永不褪色，永远新鲜，于是以"爱"的名义不断地向对方索取，殊不知，此刻爱已变了味道。

爱其实需要表白，还需要不断培养，否则爱情之花终究会凋落。

心 灵 感 悟·

爱情的经营，应该是彼此的共赢，即一个人加上一个人的力量，要大于两个人的力量。两个人的结合，是要为彼此带来更为丰富精彩的人生经历和幸福，那才是爱情的真正使命。

天使之爱

从前，一位天使路过山涧的时候，遇到一位男孩。他们相爱了，就在山上建造了爱的小屋。

天使每天都要飞来飞去，但她真的很爱这位男孩，得空的时候就来陪伴他。

一天，天使带着心爱的男孩在山涧散步。忽然，她说："如果有一天，你不再爱我了，我会离开你。因为没有爱的日子，我活不下去。那时候，我就会飞到另一个男孩的身边。"

男孩看了天使一会儿，坚定地说："我永远爱你！"

他们的日子过得挺幸福，但是，男孩总觉得天使说不定哪一天就会离开他，飞到另一个男孩的身边了。于是，一天晚上，男孩趁着天使熟睡的时候，把天使的翅膀藏了起来。

天亮以后，天使生气地说："把我的翅膀还给我！为什么要这样？你不爱我了，你不爱我了……"

"我没有，我还是爱你的！我没有藏你的翅膀，真的，相信我好吗？"

"你骗人，你说谎，我不相信你了，我感觉你不爱我了！"

当她从柜子里找出翅膀后，就头也不回地飞走了。

男孩很难过，也很怀念那段美好的生活。他后悔了，就独自坐到山头的风口上，默默地忏悔："纵然我爱你爱得发狂，也不能剥夺你自由飞翔的权利，是吗？我应该给你足够的自由，让彼此有喘息的空间。我现在真的懂了，你还能回来吗……"

忽然间，天使出现了。她温柔地说："我回来了，亲爱的！"

"你真的不走了，真的还爱着我？"

天使微笑着说："我感觉到，你还是爱我的，对吗？只要你还爱着我，我就一直爱着你。"生活中一些事情常常是物极必反的：你越是想得到他的爱，越要他时时刻刻不与你分离，他越会远离你，背弃爱情。你多大幅度地想拉人向左，他则多大幅度地向右荡去。

所以我们应该让爱人有自己的天地去做他的工作，或是其他任何爱好。爱人时常需要从捆在他脖子上的爱的锁链里挣脱出来。如果我们能够帮助并支持他们，那么我们就是在做一些使他们快乐的事了。

心 灵 感 悟

当你真正爱对方的时候，你应该助对方一臂之力而不是阻碍对方飞翔。男女之爱如此，对父母的爱，对同学、朋友的爱也是这样。你爱对方，所以你就希望按照自己的方式去改变对方，结果只能适得其反，这也证明你是个自私的人。真正爱对方的话就要以豁达的心态对待爱，多为对方考虑。

爱不一定要占有

爱的真谛不是自私也不是约束，更不是占有，而是要让对方自由地飞翔。1853年，作曲家布拉姆斯幸运地结识了舒曼夫妇。

舒曼非常赏识布拉姆斯的音乐天赋，并热情地向音乐界推荐了这位年仅20岁的后起之秀。

但不幸的是，半年后舒曼就因精神失常而被送进了疯人院。当时，舒曼的夫人克拉娜正怀着身孕，残酷的现实使她悲恸欲绝，难以接受。这时，布拉姆斯来到了克拉娜身边，诚心诚意地照顾她和孩子，还时常到疯人院看望恩师舒曼。

克拉娜是一位很有教养、品行高尚的钢琴家。在那段患难与共的日子里，布拉姆斯难以抗拒地深陷了，他最初对克拉娜的崇拜，竟渐渐转化成真挚的爱恋。尽管她大他14岁，而且已是7个孩子的母亲，但这些丝毫不能减弱他对她的痴情，爱恋的情感，毫不留情地深深将他包围；然而，他也清楚地知道，克拉娜永远不会响应这份深刻的情感，可是他仍不放弃，只求能够静静地陪伴、支持自己的所爱。

其实，克拉娜并非草木，但她始终克制着，克制着……布拉姆斯从克拉娜身上看到了自我克制的人性光辉，这样的克拉娜，让他更为恋慕，因此他决意成全。他将满腔的情意，投诸文字之中，不断地写情书给克拉娜，却始终一封也未寄出。他更把所有的爱恋都倾注在五线谱上，整整20年，他终于写成了《小调钢琴四重奏》，一座用20年生命和激情铸造的爱情丰碑！

爱的最高境界不是索取，而是真心希望对方获得幸福。如果仅仅将爱的定义等同于占有，那么就将爱庸俗化了。

故事中作曲家布拉姆斯对克拉娜炽烈的爱无处倾诉，他选择了将爱谱写成乐曲，这种人性的高尚也使得他的作品多了一份庄严的分量。

真爱一个人不是要得到他，或放置身边，而是内心为他祈愿。如果不能在一起，就不要捅破这道墙，让美丽永驻心间。

心 灵 感 悟·

真正的爱是"你快乐所以我快乐"，只要对方的心灵能有一个宁静、幸福的所有，我们宁愿远远观望，也不去打破这一份静谧。

第十五辑

沐浴善良的阳光

奉献收获爱

只要我们将自己奉献给他人，爱对我们而言便是随手可得的。我们的爱给予他人，我们会因此得到更多的爱。

菲娜是个美国女孩，她作为一名老师，只要有时间，便从事一些艺术创作。在她28岁的时候，医生发现她长了一个很大的脑瘤，他们告诉她，做手术存活几率只有2%。因此他们决定暂时不做手术，先等半年看看。

她知道自己有天分，所以在6个月的时间里，她疯狂地画画及写诗。她所写的诗除了一首之外，其余的都被刊登在杂志上。她所有的画，除了一张之外，都在一些知名的画廊展出，并且以高价卖出。

6个月之后她动了手术。在手术前的晚上，她决定要将自己奉献出来——完全地、整个身体地奉献。她写了一份遗嘱，遗嘱中表示如果她死了，她愿意捐出她身上所有的器官。

不幸的是，菲娜的手术失败了。手术后，她的眼角膜很快地就被送去马里兰一家眼睛银行，之后被送去给在南加州的一名患者，使一名年仅28岁的年轻男性患者得以重见光明。他在感恩之余，写了一封信给眼睛银行，感谢他们的存在。进一步地，他说他要谢谢捐赠人的父母，他们一定是一对难得的好父母，才能养育出愿意捐赠自己眼角膜的孩子。他得知他们的名字与地址之后，便在没有告知的情况下飞去拜访他们。菲娜的母亲了解了他的来意之后，将他抱在怀中。她说："孩子，如果你今晚没有别的地方要去，爸爸和我很乐意和你共度这个周末。"

他留下来了。他浏览着菲娜的房间，发现她曾经读过柏拉图，而他以前也读过柏拉图的一些书；他发现她读过黑格尔，而他以前也读过黑格尔的一些书。

第二天早上，菲娜的母亲看着他说："你知道吗，我觉得我好像在哪儿见过你，可是就是想不起来。"突然她想到一件事，她上楼抽出菲娜死前所画的最后一幅画，那是她心目中理想男人的画像。画上的男人和这个年轻人几乎一模一样。

然后她母亲将菲娜死前在床上写的最后一首诗读给他听：

两颗心在黑夜里穿梭，

坠入爱河，

却永远无法抓到对方的眼神。

心灵感悟·

最彻底的、最善良的爱让菲娜以奉献她的生命超越了物质实体，在精神世界中，奉献为爱赢得了永生。奉献不是减法，而是加法。你奉献了，但你并没有失去，相反，你会得到意外的收获。也许你的奉献只是举手之劳，但却会给他人带来满世界的光明。播撒奉献的种子吧，它们会让世界变得温暖。

及时行善

爱心赋予人生以意义。爱的反面不是恨，而是漠然。一个人如果失去了爱的能力，他的人生也会异常黯淡。

一座城市来了一个杂技团。8个12岁以下的孩子穿着干净的衣裳，手牵着手排队在父母的身后，等候买票。他们不停地谈论着上演的节目，好像他们就要骑上大象在舞台上表演似的。

终于轮到他们了，售票员问要多少张票，父亲神气地回答："请给我8张小孩的、两张大人的。"

售票员说出了价格。

母亲的心颤了一下。别过头把脸垂了下来。父亲咬了咬唇，又问："你刚才说的是多少钱？"

售票员又报了一次价。

父亲眼里透着痛楚的目光。他实在不忍心告诉身旁兴致勃勃的孩子们：我们的钱不够！

一位排队买票的男士目睹了这一切。他悄悄地把手伸进口袋，把一张20元的钞票拉出来，让它掉到地上。然后，他蹲下去，捡起钞票，拍拍那个父亲的肩膀说："对不起，先生，你掉了钱。"

父亲回过头，他明白了原因。他眼眶一热，紧紧地握住男士的手。因为在他心碎、困窘的时刻这位男士帮了他的忙："谢谢，先生。这对我和我的家庭意义重大。"

有时候，一个小小的善行，就会铸就大爱的人生舞台。充满爱心的人往往比别人能享受更大的幸福，因为他们有 3 个幸福来源：自己的幸福，别人的快乐，还有自己对别人的付出。

帮助他人就是帮助自己，要时刻保持一颗同情心。我们不能对身处困境的人熟视无睹，那种丧失了同情心的人同时也会把自己推进冷漠的世界。

人生不如意事十常八九，有时遭受的甚至是毁灭性的打击，在这种时候没有人会拒绝别人善意的帮助。"君子不乘人之危"是说正义的人不要在这个时候再给他人伤口上撒一把盐，把别人置于死地。我们主张"君子好乘人之危"是指在别人处于危难之时，君子能够挺身而出，伸出援助之手。电影或小说中经常有一些这样的片段：两个本是对手的人，其中一方落难后得到另一方的救助，而后两人成了亲密的朋友。敌人之间尚且如此，更何况大多数人是我们的朋友，因此，保持一颗同情心至关重要。

俗话说，"投之以桃，报之以李"，今天你帮助他人，给予他人方便，他可能不会马上报答，但他会记住你的好处，也许会在你不如意时给你以回报。退一万步来说，你帮助别人，他即使不会报答你的厚爱，但可以肯定的是，他日后至少不会做出对你不利的事情。如果大家都不做不利于你的事情，这不也是一种极大的帮助吗？生活的目标是善良。这是我们的灵魂所固有的一种感情。

心 灵 感 悟 ·

行善是一种美德。善行既可以帮助身处困境中的人，又可以使自己的心灵得到安慰，使自己的修养得到提升。行善是一种维护人性的需要，是一种理智的投资。

勇敢地付出

有个人在沙漠中穿行，遇到风沙暴，迷失了方向。

两天后，烈火般的干渴几乎摧毁了他生存的意志。沙漠就像一座极大的火炉要蒸干他的血液。绝望中的他却意外地发现了一幢废弃的小屋，他拼足了最后的气力，才拖着疲惫不堪的身子，爬进堆满枯木的小屋。定睛一看，枯木中隐藏着一架抽水机，他立刻兴奋起来，拨开枯木，上前汲水，但折腾了好大一阵子，也没能抽出半滴水来。

绝望再一次袭上心头，他颓然坐地，却看见抽水机旁有个小瓶子，瓶口用软木塞堵着，瓶上贴了一张泛黄的纸条，上边写着：你必须用水灌入抽水机才能引水！不要忘了，在你离开前，请再将瓶子里的水装满！

他拨开瓶塞，望着满瓶救命的水，早已干渴的内心立刻爆发了一场生死决战：我只要将瓶里的水喝掉，虽然能不能活着走出沙漠还很难说，但起码能活着走出这间屋子！倘若把瓶中唯一救命的水倒入抽水机内，或许能得到更多的水，但万一汲不上水，我恐怕连这间小屋也走不出去了……

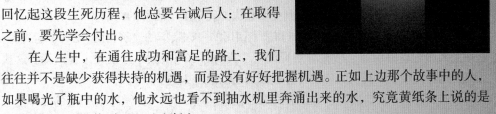

最后，他把整瓶水全部灌入那架破旧不堪的抽水机，接着用颤抖的双手开始汲水……水真的涌了出来！他痛痛快快地喝了一顿，然后把瓶子装满，用软木塞封好，又在那泛黄的纸条后面写上：相信我，真的有用。

几天后，他终于穿过沙漠，来到绿洲。每当回忆起这段生死历程，他总要告诫后人：在取得之前，要先学会付出。

在人生中，在通往成功和富足的路上，我们往往并不是缺少获得扶持的机遇，而是没有好好把握机遇。正如上边那个故事中的人，如果喝光了瓶中的水，他永远也看不到抽水机里奔涌出来的水，究竟黄纸条上说的是真还是假，恐怕他到死也无法断定。

这个道理或许听来很是平常，但真要"学会付出"，恐怕也不是每个人都能做到的。让高尚的品德和人生的智慧迸射出来吧，"先学会付出"，让成功从这里开始！

生活的目标是善良。这是我们的灵魂所固有的一种感情。

心灵感悟·

人生最大的幸福和快乐不是获得，而是给予和付出。付出是人生的一种享受，学会付出是人类光辉灿烂的体现，同时也是一种处世智慧和快乐之道。

善行会带来好运

其实财富之神也垂青品德高尚的人。

那是很多年前的一个暴风雨之夜。乔治·伯特作为一家旅馆的服务生正在柜台里值班，有一对老夫妇走进大厅要求订房。

乔泊·伯特告诉他们，这里已经被参加会议的团体包下来了，而且附近的旅馆也已经客满。

当他看到老夫妇焦急无助的样子时，真诚地对他们说："先生，太太，在这样的夜晚，我实在不敢想象你们离开这里却又投宿无门的处境，如果你们不嫌弃的话，可以在我的休息间里住一晚，那里虽然不是豪华的套房，却十分干净。"

这对老夫妇谦和有礼地接受了伯特的好意。

第二天，当这对老夫妇提出要付钱给伯特时，他却坚决不收。他真诚地说："我的房间是免费借给你们住的。昨天晚上我已经额外地在这儿挣了钟点费！房间的费用本来就包含在里面了。"

老先生临走时，温和地告诉伯特说："你这样的员工是每一个老板梦寐以求的，也许有一天，我会为你盖一座旅馆。"

伯特当时以为这位老人在开玩笑，他只是笑了笑，并没有往心里去。

过了几年，乔治·伯特还在那家旅馆里上班，仍旧当他的服务生。有一天，他忽然收到一封老先生的来信，邀请他到曼哈顿去，并附上了启程的机票。

当他赶到曼哈顿时，在第五大道和三十四街的一栋豪华的建筑物前，见到了老先生。老先生看着惊讶的伯特，微笑着解释说："我的名字叫威廉·渥道夫·爱斯特。这就是我为你盖的饭店，我认为你是管理这家饭店的最佳人选。"

于是，乔治·伯特成为这家饭店的第一任总经理，他不负厚望，在短短的几年里，将饭店管理得井井有条，驰名全美。

人们习惯于信任品德良好的人，当我们决定把财富寄托于外人的时候，这些人就会首先跳进我们的脑海里。

真正善良的人，不会在做一件事前就盘算着他人的回报，他们只会出于真诚而伸出援助之手。

但幸运之神总会把一切看在眼里，在合适的时候，便抛给这些人一个幸运的机会。

心灵感悟·

都说现代社会到处充斥着诚信危机，人与人之间已不再相互信任。我们开始被父母教育："不要相信陌生人"，"不要和陌生人说话"。但人们渴望爱与被爱的心是不变的，甚至是越来越强烈。越稀少越弥足珍贵。当一切显得虚妄之时，唯有真诚和爱才有感化人心的力量。

给别人一点希望

有个刚做完手术的孩子，他的眼睛上还蒙着纱布，等待光明。

一天，他摸索着来到医院后院，坐在一棵大树下。他在黑暗中幻想着将要看到的五彩世界，而又担忧手术不成功。一片树叶飘到了他的头上，他随手一摸，拿到手里，他自言自语地说："这是杨树叶，还是……""是杨树叶。"一个低沉的声音传过来，接着一双大手摸到了他的脸上。"小朋友，几岁啦？""12岁。""你眼睛不好？""啊，从小就有毛病。伯伯，你说这世界美吗？"

"美啊！你看，这天空是蓝色的，远处的山雄伟挺立，那云朵洁白可爱。在咱们对面有一泓清水。水面上浮着粉红的荷花，碧绿的荷叶。这四周绿树成荫。嘿！那边不知是谁在放风筝。你听，这树上的小鸟在叫，你听见了吧？孩子！""我听见了。"盲童的脑海中出现了一幅幅美丽动人的图画。当他沉浸在欢乐中时，蓦然他抓住那个人的手问道："伯伯，我的眼睛能治好吗？""能，能！孩子，只要你认真配合医生治疗，就会好的。""真的？""真的！"以后，就时常看见这两个人在交谈着。

过了一段时间，这个盲童终于拆了线。他看到了光明。当他适应了刺眼的阳光后，便跑向了后院。

他走到那个黑暗中给予他欢乐的地方，用他那明亮的双眼向四周一望，他愣住了。原来，这里没有花木，没有清水，没有大山，有的只是一堵墙壁和一棵老树。在残秋冷风中坐着一个老人，他戴着一副墨镜，身边放着一根探盲棒。老人捧着一片杨树叶，在低低地说着什么。以后，在这所医院里，经常可以看到一个少年拉着一位失明的老人，在用他刚刚获得光明的双眼，向那位曾给过他一片光明的老人诉说。

这个故事告诉人们：除了用高明的医术医治人们的痛苦，其实人们更需要一束阳光、一阵风、一片叶子、一只飞鸟等带给人们的那种对生命的感动，有了它，人们才不再怨恨，不再遗憾，不再屈服于命运的安排。

美国作家欧·亨利在他的小说《最后一片叶子》里讲了一个故事：病房里，一个生命垂危的病人从房间里看见窗外的一棵树上的叶子，在秋风中一片片地掉落下来。病人望着眼前的萧萧落叶，身体也随之每况愈下，一天不如一天。她说："当树叶全部掉光时，我也就要死了。"一位身患绝症的老画家得知后，在一个风雨之夜，冒着生命危险用彩笔画了一片叶脉青翠的树叶挂在树枝上。

就这样，老画家虽然不久就去世了，但最后一片"叶子"始终没掉下来。只因为生命中的这片绿，病人竟奇迹般地活了下来。

给别人一点希望吧，它可以照亮对方的生命之路。始终相信吧，秋天里也会有童话。当别人活得生机勃勃、激昂澎湃，你的人生也会因此而丰盈富足。

心灵感悟·

人要学会敞开心扉爱他人，让爱心就像玫瑰花儿一样散发芬芳。当关爱的思想治愈疾病、为创伤止痛的时候，当那些与此相反的心态带来痛苦、郁闷和孤独的时候，我们就真正领悟到了博爱的真谛。

仁慈的报酬

一个周末的晚上，松树堡的寡妇正和她5个年幼的儿女围坐在火堆旁。虽然和孩子们说笑着，但她心里却愁云密布。在这个广大而寒冷的世界里，她没有一个朋友，没有任何人可以依靠。这一年来，她一个人用那双瘦弱的双手支撑着整个家庭。

如今正属寒冬，森林早已披上了洁白的银装，北风吹得松枝哗哗作响，连她的小屋也颤动起来。屋内的火堆上正烤着一条青鱼，这是他们全家唯一的一点食物。当她看到孩子们欢笑的脸庞时，心里便充满了无限的凄楚和焦虑。是的，她相信上帝一直保佑着她，并了解她的疾苦和贫困，她也知道上帝曾经答应帮助那些孤儿寡母，而上帝绝不会食言，可她现在仍然感到万分的凄苦和无助。

几年之前，上帝带走了她最大的儿子。他离开家庭，到遥远的地方去寻找宝藏，从此便杳无音讯，再没回来过。不久，上帝又派死神带走她的伴侣和依靠——丈夫，但她从来都没有沮丧过。她艰辛地劳动，不仅供养着自己的孩子，还不时地帮助其他的穷人。

她将最后的食物分给孩子们。这时传来一阵敲门声和狗叫声。全家的注意力都被吸引了过来，孩子们争先恐后地跑去开门。门口站着一位十分疲倦的旅人，他衣衫褴褛，但十分健康。旅人走进屋，请求留宿一夜，并想要一些吃的。他说："我一整天滴水未进了。"寡妇听了十分难过，现在她心里关心的不只是自己的事了。她毫不犹豫地把最后一点食物分了一份给旅人，并微笑着告诉孩子们："我们绝不会因为这小小的善举而被遗弃，也绝不会因此陷入更深的困苦之中。"

旅人于是来到盘子旁，当他发现盘中的食物少得可怜时，抬头惊奇地望着这一家人：

"天啊，你们只有这一点食物吗？"他叫道，"但却仍然把它分给一个陌生人？你们真是太善良了。可是……"他继续问，"你们慷慨地分给我最后一点食物，这些可怜的孩子不就要挨饿吗？"

"是啊！"寡妇忽然泪流满面，"可我还有一个儿子，如果他还没有被上帝带走的话，现在不知在世界的哪个角落。我如此待你，也祈祷别人能如此待他。上帝的仁爱遍施大地，像他保佑以色列人那样，他同样会保佑我们。就是此刻，我的儿子可能也在四处流浪，和你一般疲惫饥饿，我只希望他能被一户人家所收留，即使这户人家和我们一样的贫困。因此我又怎能背叛上帝，不真诚地收留你呢？"

寡妇刚说完话，旅人便激动地跑过去抱住了她。"上帝果真使你儿子被一个善良的家庭所收留，并且赐予了他财富，使他能感谢真诚收留他的人：我的妈妈，哦，亲爱的妈妈！"原来旅人正是寡妇多年未见的大儿子，他刚从印度归来。为了给家人一个惊喜，他掩藏了自己的身份。当然，这是一份最令人感动，也最令人快乐的惊喜。

故事中的女主人翁给我们上了一堂人生哲理课，她向我们展现了人性中的善和美，使得我们感悟到：善行必有善报。

人活着应该有助于人，真诚待人，只有这样，才能得到别人的帮助和尊敬，才能感到真正的快乐。

心灵感悟·

给别人以帮助和鼓励，自己不但不会有损失，反而会有所收获。通常，一个人给别人的帮助和鼓励越多，从别人那儿得到的收获也越多。而那种吝啬的人，对他人不表同情、不予赞助的人，无异使自己陷于孤独无助的境地。

经受住善恶的考验

人性本无善恶，所谓的善恶不过是上帝对人的考验罢了，经得起考验为善，经不起考验为恶。

一名很恶很恶的农妇死了，她生前没有做过一件善事，鬼把她抓去，扔在火海里。

守护她的天使站在那儿，心想：我得想出她的一件善行，好去对上帝说话。

他想啊想，终于回忆起来，就对上帝说："她曾在菜园里拔过一根葱，施舍给一个女乞丐。"

上帝说："你就拿那根葱，到火海边去伸给她，让她抓住，拉她上来。如果能从火海里把她拉上来，就让她到天堂去。如果葱断了，那女人就只好留在火海里，像现在一样。"

天使跑到农妇那里，把一根葱伸给她，对她说："喂，女人，你抓住了，等我拉你上来。"他开始小心地拉她，差一点就拉上来了。

火海里别的罪人也想上来，女人用脚踢他们，说："人家在拉我，不是拉你们；那是我的葱，不是你们的。"

她刚说完这句话，葱就断了，女人再度落进火海，天使只好哭泣着走了。

农妇后来才知道，这葱其实是可以拉许多人的，上帝想借此再度考验一下她，但她没有经受住这种考验。

作恶一生的农妇死后丢入火海，天使想借善良将她救出，无奈那农妇没有经得起最后的考验。一个人活在世上，不能只顾自己，而不顾别人的死活。在关键时刻正是考验一个人的时候，人性也会在此时显现出来。只有心怀善念的人，才会经受住考验，到达想去的地方；而心怀邪念的人，则会把自己送入地狱。

这个故事也再次印证了善恶有报的道理。恶妇最后的恶念让她失去了去天堂的机会。在古老的过去，人们都相信神的存在，相信自己的一举一动都逃不过神的眼睛。人们都知道要与人为善。受苦时，西方人会想到这是自己的罪，东方人会觉得这是自己过去的孽债。在那样的社会里，善有善报，恶有恶报的事情会更多地在现实生活中得到体现。因为人们相信，心地善良，也就"配得上"看到宇宙的真实现实。

现在虽然很多人都被这个物质世界的假现象所迷惑，但善恶相报的原理依然是我们做人做事的法则。相信做好事有福报的人，有的认为是在积德，今世或者是来世会有福报的；有的人做好事没想到今后的福报，只觉得做好事心胸很坦荡、心情很开朗。做坏事的人当然不信有因果报应关系，但他做坏事时，心情一定是紧张不安的，神经整天处于高度紧绷状态，一有风吹草动心里就慌得很，正所谓"半夜也怕鬼敲门"。但不管怎么说，人心都是向善的，只要你拥有一颗善良的心，你就是个问心无愧的人。

心灵感悟·

善恶常在一念之间。一切恶念、恶言、恶行，对于自己和他人都是地狱；一切善念、善言、善举对于自己和他人都是天堂。如果人人都能弃恶从善，即使是地狱也能成为天堂。

因此，每个人都要静坐常思己过，经常检点审视自己的内心，摒除心中的恶念，放弃伤人的恶言、恶行，让自己的心灵纯净，才会得到真正的内心平静和安宁。

给人方便即给己方便

有一名商人在一团漆黑的路上小心翼翼地走着，心里懊悔自己出门时为什么不带上照明的工具。忽然前面出现了一点灯光，并渐渐地靠近。灯光照亮了附近的路，商人走起路来也顺畅了一些。待到他走进灯光时，才发现那个提着灯笼走路的人竟然是一位双目失明的盲人。

商人十分奇怪地问那位盲人说："你本人双目失明，灯笼对你一点用处也没有，你为什么要打灯笼呢？不怕浪费灯油吗？"

盲人听了他的问话后，慢条斯理地回答道："我打灯笼并不是为给别人照路，而是因为在黑暗中行走，别人往往看不见我，我便很容易被人撞倒。而我提着灯笼走路，灯光虽不能帮我看清前面的路，却能让别人看见我。这样，我就不会被别人撞倒了。"

这位盲人用灯火为他人照亮了本是漆黑的路，为他人带来了方便，同时他也因此保护了自己。正如印度谚语所说："帮助你的兄弟划船过河吧！瞧！你自己不也过河了？！"人与人之间恰恰就是这样，在你真诚地帮助他人时，你恰恰也在帮助自己。

《向导》杂志曾经刊登过这样一则登山事故：

有一个人遭遇到暴风雪，迷失了方向。由于他的穿着装备无法抵挡风雪，以致手脚开始僵硬。他知道自己时间不多了。

结果他遇到另一个和他有着相同遭遇的人，几乎冻死在路边。他立刻脱下湿手套，跪在那人身旁，按摩他的手脚，那人开始有了反应。最后两人合力找到了避难处。

之后别人告诉故事中的主角，他救别人，其实也救了自己。他原本手脚僵硬麻木，

就是因为替对方按摩而消除。

"善心"是从不会损失的投资。爱默生曾提醒我们："要做一个为后来者开门的人，不要试图使世界成为死巷。"他又说："此生最美妙的报偿就是，凡真心帮助他人的人，没有不帮助自己的。"

我们知道来自"爱"的快乐，是转瞬即逝的，很快地我们觉得不满足，于是又重新开始了我们的追寻。其实，快乐的源泉在于"施"——为别人奉献，关注别人，与别人分享希望，分享自己的故事，也倾听别人的故事。

每一个人每一天都可以安抚一个朋友、一位同事，或一个孩子的伤痛，而自己的不悦和痛苦，也能随之减少。爱是一种慰藉，爱别人，能让我们觉得更有意义。今天，我们愿意为贫困潦倒的朋友伸出援手，这样做，也将为我们的人生注入新的生机。将来回顾你的人生，你会发现，那些值得怀念的时刻，都是你为他人付出的时刻。

心灵感悟·

爱心是可以延续的，善良是可以传播的。人间的美好，就是由一颗又一颗善良的心构筑起来的。只要人人都献出一点爱，世界就会变成美好的人间。

善意的谎言也是爱

真诚、善良，并不是要与谎言相违背，只要这个谎言是出于爱，那么它也是善的。

1848年，一声刺耳的枪声打破了美国南部一个小镇的沉寂。镇上的警长和一名年轻警察听见枪声马上奔向出事地点。他们赶到现场，看见一位青年人倒在卧室里，头下一摊血迹，旁边的地板上有一支手枪，桌子上有一份刚写下的遗书。原来，他追求的少女昨天与一个男人结婚了。

现场挤满了看热闹的人，死者的亲属站在房间里发呆。年轻警察很同情这一家人，不仅因为他们刚失去了儿子，还因为这里的人都是基督徒，按照基督的教义，自杀的人是在上帝面前犯罪，灵魂将被打入地狱受苦。在这个思想保守的地方，这一家人从此会被看做异教徒，镇上体面人家将不会和他们来往，并且禁止子女和他们的孩子交往。

这时候，一直紧锁眉头的警长突然大声说："这不是自杀，而是一桩谋杀。"说完在死者身上摸索了一阵，回头问围观的人群说："你们可曾看见了他的银表？"

镇上所有人都认得那块银表，这是那位少女送给死者的信物。过去，这个年轻人隔不了几分钟便要把表拿出来，打开表盖看时间。警长这么一问，周围的人急忙否认。警长站起身，若有所思地对大伙说："要是你们都没看见，肯定是被凶手拿走了，可以肯定这是谋财害命。"

　　警长这么一说死者的家人就大哭起来，灵魂的耻辱变成了丧亲的悲痛。刚才还横眉冷对的邻居走过去，友善地安慰他们。处理完现场，警长满怀信心地说："只要找到那块银表，就能够抓住凶手。"

　　年轻警察对警长敏锐的观察力很钦佩，他一走出那所房子就问："警长，我们怎样才能找到那块表呢？"

　　警长露出一丝奇怪的微笑，将手伸进口袋，慢慢掏出一块银表。年轻警察惊呆了，问道："这是怎么回事呢？哦，我明白了，这年轻人肯定是自杀，可你为什么要说他是被谋杀的呢？"

　　警长严肃地说："这样一说，死者的家人就不用为他的灵魂担心了。而且当他们的悲痛过去之后，还能像一个基督徒一样生活。"

　　"可是，警长，你说了谎，这也是违背教义的。"

　　警长严厉地盯着他的助手，一字一字地说："年轻人，那一家人的生活比教义重要百倍。出于善良愿望说的一句谎言，上帝也许不想听见。"

　　上帝或许也爱睁一只眼闭一只眼，他闭上双目的时候，也许就是愿让善意的谎言通行。

　　一般大家都认为，说谎是一种与道德背离的行为。但人与人之间的相处，偶尔还需要些善意的谎言。

　　"撇开道德的标准，谎言就是一种智慧。"的确，说谎也是一种技巧。但美丽的谎言出于善良和真诚，它无悖于道德。善意的谎言不是以利己为目的，这种时候说出的谎言，饱含真诚，散发出温暖的光辉，能让说谎者与被"骗"者共享欢愉。说实话有时比说谎言更伤人，我们要学会在适当的时候说些谎言。很多时候，真诚的谎言比什么都有力量。

　　真诚是人人必备的美德，它不排除善意的谎言，只要你掌握一定的原则，你所制造的谎言会比你的真诚更能赢得别人的心。

　　一个人的生命，除非有助于他人，除非充满了喜悦与快乐，除非养成对人人怀着善意的习惯，对人人抱着亲爱友善的态度，并从中得到喜悦与快乐，否则他就不能称得上成功，也不能称得上幸福。

假如一个人能够大彻大悟，尽心努力去为他人服务，他的生命一定能奇迹般地迅速升华。最有助于人生命的，莫过于在早年就养成善心善意和爱人的习惯。

心灵感悟·

有时候，善良的掩饰要胜过无情的追究事实。人们总是过于注重事实表现出的结果，而忽略了产生事实的原因，然而，往往原因比结果更重要。相信上帝也会偏爱那些具有善良动机的人，也会宽容包藏着善意的谎言。

给予之心

在英国有位孤独的老人，无儿无女，又体弱多病，他决定搬到养老院去。老人宣布出售他漂亮的住宅。

因为这是一所有名的住宅，所以购买者闻讯蜂拥而至。住宅的底价是 8 万英镑，但人们很快就将它炒到 10 万英镑，而且价钱还在不断攀升。老人深陷在沙发里，满目忧郁。是的，要不是健康状况不好的话，他是不会卖掉这栋陪他度过大半生的住宅的。

一个衣着朴素的青年来到老人面前，弯下腰低声说："先生，我也想买这栋住宅，可我只有 1 万英镑。""但是，它的底价就是 8 万英镑，"老人淡淡地说，"而且现在它已经升到 10 万英镑了。"青年并不沮丧，他诚恳地说："如果您把住宅卖给我。我保证会让您依旧生活在这里，和我一起喝茶、读报、散步，相信我，我会用整颗心来照顾您！"

老人站起来，挥手示意人们安静下来。"朋友们，这栋住宅的新主人已经产生了，就是这个小伙子。"

青年不可思议地赢得了经济上的胜利，梦想成真。

世界上最强大的不是坚船利炮，而是一颗仁慈的爱心，故事中的小伙子拥有一颗善良仁慈的心，因而得到老人的青睐而成为住宅的主人。

在人的一生中，都无法避免困难和问题。物质上需要帮助、支持；精神上需要理解、鼓励；兴趣上需要满足、发挥……如果我们能想他人之所想，急他人之所急，及时给他人以物质和精神的帮助和安慰，在他心里就会产生巨大的震撼力，而对自己，则减掉了许多原来扔也扔不掉的精神负担。

给予，即是爱；占有、获取并不是爱的本质。只有心甘情愿的付出、尽心竭力的奉献、不需偿还的给予，才是爱；想的是被他人拥有，或者为他人献出一切，才是爱。"只要人人都献出一点爱，世界将变成美好的人间。"只要自己先献出一点爱，生活就会增添一份光彩，只要人人献出一点爱，那么整个社会将会因此而更加温馨与幸福！

给予的方式并不相同：有有条件的，有无条件的；有有限的，有无限的；有忘我的，有为我的；有精神的，有物质的。在物质给予方面，有等价的，有不等价的；有先给后取的，有先取后予的。精神的东西，理解与鼓励；物质的东西，互相馈赠。古希腊哲学家伯利克说过："我们结交朋友的方法，是给他以好处。当我们真的给他人以恩惠时，我们不是因为得失而这样做，乃是由于我们慷慨而这样做，并不后悔的。"

总而言之，一个并不准备承担付出的人，最终得到的是痛苦和孤独。朋友间的幸福快乐，更多地存在于慷慨的给予之中。因为春天不播种，秋天哪有收获！

不但要愿意给予他人，也要善于给予。只要善于给予，那么能够给予的东西就太多了。为别人奉献自己，牺牲时间，也是一种给予；为别人的幸运和成功而庆幸，也是一种给予；能从别人的观点看事物，容许别人有自己的意见和特色，也是一种给予；谨慎——避免鲁莽的言行，耐心——倾听别人的倾诉，同情——分担别人的悲痛等，都是一种给予。

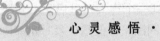

心灵感悟·

生活中我们应该保持一颗仁爱之心，保持对真、善、美的追求，地位、财富固然重要，真正使人获得永久尊重和帮助的还是那颗善良的心。把你无私的爱献给周围的人——父母、同学、朋友以及那些陌生人，这样不管你有什么梦想，他们都会帮你实现。

小善铸就大爱

中午用餐高峰时间过去了，原本拥挤的小吃店，客人都已散去，老板正要喘口气看看报纸的时候，有人走了进来。那是一位老太太和一个小男孩。

"一碗酸菜面要多少钱呢？"老太太坐下来数了数钱，叫了一碗热气腾腾的面，将碗推到小男孩面前。小男孩吞了吞口水望着奶奶说：

"奶奶，您真的吃过午饭了吗？""吃过了。"一眨眼工夫，小男孩就把一碗面吃了个精光。

老板看到这个场面，走到两个人面前说："老太太，恭喜您，您今天运气真好，您是我们的第100个客人，所以午餐免费。"

后来又过了一个多月，小男孩蹲在小吃店对面像在数着什么东西，让无意间望向窗外的老板吓了一大跳。

原来小男孩每看到一个客人走进店里，就把一颗小石子放进他画的圈圈里，但是午餐时间都快过去了，小石子却连50颗都不到。

老板看得心头激动，他赶快打电话给所有的老顾客："很忙吗？没什么事的话，我要你来吃碗酸菜面，今天我请客。"像这样打电话给很多人之后，客人开始一个接一个到来。"70、71、72……"小男孩数得越来越快了。

终于当第99个小石子被放进圈圈里的那一刻，小男孩匆忙跑到一个胡同里拉着奶奶的手进了小吃店。

"奶奶，这一次换我请客了。"小男孩有些得意地说。真正成为第100个客人的奶奶，让孙子招待了一碗热腾腾的酸菜面，而小男孩就像之前奶奶一样，坐在那儿静静地看着。

"也送一碗给那孩子吧。"老板娘不忍心地说。

"那小孩现在正在学习不吃东西也会饱的道理呢！"老板回答。

吃得津津有味的奶奶问小孙子："要不要留一些给你？"

没想到小男孩却拍拍他的小肚子，对奶奶说："不用了，我已经吃饱了，奶奶您看……"

一念善心助长一棵幼苗，棵棵幼苗可以成林。人人有爱，社会有情。在这个社会上，"第100个客人"可以是我们周围的每一个人——如果我们都能善待第一百个客人，还会有那么多的罪恶和遗憾吗？

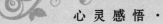

心灵感悟·

有时候，一个小小的善行，会铸就大爱的人生舞台。

善待社会，善待他人，并不是一件复杂、困难的事，只要心中常怀善念，生活中的小小善行，不过是举手之劳，却能给予别人很大帮助，何乐而不为呢？给迷途者指路，向落难者伸出援手，真心祝贺他的成功，真诚鼓励失意的朋友，等等，看似微不足道的举动，却能给别人带去力量，给自己带来付出的快乐和良心的安宁。

爱如同心圆

韦利是一个患有先天性心脏病的小男孩，但他开朗活泼，和所有的人都能成为朋友。正是因他的乐观和快乐，很少有人知道他是一个可能随时离开人间的高危病人。

韦利有早起晨练的习惯。尽管医生不让他做高强度和剧烈的运动，但是韦利还是愿意早起看看清晨，看看太阳，看看一天的开始是如何的美丽。那是一个薄雾和轻烟笼罩的早晨，韦利走到城市中央广场的时候，发现一个人倒在地上，身上洒落了露水，脸色发紫，呼吸微弱，显然他正处在危险之中。韦利早已知道心脏病发作时的痛楚，他对这个陌生人的痛苦感同身受。四周很静，真正晨练的人一般不会来这里。韦利知道自己一个人无论如何也扶不起地上这个身材高大的人，怎么办？时间来不及了，韦利顾不上医生的警告俯身拉起他的衣服。就这样，12岁的韦利用尽全身力气一点点地把这个人在地上拖行了200米。终于有人发现了他们，韦利只说了一句"快送他去医院"便昏倒在地。

韦利醒来后看到的是陌生人一脸的关切和自责。他说自己因贪杯醉倒在街头，如果不是韦利救了他，医生说他会冻死在那里。陌生人愧疚地说："对不起，医生告诉我说你的心脏病差一点就要了你的命，你是在拿你的命救我。真不知道该如何感谢你！"韦利笑了："我现在没事了，你也没事了。这就是最好的感谢！"陌生人一定要报答韦利。韦利想了想说："我真的不需要你对我有什么报答，只是希望你能像我救你一样，尽自己所能，去救助比自己的处境还要差的陌生人，我想这就足够了。"

许多年过去了，韦利活过了比医生的预言长数倍的时间。他还是和以前一样乐观，并且真诚地对待每一个人，在别人需要时候尽自己所能帮助别人。但是韦利的病终于在一个冬天的早晨击倒了他，当时韦利正在一个很偏僻的地方散步，忽然感到心口一阵剧烈的疼痛，韦利挣扎了几下终于支持不住倒在了地上。

韦利醒来时发现自己躺在医院里，身边站着一个十几岁的男孩，正瞪着一双大眼睛关切地看着他。韦利很感激地握住男孩的手说："谢谢你，孩子，你救了我。你是怎么发现我的？"男孩很开心的样子："我早上要去爷爷家陪他，正好路过那个地方，看到你躺在地上，我就想起了爷爷说他年轻的时候被一个和我一样大的男孩救过的事。我想我也一定能够做到，于是我就使出全身的力气拉你。幸好你还不算重，我成功了，回去后我一定告诉爷爷，他告诉我要尽力帮助每一位需要帮助的陌生人，我今天做到了。"

韦利不知道该如何形容自己的心情，一次对人施以援手竟会带来一生受用不尽的恩惠。爱，真是一个同心圆，我中有你，你中有我。爱能产生人间一切的美德与奇迹。

心灵感悟·

我们付出一点爱，让懂得"在别人需要的时候尽力帮助别人"的人越来越多，爱的同心圆越来越大，爱也就无止境地延伸开了。

让我们都在他人需要的时候，尽自己所能地伸出援助之手，让这个世界产生更多的美德与奇迹，让爱无止境地延伸下去吧！

爱心救赎心灵

路易斯·劳斯是星星监狱的典狱长，那是当时最难管理的一个监狱。可是20年后劳斯退休时，该监狱却成为一所提倡人道主义的机构。研究报告将功劳归于劳斯，当他被问及该监狱改观的原因时，他说："这都由于我已去世的妻子——凯瑟琳，她就埋葬在监狱外面。"

凯瑟琳是3个孩子的母亲。劳斯成为典狱长时，每个人都警告她千万不可踏进监狱，不仅因为那里是很危险的地方，而且对孩子的成长会有非常不好的影响。但这些话拦不住凯瑟琳。第一次举办监狱篮球赛时，她带着3个可爱的孩子走进体育馆，与服刑人员坐在一起。她的态度是："我要与丈夫一道关照这些人，我相信他们也会关照我，我不必担心什么！"

一名被定有谋杀罪的犯人瞎了双眼，凯瑟琳知道后前去看望。她握住他的手问："你学过点字阅读法吗？""什么是'点字阅读法'？"他问。于是她教他阅读。多年以后，这人每逢想起她还会流泪。凯瑟琳在狱中遇到一个聋哑人，结果她自己到学校去学习手语。许多人说她是耶稣基督的化身。在以后的18年间，她经常造访星星监狱。

后来，她在一桩意外的交通事故中逝世。第二天，劳斯没有上班，代理典狱长接替他的工作。消息立刻传遍了监狱，大家都知道出事了。接下来的一天，她的遗体被放在棺木里运回家，她家距离监狱不远。

代理典狱长早晨散步时惊愕地发现，一大群看来最凶悍、最冷酷的因犯，齐集在监狱大门口。他走近去看，见有些人脸上竟带着悲哀和伤心的眼泪。他知道这些人爱凯瑟琳，于是转身对他们说："好了，各位，你们可以去，只要今晚记得回来报到！"然后他打开监狱大门，让一大队囚犯走出去，在没有守卫的情形下，走几里路去见凯瑟琳最后一面。结果，当晚每一位囚犯都回来报到，无一例外！

凯瑟琳以爱的方式感化了每一位囚徒，并以自己的爱赢得了爱。相信每一位囚徒的生命也将因之而改变。

爱使生命圣洁。凡爱所在之处，你必看见神圣的光辉。因为爱，使你的人性提升，而能以超脱尘世的眼光看待这世界。你的儿女、你的爱侣、你的猫或狗、你的花园，或任何你爱的对象，在你的眼中都是那么可爱、那么宝贵，即使有那么一丁点儿缺陷，在你眼里也显得完美无缺。因为有爱，寻常的东西也会觉得意义非凡，散发出特有的光彩：你第一次遇见你丈夫的那一天；你们的结婚周年；公园里你们曾靠着聊天的长凳；你曾坐着为宝宝喂奶的摇椅；祖母亲手为你织的毛毯；小女儿写的第一张小卡片，上面写着"我爱你，妈妈"……这些都将变成无可取代的纪念品，共同编织出你生命中所有爱的回忆。

心 灵 感 悟·

我们相信爱能使灵魂从心底深处觉醒。当你爱的时候，你和周围世界一分为二的界线将会消失，凡尘俗世里你我的区分不再存在，你将会体验到完整的自我。一旦有了这经验，你在宇宙中不再是一个孤立的个体。你的生命和你所爱者的生命之间，彼此的灵魂相互交融。

珍贵的同情心

也许，对于你来说，微不足道的付出，却能换来他人的整个春天。

托尔斯泰小时候经常跟着农民的孩子在森林里玩，在河里捉鱼游泳。托尔斯泰根本不在乎跟自己一起玩的是贵族家庭的"少爷"，还是"下等人"家里的小孩，只要玩得开心就好。可是往往正当他和那些小朋友玩得开心的时候，他们就被拉走了，只剩下托尔斯泰孤零零的一个人。父母也经常告诫他：你是少爷，不要跟那些下等人一起玩。托尔斯泰很生气：为什么农民的孩子就要低人一等呢？

随着年龄的不断增长，托尔斯泰这种意识越来越强烈。他看到农民特别是农奴辛辛苦苦地为农奴主干活，却常常吃不饱、穿不暖，还要挨打挨骂，非常同情他们。他想：如果解放农奴，让他们得到自由，再给他们一定的土地，他们就能够过上好日子了。

托尔斯泰开始在自己的庄园实践自己的主张。他把庄园由劳役制改为代役制，使农民摆脱了对庄园主的人身依附；他还放走了家里的农奴。其他的农奴主讥笑他，可是托尔斯泰坚信，自己做的是对的。

托尔斯泰还认为，教育在社会改革中能起重要作用。教育就像一根杠杆，可以改变整个社会结构。于是他开始兴办农民子弟学校，凡是愿意读书的农民子弟都可以免费入读。学校教孩子们读书、写字、唱歌、画画和做算术，托尔斯泰还亲自给孩子们上历史课。托尔斯泰很热爱教育工作，他把教育看成是"全身心奉献给人民"的事业，把从事教育这个时期看成他"生活中最幸福的时期"。

由于托尔斯泰不断和人民接近，他对人民的感情日益加深，他把他各个阶段的探索融入了他的作品里面，使他的作品更具有深度。他一生奋斗不息，创作出《安娜·卡列尼娜》、《复活》等非常优秀的作品。

心 灵 感 悟

富有同情心是一个人美好心灵的展现。越来越快的生活节奏和日益激烈的生存竞争使得人际关系日渐冷漠，同情心也变得弥足珍贵。也许只因你的一点点同情心，而挽救一个人的生命，只因你的同情心，而温暖一颗冰冷的心。当你看到瑟缩在街头的乞讨者，请伸出一双同情的手。也许，对于你来说，微不足道的付出，却能换来他人的整个春天。

第十六辑

宽容豁达行天下

该记住的和该忘却的

有一次，一位作家邀请两位朋友阿尔和马修一同外出旅行。

3 人行经一处山崖时，马修失足滑落，眼看就要丧命，机灵的阿尔拼命拉住了他的衣襟，将他救起。

马修很感激阿尔对自己的救命之恩。在附近的大石头上，他用力镌刻下这样一行字："某年某月某日，阿尔救了马修一命。"

于是 3 人继续前进，几日后来到一处河边。由于长期旅行疲惫不堪，且心情烦躁，阿尔与马修为了一件小事吵起来了，阿尔一气之下竟打了马修一耳光。

马修被打得流出鼻血，他很气愤，然而他没有还手，却一口气跑到了沙滩上，在沙滩上写下一行字："某年某月某日，阿尔打了马修一记耳光。"

旅行终于结束了，3 人回到家乡，作家怀着好奇心问马修："我一直不太理解，你为什么要把阿尔救你的事刻在石头上，而把他打你耳光的事写在沙滩上？"

马修平静地回答："阿尔救了我的命，这份恩情我是永远也不会忘却的，所以我将它刻在石头上；而因他打我而激起的怨恨则是一时的，我愿将它写在沙滩上，让它随着沙滩字迹的消失而被忘得一干二净。"

心灵感悟·

记着别人对自己的恩典，忘掉别人对自己的伤害，就是最大的宽容。生活中，我们都应该用爱和感激来代替仇恨，化解积怨。

豁达使人宠辱不惊

有位修行很深的禅师叫白隐，无论别人怎样评价他，他都从不加以争辩，每次都只是淡淡地说一句："就是这样吗？"

在白隐禅师所住的寺庙旁，住着一家三口，女儿年方18，长得如出水芙蓉。上门提亲的不少，老两口都不满意，便都回绝了。无意间，夫妇俩发现尚未出嫁的女儿竟然怀孕了。这种见不得人的事，使得她的父母震怒异常！在父母的一再逼问下，她终于吞吞吐吐地说出"白隐"两个字。

她的父母怒不可遏地去找白隐理论，但这位大师仍不置可否，只若无其事地答道："就是这样吗？"孩子生下来后，被老两口送给了白隐。此时，他的名誉虽已扫地，但他并不以为意，只是非常细心地照顾孩子——他向邻居乞求婴儿所需的奶水和其他用品，虽不免横遭白眼，或是冷嘲热讽，但他总是处之泰然，仿佛他是受托抚养别人的孩子一样。

事隔1年后，这位没有结婚的妈妈，终于不忍心再欺瞒下去了，她老老实实地向父母吐露真情：孩子的生父是街北的一位青年。

她的父母立即将她带到白隐那里，向白隐道歉，请他原谅，并将孩子带回。

白隐仍然是淡然如水，他只是在交回孩子的时候，轻声说道："就是这样吗？"仿佛不曾发生过什么事；即使有，也只像微风吹过耳畔，霎时即逝！

白隐代人受过，牺牲了为自己洗刷清白的机会，受到人们的冷嘲热讽，但是他始终处之泰然，"就是这样吗？"这平平淡淡的一句话，就是对"宠辱不惊"最好的解释，从而我们现代人缺乏的正是这一点。

心 灵 感 悟·

豁达是一种人生境界，它使人无论身处顺境还是逆境，都保持从容的心态，从而清醒理智地面对现实。

不咎既往，冰释前嫌

魁先生与格先生在大学读书时是同学，曾为一个女生，魁先生动手打过格先生一顿！毕业后，魁先生求职，鬼使神差地求到格先生所在的公司，而且格先生就是负责人事的部门经理！魁先生一看到格先生，扭头要走，没想到格先生笑着站起来叫住魁先生，诚恳地问魁先生是不是来应聘的？魁先生说：

"当格先生如此问我时，我似是而非地点了点头，格先生就高兴万分地拥着我，并说能与我一起共事，十分荣幸，而且，中午还主动请我吃饭。在饭桌上，我问格先生是否记得我曾打过他的事，如果记得，当着那些求职应聘者的面损我一回，且不是可以出气？格先生却说，只有在学生时代，才可能出现为一个女生而打架的事，还说，走出学校后，他就把此事给淡忘了，就算没忘干净，也没必要再提起它……在格先生的力荐下，进公司不久，我就升为总裁助理！在格先生看来，我的综合能力要在他之上，其实，我心里清楚，做人的能力，我却远在格先生之下……在一个公司工作，又得到了格先生不计前嫌的帮助，想不把他当成知心的朋友，都不可能了……"

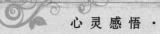

心灵感悟·

在现实生活中，包容之心存之，方显得自我的大度之气，大度之气存之，人为我友者，就会是真心诚意。

最好的消息

阿根廷著名的高尔夫球手罗伯特·德·温森多是一个非常善良又豁达的人。

有一次，温森多赢得一场锦标赛。领到支票后，温森多微笑着从记者的重围中走出来，到停车场准备回俱乐部。这时候一个年轻的女子向他走来。她向温森多表示祝贺后哭着向他诉说她可怜的孩子病得很重——也许会死掉，而那笔昂贵的医药费和住院费使她难以接受，她痛苦极了。

她的讲述触动了温森多心中最柔软的那一部分，他立刻掏出笔，在刚赢得的支票上飞快地签了名，然后塞给那个女子，说："这是这次比赛的奖金。祝你可怜的孩子早点康复。"便驾车离去了。

一个星期后，温森多正在一家乡村俱乐部进午餐，一位职业高尔夫球联合会官员走过来，问他一周前是不是遇到一位自称孩子病得很重的年轻女子。

"你是怎么知道的？"

"是停车场的孩子们告诉我的。"官员说。

温森多点了点头，说有这么一回事，又问："到底怎么啦？难道那个孩子出了什么问题？""根本就没有什么病得很重的孩子，她甚至还没有结婚！"官员回答说。温森多让她给骗了！

"你是说根本就没有一个小孩子病得快死了？"

"是这样的，根本就没有。"官员十分肯定地回答。

温森多并没有生气，反而长吁了一口气，然后说："这真是我一个星期以来听到的最好的消息。"

心灵感悟·

在别人看来是一个重大的损失，是一件足以使人恼怒的事件，你却因为整个事件中没有人受到伤害而感到欣慰，区别何在？就因为你拥有一个豁达、博大的胸怀。

过去的就让它过去

"他们的罪恶应该得到赦免。"

"主呀！赦免他们；因为他们不知道自己在做些什么！"

《圣经》上的这两段话指出了宽恕的重要性——宽恕你自己以及他人。

关于"原谅"与"赦免"，有很多错误的看法，而它的治疗价值并未能获得完全的承认，原因之一在于真正的"宽恕"是十分少见的。如果我们能够原谅别人，那么我们将会感到"心情很好"，但是，很少有人告诉我们这项事实："宽恕"的行为，可以令我们感到轻松愉快，可以减少我们的敌意。

另一种观念是，"宽恕"可以使我们处于一种战略性地位，是打败敌人的利器之一。这也就是说，"宽恕"可以被当做是一种有效的复仇武器——而且十分有效。但是报复性的宽恕并不是真正的宽恕。

真正的宽恕并不难——比心存怨恨要容易得多。但只有一项基本的条件：你必须愿意放弃你的怨恨感，你必须毫无保留地放弃心理负担。

我们若是觉得很难宽恕别人，那是因为我们很喜欢自己心中的怨恨，并从它那儿得到一种病态的满足：只要我们能够责备他人，我们就会认为自己比他人高明。

许多人在培养内心的怨恨感时，也会因为对自己感到抱歉，而获得一种错误的满足感。当我们真正宽恕时，我们既不是帮助别人，也不是想要表现自己的正直。我们原谅他人的罪过，并不是因为我们已经使他人赔偿了他对我们的损害，而是我们发现这些罪过本身并不是正当的。只有当我们在内心演算真正去原谅他人时，我们才能真正地宽恕他人。

最重要的是，如果你希望获得平和的心态，享受心情的平衡，那你必须学会埋葬怨恨，成为能够宽恕别人的人。做一个有爱心的人，而不是做一名怨恨者。法国大文豪罗契佛考写道："爱有多深，就能获得多大的宽恕。"

心 灵 感 悟 ·

真正的宽恕比心存怨恨要容易得多。但你必须愿意放弃你的怨恨感，必须毫无保留地放弃心理负担。

说理只要三分

偶然看到一帖处世药方，教的是如何待人接物，写得很有意思，其中有：热心肠一副，温柔两片，说理三分。

张明不禁感到奇怪，这说理为什么是三分而不是十分呢？

后来，张明想起小时候的一次挨打，而后渐渐明白了其中的道理。

张明从小都是认死理的犟脾气，小学五年级时，不知为了什么和父亲理论——早已忘了原因，现在想来，大概是他记错了什么事——说着说着争论起来，张明说他错了，而父亲认为他是对的。滑稽的是两人都为这件小事争得互不相让。说着说着，父亲上火了，拿出他的权威啪地给了张明一巴掌："还要说？"张明拼命忍住泪："就是要说。"啪，又是一巴掌："还要说？""就是要说。"啪啪！还要说？就是要说。啪啪啪啪！还要说？就是要说就是要说。啪啪啪啪啪啪……张明终于忍不住疼，又气愤又委屈哇的一声大哭起来，一边哭一边大喊："你不是我爸爸，你不配做我爸爸……"

最后的收场是母亲怒气冲冲地加入了这场战争，过来把他推开把张明护住。张明赌气足足有 1 个月不喊父亲一声"爸"，而父亲则被张明气得脸色铁青！

"说理三分"，讲的其实是一种技巧。你若有理，聪明人一点就通，不用十分，三分足够了，不必画蛇添足；碰到蠢人，你再多费口舌也无用，何必执著，不妨假以时日，让他自己慢慢去悟；至于蛮汉，他本不讲理，你即使讲上十二分，也无异于是对牛弹琴——岂止是对"牛"呢，说不定像在对"虎"弹琴，弹得"老虎"上了火，啊呜一声要了你的小命！

　　"说理三分"，讲的也就是宽容。人总有缺点，或多或少总有不周全的地方，他或许并不明白，你巧妙地说上几句，点到为止，确是与人为善让他心存感激，若是穷追猛打，非要弄得人家连面子都留不住，只怕会两败俱伤。

　　记得上写作课时老师常教学生一大诀窍："含蓄不露，便是好处"，"用意十分，下语三分，可见风雅，下语六分，可追李杜，下语十分，晚唐之作也"。其实这也是做人一大诀窍，做人不能太露，太露了就是"晚唐之作"，不可取。含蓄是一种大气，一种教养，一种风度，真正会做人的人，总是含蓄的，总是懂得明明占理十分只说三分，总是记着"得理也让人"。

　　不过，这也是很难很难的。人性的弱点之一是"一吐为快"，何况在理儿上的，常常会不知不觉"理直气壮"起来。因此，许多人虽然有高僧所说的"热心肠一副"，也自认为不乏"温柔两片"等，却总成不了气候——常常就在这多说几句之中，将功劳一笔勾销了……

　　心 灵 感 悟 ·

　　"说理三分"，实在是大智慧，大修养，大气度，大学问。

自己生活，也让别人生活

　　谁生活在人群当中，谁就绝对不应该摒弃任何人——只要这个人是大自然安排和产生的作品，哪怕他是最卑劣、最可笑的人。我们应该把这样一个人，视为既成的事实。这个人遵循一条永恒的、形而上学的规律，因此，只能表现出他目前的这个样子。如果我们碰到一些糟糕透顶的人，那就要记住这一句话，"林子里，总少不了一些怪鸟"。如果我们不这样做，那我们就是不公正的，我们也就等于向这个人发出了生死决斗的挑战。原因在于，没有一个人能够改变自己的真实个性，这包括道德、气质、认识、能力、长相、脾气，等等。

　　如果我们完全彻底地谴责一个人的本质。那么，这个人除了把我们视为他的仇敌，别无其他选择，因为我们只在这个人必须脱胎换骨、成为永远不可改变、截然不同的人的前提下，才肯承认这个人的生存权利。

　　为此原因，要在人群当中生存，我们就必须容许别人以既定的自身个性存在，不管这种个性是什么。我们关心的，只是如何使得一个人以本性所允许的方式发挥他的作用。既不应该希望改变，也不可以谴责别人的本性，这就是"自己生活，也让别人生活"这条格言的含义。这种做法，虽然合乎理性，但具体实施起来，其实也并不容易。

　　我们要学会容忍别人，就不妨先锻炼我们的耐性。每天，我们都有这样练习的机会。在这之后，我们就可以把获得的耐性加以应用。我们让自己习惯于这样的看法：别人拂逆我们的心意，妨碍我们的行动，但他们这样做，完全是出于一种严格的、发自本性的必然性，它与物理学上一切物体活动所根据的必然性并无不同。

　　所以，针对别人的行为动怒，与向横在我们前进路上的石头大发脾气同等愚蠢。

　　对于许多人，我们最聪明的想法就是：我不准备改变他们，我要利用他们。

　　要敞开你的心扉，抛开你的情感障碍，用心去感受。体会这个世界，它使你与自己的心灵和他人的心灵联系起来。你可以试着站在对方的立场，设身处地地为对方想一想。这样，你就能与对方的心灵联系起来，消除你心中的成见。这样，你才能开启宽容的大门，才能使自己从情感的困境中，彻底解脱出来。

心 灵 感 悟·

　　"自己生活，也让别人生活"，这是一扇宽容的大门。开启它，就能使自己从情感的困境中彻底地摆脱，还原最本真的自我。

宽容的至高境界

宽容是一种修养，是一种境界，是一种美德。生活需要宽容，就像人生需要明媚灿烂的阳光一样。拥有一份宽容，我们就能正视师长的严厉，谅解亲朋的疏忽，善待别人的错误，甚至能宽容仇人的伤害。

有这样一个故事。

一个夜晚，在美国东海岸的一个城市里，有位韩国学生，走出公寓去寄一封信。路上，他被 11 个不良少年围攻，拳打脚踢揍了一顿。

不幸的是在救护车来到之前，他就断了气，两天之内，这 11 个人被一一逮捕。社会大众要求严惩他们，媒体也呼吁采取最严厉的惩罚。

后来，这位死者的父母寄来一封信，要求尽可能减轻对这些少年的责罚，并捐献一笔基金，作为这群孩子出狱重新生活及社会辅导的费用。

他们不愿仇恨这些少年，他们只希望这些少年从残暴、粗鲁、野蛮和病态的虐待性格中获得新生。

世界上的事无独有偶，在意大利也曾发生过类似的事。

1994 年 9 月的一天，在意大利境内的一条高速公路上，一对美国夫妇带着 7 岁的儿子尼古拉斯·格林正驾车向一个旅游胜地进发。突然，一辆菲亚特轿车超过他们。车窗内伸出几支枪，一阵射击之后，他们的儿子中弹身亡。

这对夫妇本该痛恨这个国家，因为在这块土地上他们失去了爱子。他们痛恨这里的人也并不为过，因为是意大利人杀了他们的孩子。可是，悲伤过后，他们做出一个令人震惊的决定：把儿子的健康器官捐献给意大利人！

在意大利，即便是正常死亡的本国公民，自愿捐献器官的也很罕见，于是，一个 15 岁的少年接受了尼古拉斯的心脏，一个 19 岁的少女得到了他的肝，一个 20 岁的女孩换上了他的胃，另两个孩子分别得到了他的两个肾。5 个意大利人在这份生命的馈赠中得救了。

1994 年 10 月 4 日，意大利总统斯卡尔法罗将一枚金质奖章授予这对美国夫妇，为他们容纳百川的胸怀以及悲世悯人的情操，还有以德报怨的人生境界。

中年丧子是人生的一大悲剧，这两对夫妇没有把丧子这剜心之痛化为仇恨，反而用宽容之心拯救犯罪的少年，用关爱之心挽救别人的生命。他们企盼人间多一份平和、安宁和幸福。他们的善举乃是宽容的至高境界，让世人敬佩。

心 灵 感 悟·

宽恕给自己带来深切痛苦的人，是对他们心灵的净化，也是对自己灵魂的拯救。因为只有宽容之心才能使人间多一份平和与安宁。

多点雅量面对嘲笑

面对他人的嘲笑，多一点雅量去看待，是一种胸襟，也是一份难得的智慧。

曾任美国总统的福特在大学里是一名橄榄球运动员，所以他在 62 岁入主白宫时，他的体型仍然非常挺拔结实。毫无疑问，他是自老罗斯福总统以来体格最为健壮的一位。当了总统以后，他仍继续滑雪、打高尔夫球和网球，而且擅长这几项运动。

在 1975 年 5 月，他到奥地利访问，当飞机抵达萨尔茨堡，他走下舷梯时，他的皮鞋碰到一个隆起的地方，脚一滑就跌倒在跑道上。他跳了起来，没有受伤，但使他惊奇的是，记者们竟把他这次跌倒当成一项大新闻，大肆渲染起来。在同一天里，他又在丽希丹宫被雨淋滑了的长梯上滑倒了两次，险些跌下来。随即一个奇妙的传说散播开了：说福特总统笨手笨脚，行动不灵敏。自萨尔茨堡以后，福特每次跌跤或者撞伤头部或者跌倒雪地上，记者们总是添油加醋地把消息向世界报道。后来，竟然反过来，他不跌跤也变成新闻了。哥伦比亚广播公司曾这样报道说："我一直在等待着总统撞伤头部，或者扭伤胫骨，或者受点轻伤之类的来吸引读者。"记者们如此的渲染似乎想给人形成一种印象：福特总统是个行动笨拙的人。电视节目主持人还在电视中和福特总统开玩笑，喜剧演员切维·蔡斯甚至在"星期六现场直播"节目里模仿总统滑倒和跌跤的动作。

福特的新闻秘书朗·聂森对此提出抗议，他对记者们说："总统是健康而且优雅的，他可以说是我们能记得起的总统中身体最为健壮的一位。"

"我是一个活动家，"福特抗议道，"活动家比任何人都容易跌跤。"

但他对别人的玩笑总是一笑了之。1976 年 3 月里，他还在华盛顿广播电视记者协会年会上和切维·蔡斯同台表演过。节目开始，蔡斯先出场。当乐队奏起"向总统致敬"的乐曲时，他"绊"了一脚，跌倒在歌舞厅的地板上，从一端滑到另一端，头部撞到讲台上。此时，每个到场的人都捧腹大笑，福特也跟着笑了。

当轮到福特出场时，蔡斯站了起来，佯装被餐桌布缠住了，弄得碟子和银餐具纷纷落地。蔡斯装出要把演讲稿放在乐队指挥台上，可一不留心，稿纸掉了，撒得满地都是。众人哄堂大笑，福特却满不在乎地说道："蔡斯先生，你是个非常、非常滑稽的演员。"

心 灵 感 悟 ·

面对嘲笑，最忌讳的做法是勃然大怒，大骂一通，其结果会让嘲笑之声越来越炽。要让嘲笑自然平息，最好的办法是一笑了之。一个满怀计划的人，不会去考虑别人多余的想法，而是有风度、有气概地接受一切非难与嘲笑。伟大的心灵多是海底之下的暗流，唯有小丑式的人物，才会整天聒噪不休！

宽容带来心灵的安慰

　　曼德拉因为领导反对白人种族隔离的政策而入狱，白人统治者把他关在荒凉的大西洋小岛罗本岛上27年。当时曼德拉年事已高，但白人统治者依然像对待年轻犯人一样对他进行残酷的虐待。

　　罗本岛上布满岩石，到处是海豹、蛇和其他动物。曼德拉被关在总集中营一个"锌皮房"，白天打石头，将采石场的大石块碎成石料。他有时要下到冰冷的海水里捞海带，有时干采石灰的活儿——每天早晨排队到采石场，然后被解开脚镣，在一个很大的石灰石场里，用尖镐和铁锹挖石灰石。因为曼德拉是要犯，看管他的看守就有3人。他们对他并不友好，总是寻找各种理由虐待他。

　　谁也没有想到，1991年曼德拉出狱当选总统以后，他在就职典礼上的一个举动震惊了整个世界。

　　总统就职仪式开始后，曼德拉起身致辞，欢迎来宾。他依次介绍了来自世界各国的政要，然后他说，能接待这么多尊贵的客人，他深感荣幸，但他最高兴的是，当初在罗本岛监狱看守他的3名狱警也能到场。随即他邀请他们起身，并把他们介绍给大家。

　　曼德拉的博大胸襟和宽容精神，令那些残酷虐待了他27年的白人汗颜，也让所有到场的人肃然起敬。看着年迈的曼德拉缓缓站起，恭敬地向3个曾关押他的看守致敬，在场的所有来宾以至整个世界，都静下来了。

　　后来，曼德拉向朋友们解释说，自己年轻时性子很急，脾气暴躁，正是狱中生活使他学会了控制情绪，因此才活了下来。牢狱岁月给了他耐心与激励，也使他学会了如何处理自己所遭遇的痛苦。他说，感恩与宽容常常源自于痛苦与磨难，必须通过极强的毅力来训练。

> **心灵感悟·**
> 　　当你迈出通往自由的监狱大门时，若不能把悲痛与怨恨留在身后，那么，你其实仍在狱中。

带上宽容出发

这是一场惨烈的战争，几乎所有的士兵都丧命于敌人的刀剑之下。

命运将两个地位悬殊的人推到一起：一个是年轻的指挥官，一个是年老的炊事员。

他们在奔逃中相遇，两个人不约而同地选择了相同的路径——沙漠。追兵止于沙漠的边缘，因为他们不相信有人会从那里活着出去。

"请带上我吧，丰富的阅历教会了我如何在沙漠中辨认方向，我会对你有用的。"老人哀求道。指挥官麻木地下了马，他认为自己已经没有了求生的资格，他望着老人花白的双鬓，心里不禁一颤：由于我的无能，几万个鲜活的生命从这个世界上消失，我有责任保护这最后一个士兵。他扶老人上了战马。

到处是金色的沙丘，在这茫茫的沙海中，没有一个标志性的东西，使人很难辨认方向。"跟我走吧。"老人果敢地说。指挥官跟在他的后面。灼热的阳光将沙子烤得如炙热的煤炭一样，喉咙干得几乎要冒烟。他们没有水，也没有食物。老人说："把马杀了吧！"年轻人怔了怔，唉，要想活着也只能如此了。他取下腰间的军刀。

"现在，马没了，就请你背我走吧！"年轻人又一怔，心想，你有手有脚，为什么要人背着走，这要求着实有点过分。但，长期以来，他都处在深深的自责之中，老人此时要在沙漠中逃生，也完全是因为他的不称职。他此刻唯一的信念就是让老人活下去，以弥补自己的罪过。他们就这样一步一步地前行，在大漠上留下了一串深陷且绵延的脚印。

1天，2天……10天，茫茫的沙漠好像无边无际，到处是灼热的沙砾，满眼是弯曲的线条。白天，年轻人是一匹任劳任怨的骆驼；晚上，他又成了最体贴周到的仆从。然而，老人的要求却越来越多，越来越过分。他会将两人每天共同的食物吃掉一大半，会将每天定量的马血多喝掉好几口。年轻人从没有怨言，他只希望老人能活着走出沙漠。

他俩越来越虚弱，直到有一天，老人奄奄一息了，"你走吧，别管我了。"老人愤愤地说，"我不行了，还是你自己去逃生吧。"

"不，我已经没有了生的勇气，即使活着我也不会得到别人的宽恕。"

一丝苦笑浮上了老人的面容："说实话，这些天来难道你就没有感到我在刁难、拖累你吗？我真没想到，你的心可以包容下这些不平等的待遇。"

"我想让你活着，你让我想起了我的父亲。"年轻人痛苦地说。老人此刻解下了身上的一个布包，"拿去吧，里面有水，也有吃的，还有指南针，你朝东再走一天，就可以走出沙漠了，我们在这里的时间实在太长了……"老人闭上了眼睛。

"你醒醒，我不会丢下你的，我要背你出去。"老人勉强睁开眼睛，"唉，难道你真的认为沙漠这么漫无边际吗？其实，只要走3天，就可以出去，我只是带你走了一个圆圈而已。我亲眼看着我两个儿子死在敌人的刀下，他们的血染红了我眼前的世界，这全是因为你。我曾想与你同归于尽，一起耗死在这无边的沙漠里，然而你却用胸怀融化了我内心的仇恨，我已经被你的宽容大度所征服。只有能宽容别人的人才配受到他人的宽容。"老人永久地闭上了眼睛。

指挥官震惊地矗立在那儿，仿佛又经历了一场战争，一场人生的战斗。他得到了一位父亲的宽容。此时他才明白武力征服的只是人的躯体，只有靠爱和宽容大度才能赢得人心。

他放平老人的身体，怀着宽容之心，向希望走去。

心 灵 感 悟·

对待他人不够宽厚，或睚眦必报，都会给我们的心灵带来巨大的伤害，其中还包括负疚感。人生在世，何不尝试原谅他人，把心胸放得再宽广一点呢？

祈祷彼此相爱

在已故的美国爱荷华大学副校长安·柯莱瑞曾工作过的房子里，保存着这样一封信的复印件，那是一封让所有人难以理解的信。那位副校长是爱荷华大学里最有权威的女性之一，也是在整个美国都很有地位的一位女性。很久以前，她的父亲曾远涉重洋到中国传教，她就出生在中国的上海，因为出生与成长都在中国的关系，她对中国人怀有一种特殊的感情。她终身未婚，对待中国留学生就像对自己的孩子一样，无微不至地关照他们，爱护他们，每年的感恩节和圣诞节总是邀请中国学生到她家中做客。

可是不幸的事情发生了，在1991年11月1日，发生了一起震惊世界的惨案，那是一件让所有中国人都对世界怀有羞愧的事。一位名叫卢刚的中国留学生，在他刚获得爱荷华大学太空物理博士学位的时候，开枪射杀了这所学校的3位教授、1位和他同时获得博士学位的中国留学生，而碰巧在现场的这所学校的副校长安·柯莱瑞也倒在了血泊中。因为枪伤过于严重，副校长不治身亡。

1991年11月4日，爱荷华大学的全体师生停课一天，在这一天，大家为安·柯莱瑞举行了葬礼。在葬礼上，身为安·柯莱瑞好友的德沃·保罗神父在对她的一生做回顾追思时说："假若今天是我们的愤怒和仇恨笼罩的日子，安·柯莱瑞将是第1个责备我们的人。"

也是在这一天，安·柯莱瑞的3位兄弟举行了一场记者招待会，他们以她的名义捐出一笔资金，宣布成立安·克莱瑞博士国际学生心理学奖学金基金会，用以安慰和促进外国学生的心智健康，减少人类悲剧的发生。

她的兄弟们还在无比悲痛之时，邮寄了一封信给卢刚的家人。在本文中，我们把这封信奉上，希望每一个读到这封信的人都能够从中学到那种宽容的精神，那种伟大的爱。

柯莱瑞家人致卢刚家人的信

1991.11.4

致卢刚的家人：

我们经历了突发的剧痛，我们在姐姐一生中最光辉的时候失去了她。我们深以姐姐为荣，她有很大的影响力，受到每一个接触她的人的尊敬和热爱——她的家庭、邻居，她遍及各国学术界的同事、学生和亲属。我们一家从很远的地方来到这里，不但和姐姐的许多朋友一同承担悲痛，也一起分享姐姐在世时所留下的美好回忆。

当我们在悲伤和回忆中相聚一起的时候，也想到了你们一家人，并为你们祈祷。因为这个周末你们肯定是十分悲痛和震惊的。

姐姐安最相信爱和宽恕。我们在你们悲痛时写这封信，为的是要分担你们的悲伤，也盼你们和我们一起祈祷彼此相爱。在这痛苦的时候，安是会希望我们大家的心都充满同情、宽容和爱的。我们知道，在此时比我们更感悲痛的，只有你们。请你们理解，我们愿和你们共同承受这悲伤。这样，我们就能一起从中得到安慰和支持。安也会这样希望的。

诚挚的安·克莱瑞博士的兄弟们

弗兰克／麦克／保罗·柯莱瑞

心灵感悟·

愤怒和仇恨并不能洗刷痛苦，唯有宽容和爱才是医治悲痛的良方。

以德报怨

"我一定要报复他，我要让他从心底感到后悔。"迈克尔气得满脸通红，不停地咕哝着。他想得出了神，以至于没发现正在找他的约翰逊。

约翰逊问道："谁？你要报复谁呀？"迈克尔如梦方醒，抬头一看，见是自己的好朋友，便笑了起来。他说："哦，你还记得我父亲送我的那截漂亮的竹条吗？你看，折成了现在这个样子，这都是农民罗宾逊的儿子干的！"

约翰逊非常冷静地问他小罗宾逊为什么要弄折竹条。迈克尔答道："我刚才正走得好好的，边走边把竹条缠绕在身上玩。一不小心，它的一端脱了手。当时我在木桥边，正对着大门，那个小坏蛋在那儿放了一罐水，准备挑回家。刚巧，我的竹条弹回来把水罐打翻了，可并没有碎。就在我向他赔礼道歉的时候，他跳过来就骂，毫不理会我的解释。他突然抓住我的竹条，你看嘛，都折成这个样子了，我会叫他后悔的。"

约翰逊说："他的确是个坏孩子，为此，他已经受到了足够的惩罚，没人喜欢他，他几乎没什么伙伴，没什么娱乐，这是他活该。我想，这些足够作为你对他的报复了。"

迈克尔答道："事情虽是这样，但他弄坏了我的竹条，那么漂亮的竹条，那可是我父亲送给我的礼物啊！要知道，我只是无意间碰倒了他的罐子，我还说要帮他重新打满。我要报复！"

约翰逊说："好吧，迈克尔。不过我认为你不理他会更好些，因为轻视就是你对他最大的报复。对了，我想起一个关于他的笑话。有一次，他看到一只蜜蜂在花丛中飞来飞去，就想把它抓住再揪掉它的翅膀。可惜，他很倒霉，蜜蜂蜇了他一下又安全地飞进了蜂巢。他被疼痛激怒了，就像你现在这样，他发誓要报仇。于是，他找来一根棍子，朝蜂窝捅了几下。刹那间，一群群的蜜蜂飞了出来，向他扑去，他浑身上下被蜇了几百次。他惨叫着，痛得在地上滚来滚去。他父亲闻讯赶来，也没赶走蜂群，他躺在床上休息了好几天。你看见了，他的报复没有得胜。所以，我劝你不要计较他的鲁莽。他是个坏家伙，比你厉害多了。真要报复的话，我怀疑你还没有他那点本事呢。"

迈克尔说："你的建议的确不错，那么跟我一起到我父亲那儿去吧，我想告诉他事情的真相，相信他不会生气的。"于是，他们去把整个事情的经过告诉了迈克尔的父亲。迈克尔的父亲非常感激约翰逊给他儿子的忠告，并答应迈克尔会再送他一根完全一样的竹条。

没过几天，迈克尔碰见那个品性恶劣的男孩正挑着一担重重的木柴向家走去，结果跌在地上，爬不起来了。迈克尔跑过去帮他放好木柴。小罗宾逊感到非常愧疚，心里难受极了，他为以前的行为感到后悔！而迈克尔则欢欢喜喜地回家去了。他想："这是最绅士的报复，以德报怨，对此，我怎么可能感到后悔呢？"

心灵感悟·

　　最绅士的报复就是以德报怨，宽容有比责罚更强烈的感化力量。一个心胸豁达的人走到哪儿都会有良好的人缘，都会有朋友的帮助。相反，斤斤计较的人总是让人们敬而远之。

宽容别人并不难

一次，楚庄王因为打了大胜仗，十分高兴，便在宫中设盛大晚宴招待群臣，宫中一片热火朝天。楚王也兴致高昂，叫出自己最宠爱的妃子许姬给群臣斟酒助兴。

忽然一阵大风吹进来，蜡烛被风吹灭，宫中立刻漆黑一片。黑暗中，有人扯住许姬的衣袖想要亲近她。许姬便顺手拔下那人的帽缨并尽力挣脱离开，然后许姬来到庄王身边告诉庄王说："有人想趁黑暗调戏我，我已拔下了他的帽缨，请大王快吩咐点灯，看谁没有帽缨就把他抓起来处置。"

庄王说："且慢！今天我请大家来喝酒，酒后失礼是常有的事，不宜怪罪。再说，众位将士为国效力，我怎么能为了维护你的贞洁而辱没我的将士呢？"说完，庄王不动声色地对众人喊道："各位，今天寡人请大家喝酒，大家一定要尽兴，请大家都把帽缨拔掉，不拔掉帽缨不足以尽欢！"

于是群臣都拔掉自己的帽缨，庄王再命人重又点亮蜡烛，宫中一片欢笑，众人尽欢而散。

3年后，晋国侵犯楚国，楚庄王亲自带兵迎战。交战中，庄王发现自己军中有一员将官，总是奋不顾身，冲杀在前，所向无敌。众将士也在他的影响和带动下奋勇杀敌，斗志高昂。这次交战，晋军大败，楚军大胜回朝。

战后，楚庄王把那位将官找来，问他："寡人见你此次战斗奋勇异常，寡人平日好像并未给过你什么特殊好处，你为什么如此冒死奋战呢？"

那将官跪在庄王阶前，低着头回答说："3年前，臣在大王宫中酒后失礼，本该处死，可是大王不仅没有追究、问罪，反而还设法保全我的面子，臣深深感动，对大王的恩德牢记在心。从那时起，我就时刻准备用自己的生命来报答大王的恩德。这次上战场，正是我立功报恩的机会，所以我才不惜生命，奋勇杀敌，就是战死疆场也在所不辞。大王，臣就是3年前那个被王妃拔掉帽缨的罪人啊！"

一番话使楚庄王和在场将士大受感动。楚庄王走下台阶将那位将官扶起，那位将官已是泣不成声。

心 灵 感 悟·

用一种宽容、豁达的胸怀对待"冒犯"你的人，不用采取任何行动，问题便会自动消失，心灵也可以得到一份宁静。

宽容是财富

　　人不是做了错事得到报应才算公平。我们应该彼此宽容，每个人都有弱点与缺陷，都可能犯下这样那样的错误。我们要竭力避免伤害他人，要以博大胸怀宽容对方。

　　从前有一个富翁，他有3个儿子，在他年事已高的时候，富翁决定把自己的财产全部留给3个儿子中的一个。可是，到底要把财产留给哪一个儿子呢？富翁于是想出了一个办法。

　　他要3个儿子都花一年时间去游历世界，回来之后看谁做到了最高尚的事情，谁就是财产的继承者。一年时间很快就过去了，3个儿子陆续回到家中，富翁要3个人都讲一讲自己的经历。大儿子得意地说："我在游历世界的时候，遇到了一个陌生人。他十分信任我，把一袋金币交给我保管，可是那个人却意外去世了，我就把那袋金币原封不动地又还给了他的家人。"二儿子自信地说："当我旅行到一个贫穷落后的村落时，看到一个可怜的小乞丐不幸掉到湖里了，我立即跳下马，从湖里把他救了起来，并留给他一笔钱。"三儿子犹豫地说："我，我没有遇到两个哥哥碰到的那种事，在我旅行的时候遇到了一个人，他很想得到我的钱袋，一路上千方百计地害我。我差点死在他手上。可是有一天我经过悬崖边，看到那个人正在悬崖边的一棵树下睡觉，当时我只要抬一抬脚就可以轻松地把他踢到悬崖下，我想了想，觉得不能这么做，正打算走，又担心他一翻身掉下悬崖，就叫醒了他，然后继续赶路。这实在算不了什么有意义的经历。"富翁听完3个儿子的话，点了点头说道："诚实、见义勇为都是一个人应有的品质，称不上是高尚。有机会报仇却放弃，反而帮助自己的仇人脱离危险的宽容之心才是最高尚的。我的全部财产都是老三的了。"

　　富翁把宽容之心列为最高尚的，却也不无道理。

　　假如出现某种情况，你在憎恨别人时，心里总是愤愤不平，希望别人遭到不幸、惩罚，却又往往不能如愿，一种失望、莫名烦躁之后，使你失去了往日那轻松的心境和欢快的情绪，从而心理失衡；另一方面，在憎恨别人时，由于疏远别人，只看到别人的短处，言语上贬低别人，行动上敌视别人，结果使人际关系越来越僵，以致树敌结仇。你"恨

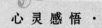

死了"别人,这种嫉恨的心理对你的不良情绪起了不可低估的作用。而且,今天记恨这个,明天记恨那个,结果朋友越来越少,对立面越来越多,严重影响人际关系和社会交往,成为"孤家寡人"。

在遭到别人伤害,心里憎恨别人时,不妨做一次换位思考,假如你自己处于这种情况,会如何应付? 当你熟悉的人伤害了你时,想想他往日在学习或生活中对你的帮助和关怀,以及他对你的一切好处,这样,心中的火气、怨气就会大减,就能以包容的态度谅解别人的过错或消除相互之间的误会,化解矛盾,和好如初。这样,包容的是别人,受益的却是自己。

心 灵 感 悟·

宽容是一种美德,怀有这种美德的人将会避免很多不必要的精神困扰,始终怀有愉悦的心情去生活;宽容是一种境界,能够达到这种境界的人是智力发达之人,他将看到广阔多彩的前景,会感觉到世界上所有的人都冲他微笑。

不要轻易责备

当我们批评他人时,请先想想自己。

有一位父亲给儿子写了一封信:

听着,孩子,我有一些话要说。虽然你睡得正熟,一只小手掌压在脸颊下,你的额头微湿,蜷曲的金发贴在上面。我偷偷溜进你的房间,因为刚才在书房看报的时候,内心不断地受到苛责,终于带着愧疚的心情来到你的床前。

我想了许多事,孩子,我常常对你发脾气。早上你穿好衣服准备上学,胡乱用毛巾在脸上碰一下,我责备你;你没有把鞋子擦干净,我责备你;看到你把东西乱扔,我更生气地对你吼叫。

吃早餐的时候也一样,我常骂你打翻东西、吃饭不细嚼慢咽、把两肘放在桌上、奶油涂得太厚,等等。等到你离开餐桌去玩,我也准备出门,你转过身,挥着小手喊:"再见,爸爸。"我仍皱着眉头回答:"肩膀挺正。"

到了傍晚,情况还是这样。我走在路上偷偷观察你,看见你跪在地上玩玻璃弹珠,脚上的长袜都磨破了。我不顾你的颜面,当着别的孩子的面叫你回家,并对你吼道,长袜子是很贵的,你要穿就得爱惜一点。想想看,孩子,这话居然出自为人之父的人的口。

记得吗? 就是刚才,我在书房里看报,你怯生生地走过来,眼里带着惊惶的神色,站在门口踟蹰不前。我从报端上望过去，不耐烦地叫道："你要什么？"

你不说一句话，只是快步跑过来，双手搂住我的脖子亲吻。你小手臂的力量显示出一份情爱，那是上帝种在你心田里的，任何漠视都不能令它枯萎。你吻过我就走了，吧嗒吧嗒地跑上楼。

孩子，就是那时候，报纸从我手中滑落，我突然觉得害怕，我怎么养成了一个坏习惯啊！挑错、呵斥的习惯——这就是我对待孩子的方法？孩子，不是我不爱你，只是我对你期望过高，不自觉地用自己年龄的标准去衡量你了。

其实，你的本性里有许多真善美。你小小的心灵就像刚从山头升起的阳光一样无限光明，这一点可以从你天真自然、不顾一切跑过来亲吻我的动作中看出来。孩子，今晚其余的一切都不重要了，我在黑暗中跪到你床边，深觉愧疚！

这是一种无力的赎罪。我知道你未必懂得我所说的这一切。但是，从明天起，我会认真地做一个真正的父亲。要和你结为好朋友，你痛苦的时候同你一起痛苦，欢乐的时候同你一起欢乐。我会每天告诉自己："你只不过是个男孩——一个小男孩。"

我实在不该把你当成大人，孩子，像我现在看到的你，疲倦地蜷缩在床上，完全还是婴孩的模样。记得昨天你还躺在妈妈怀里，头靠在妈妈肩上，我要求的实在太多太多了。

的确如此，我们很多人在说话时，经常会只顾自己痛快，过后才发现不小心伤了别人的心，尤其是当别人做了错事，或自己因此而吃了亏，就更觉得自己受了委屈而要说出来图个痛快，于是一些难听的话就不自觉地冒了出来。结果往往是痛快了一时而伤了和气。

只要你不是无缘无故地责备别人，在你开口之前，别人总是处于一种被动的心理状态，因为他们感到自己做错了事，自责的心理能让他们安静地接受你的责备，但绝对不是任你处置，随你发泄。当你的责备已经到伤害他们自尊心的地步，那么自责心理就可能立即消失，并产生一丝不快，慢慢地不快会发展成怨恨。

如何才能不尖刻地责备别人？首先要有一种宽容的想法：我亏也吃了，别人错也犯了，只要他认识到，我的责备就没必要了，还不如客气点，送个人情。只要不太计较得失，一般的责备都可以省去。如果是对方没认识到他的过错，甚至继续犯错误，那么你也可以客气地提醒他，只要他能很好地认错，便可作罢。给他一种自重感，这样他就会与你合作，而不是对抗。

有些人很喜欢指责他人，一旦出现问题，他们首先想到的就是如何将责任推卸给他人。有些人似乎养成了一种不以为然的恶习，他们动不动就批评他人。还有些人，他们本来在某方面做得并不好，却非要拼命去批评人家。这种批评怎会以理服人呢？其结果要么伤害他人，要么被人反驳，弄得自己反遭他人伤害。其实，尽量去了解别人，尽量设身处地去思考问题，这比批评要有益得多，这样不但不会害人害己，而且让人心生同情和仁慈。"了解就是宽恕。"何不运用温柔之术呢？所以，当我们批评他人时，先想想自己："我做得怎样？是否应该完全怪罪他人？"这样你也许会完全改变自己的想法和行为，并与他人保持一种良好的人际关系。

心灵感悟·

我们平时大概会习惯责骂他人的错误，尤其是当他们的错误对我们的生活产生了不利的影响时，我们可能会因此而失控。当怨恨之情占据我们的心灵，辱骂就会随之而来。但若细想一下便会发现，辱骂除了让我们的情绪变坏外别无所获，有时甚至会越骂越糟，导致双方关系的破裂或留下伤痕。因此，无论怎样比较都会发现原谅是一个有益的选择。

懂得宽恕自己

适时地宽恕自己的错误，生活才能更轻松。

有一天，上帝来到人间，遇到一个智者，正在钻研人生的问题。上帝敲了敲门，走到智者的跟前说："我也对人生感到困惑，我们能一起探讨探讨吗？"

智者毕竟是智者，他虽然没有猜到面前这个老者就是上帝，但也能猜到绝不是一般的人物。他正要问来者是谁，上帝说："我们只是探讨一些问题，完了我就走了，没有必要通报我的姓名吧。"

智者说："我越是研究，就越是觉得人类是一种奇怪的动物。他们有时候非常理智，有时候却非常不理智，而且往往在大的方面丧失了理智。"

上帝感慨地说："这个我也有同感。他们厌倦童年的美好时光，急着长大成熟，但长大了，又渴望返老还童。健康的时候，不知道珍惜健康，往往牺牲健康来换取财富，然后又牺牲财富来换取健康。他们对未来充满焦虑，却往往忽略现在，结果既没有生活在现在，又没有生活在未来之中。他们活着的时候好像永远不会死去，但死去以后又好像从没活过，还说人生如梦……"

智者感到上帝的论述非常精辟，就说："研究人生的问题，很是耗费时间的。你怎么利用时间呢？"

"是吗？我的时间是永恒的。对了，我觉得人一旦对时间有了真正透彻的理解，也就真正弄懂了人生了。因为时间包含着机遇，包含着规律，包含着人间的一切，比如，新生的生命、没落的尘埃、经验和智慧，等等人生至关重要的东西。"

智者静静地听上帝说着，然后，他要求上帝对人生提出自己的忠告。

上帝从衣袖中拿出一本厚厚的书，上边却只有这么一段话：

人啊！有人会深深地爱着你，但却不知道如何表达；金钱唯一不能买到的，却是最宝贵的，那便是幸福；宽恕别人和得到别人的宽恕还是不够的，你也应当宽恕自己；你所爱的，往往是一朵玫瑰，并不是非要极力地把它的刺根除掉，你能做的最好的，就是不要被它刺伤，自己也不要伤害到心爱的人；尤其重要的是，很多事情错过了就没有了。

智者看完了这些文字，激动地说："只有上帝，才能……"抬头一看，上帝已经走得无影无踪了。

心 灵 感 悟·

在适当的时候，懂得宽容自己，你就能摆脱不必要的心灵负担，活得更加轻松。宽容自我，将获得清静的自我本性，给自己一个改过的机会，也给自己一个更广阔的空间！

以爱包容仇恨

在犹太人的《圣经》中有一则约瑟夫接纳他的哥哥的故事。

约瑟夫是雅各的第十一子，遭兄长嫉妒，在年少时他被卖往埃及为奴，后来做了埃及宰相。

有一年因为饥荒，他的哥哥们到埃及来寻求食物，约瑟夫见到了兄长。

当约瑟夫发现自己的哥哥们时，在众多仆人面前终于控制不住自己，他大声叫起来：“所有的人都走吧！”

众仆人都离开了，这时约瑟夫对哥哥们说：“我是约瑟夫，我的父亲还好吗？”

他的哥哥们无法回答，一个个都目瞪口呆了。

接着，约瑟夫又对哥哥们说：“走近些。”

当他们走近，他说：“我是你们的兄弟约瑟夫，你们曾经把我卖到埃及。”兄长们还是不敢相信。但是，当他们明白一切都是真的时，他们看着眼前的弟弟如此威风，如此荣耀，更是吓得说不出话来了。但是，这时他们听到约瑟夫说：“现在，你们不要因为把我卖到这里而感到难过，或谴责自己，那是上帝为了救我的命把我早些送来的。老家发生饥荒已经两年了，接下来还有 5 年时间所有的土地将颗粒无收。上帝把我早些送过来，是为了让你们继续存活，以特殊的方式搭救你们的性命。所以是上帝而不是你们把我送到这儿来的，他使我成为法老的父亲，所有财产的主人，整个埃及的统治者。”

在约瑟夫的话中，他把自己的少年的苦难看成是上帝救自己的命的行为，其实是一种宽以待人、化敌为友的处世为人之道。

对整个人类充满爱心而去真诚爱护每一个人，这是千百年来人类总结出来的处世智慧。

对待敌人能用爱心去宽恕，对待朋友能用真诚去回报，你方能成为最强大的人。因为最强大的人是那些能够化敌为友的人。

谅解和接受曾经伤害过你的人，才是最好的待人之道，这样就能得到希望中的回报。

心 灵 感 悟 ·

在发生矛盾的时候，我们应该主动地原谅别人，展示出自己的君子风度，对方也会因此而感动，那么两个人就可以言归于好。